高等学校专业教材
高分子材料与工程专业系列教材

聚合物研究方法

张美珍　主编
张美珍　柳百坚　谷晓昱　合编

中国轻工业出版社

图书在版编目（CIP）数据

聚合物研究方法/张美珍主编. —北京：中国轻工业出版社，2025.2

高等学校专业教材. 高分子材料与工程专业系列教材

ISBN 978-7-5019-2626-8

Ⅰ. 聚…　Ⅱ. 张…　Ⅲ. 高聚物-高等学校-教材
Ⅳ. TQ31

中国版本图书馆 CIP 数据核字（2000）第 18160 号

责任编辑：林　媛　杜宇芳
策划编辑：林　媛　　责任终审：滕炎福　　封面设计：崔　云
版式设计：赵益东　　责任校对：燕　杰　　责任监印：张京华

出版发行：中国轻工业出版社（北京鲁谷东街 5 号，邮编：100040）
印　　刷：三河市万龙印装有限公司
经　　销：各地新华书店
版　　次：2025 年 2 月第 1 版第 22 次印刷
开　　本：787×1092　1/16　印张：13
字　　数：333 千字
书　　号：ISBN 978-7-5019-2626-8　　定价：39.80 元
邮购电话：010-85119873
发行电话：010-85119832　010-85119912
网　　址：http://www.chlip.com.cn
Email：club@chlip.com.cn

250221J1C122ZBQ

编 写 说 明

本书为“高分子材料与工程”本科专业系列教材之一。作为人类创造的奇迹之一，有机高分子物质展现出奇特的化学、物理特性，开辟出一片崭新的科技天地。作为一类材料，高分子与金属、陶瓷并称为三大材料，应用在人类生产、生活的每一角落。而作为生物现象、生命现象以及信息的载体，有机高分子物质中更潜藏着新的突破。有关高分子的科学与技术，不是囿于材料一隅，而是一个以高分子为中心，向各个科学领域辐射的综合性学科。根据教育部拓宽专业、加强素质教育的办学指导思想，我们将现有的与聚合物有关的窄专业统一起来，如“高分子材料”、“高分子化工”、“塑料成型加工”、“橡塑工程”以及“复合材料”专业中的一部分，成为一个全面覆盖高分子科学技术的“大高分子”宽专业。

通过对有机高分子物质的合成、结构与性能关系、加工应用及工程设计的内容进行系统的归纳，我们制订了这一宽专业的教学框架，并组织编写了本套系列教材：《材料导论》、《高分子化学》、《高分子物理》、《聚合物改性》、《聚合物制备工程》、《聚合物加工工程》、《聚合物复合材料》、《聚合物材料》、《聚合物研究方法》。由于时间紧、任务重，仓促之中可能会有谬误之处，望广大读者及教育界同行不吝指教，以便再版时修正。

前　　言

近30年来，由于近代仪器分析技术的迅速发展，越来越成为聚合物研究和生产中不可缺少的工具。因此，对于从事高分子化工和高分子材料的研究人员和生产技术人员，有必要了解聚合物结构与性能的表征方法和有关测试仪器的结构原理及其应用。

本书主要围绕高分子研究领域中所涉及到最常用的仪器，简要的阐述了它们的结构、测试原理、制样技术、影响因素、谱图解析、数据处理和它们在高分子研究领域中的应用举例。本书力图深入浅出，避免了与其他专业课程的重复和繁琐的数学推导。

本书可作为高分子化工和高分子材料专业学生的教材和专业人员的参考书。

本书以篇为结构，以不同分析方法分篇。绪论、第1篇和第6篇由张美珍执笔，第2篇和第5篇由谷晓昱执笔，程斌负责第2篇的修改，第3篇和第4篇由柳百坚执笔。全书由张美珍负责统编及审核。在编写过程中得到周凯梁、张志远、刘勃等同志的帮助和支持。

由于仪器涉及面广，又加上编者水平有限，难免有错，希望得到读者的批评指正。

编者

2000年1月10日

目　录

第1篇　波谱分析

第3篇 热 分 析

第4篇 聚合物材料的动态力学分析

第5篇 高聚物流变性能

第6篇　显微分析技术

第 1 章　绪　　论

高分子科学及工艺的发展，迄今已有 60 多年的历史。用现代分析技术研究高分子结构，并确定结构与性能的关系，是高分子科学的一个重要方面。本书主要介绍现代分析技术及其在高聚物结构和性能研究中的应用。为了使读者对高分子材料研究方法有更好的理解和认识，有必要先将高分子物理中学过的有关高聚物结构与形态的特点和高聚物状态及其行为作一简要的回顾。

1.1　高聚物结构和形态的特点

高聚物是由许多巨大的分子构成的。这些大分子有许多重复的结构单元组成。某些高聚物的结构单元是完全一致的（均聚），但另一些则是由两种以上的结构单元混合组成（共聚），同时大分子之间又有各种联系。因此必须从微观、亚微观直到宏观不同的结构层次来描述高聚物的分子结构、形态及聚集态等。

目前习惯于用一次结构（或近程结构）、二次结构（或远程结构）、三次结构（或聚集态结构）和高次结构的层次区分高聚物聚集态的结构，现分述如下。

一次结构是指大分子的化学组成，均聚或共聚，大分子的相对分子质量，链状分子的形态如直链、支化、交联。此外也包括大分子的立体构型如全同立构、间同立构、无规立构、顺式、反式等的区别。图 1-1 为这些结构的实例和示意图。

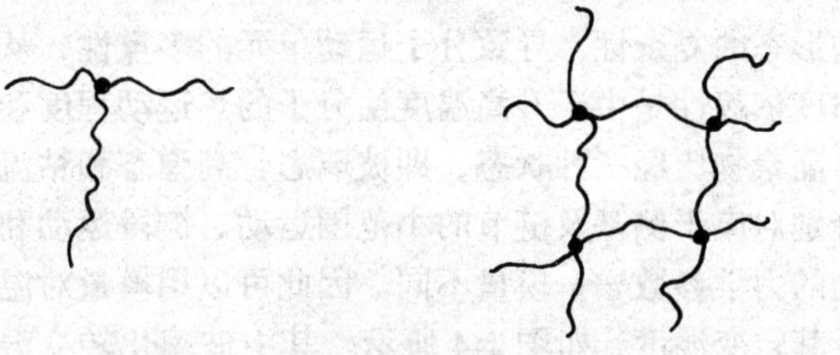

图 1-1　高聚物大分子的一次结构

二次结构是指单个大分子的形态，如图 1-2 所示的无规线团、折叠链、螺旋链等。

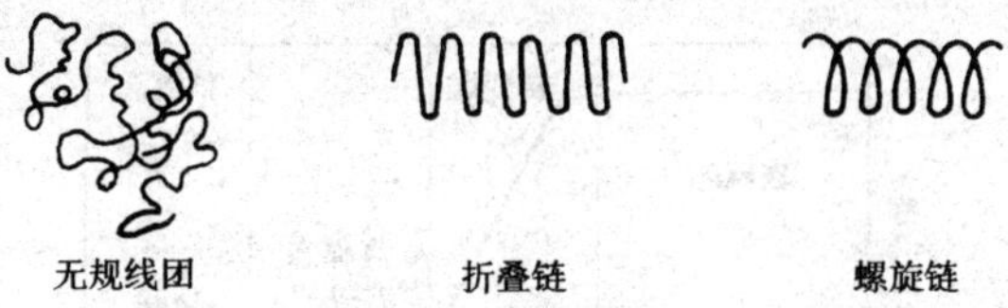

图 1-2　高聚物大分子的二次结构

三次结构是具有不同二次结构的单个大分子聚集在一起形成不同的聚集态结构。例如许多无规线团可以组成线团胶团或交缠结构。某些高聚物能够形成局部区域排列整齐而有序，但在另一些区域则无规地缠结的所谓缨束状结构。具有折叠链二次结构的分子则形成高聚物片晶。此外还有超螺旋结构。图 1-3 示出这些结构的示意形状。

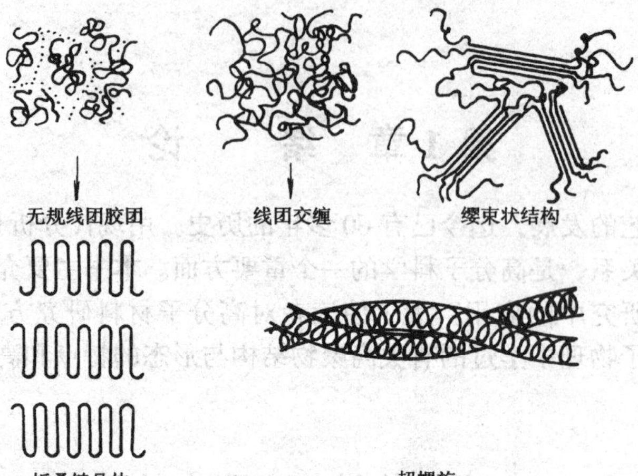

图 1-3　高聚物三次结构的示意图

高次结构是指三次结构以及与其他物质构成尺寸更大的结构，如由折叠链形成的片晶构成球晶。嵌段或接枝共聚物和共混、高聚物形成具有微区分相的结构。此外还有添加了无机填料或纤维增强体系的复合材料。

1.2　高聚物的状态及其行为

结构是材料物理和力学性能的基础，但即使同一种结构已经确定的物质，由于处在不同的状态下，其分子运动方式也不一样，会显示出不同的物理和力学性能。所以单纯了解高聚物结构是不够的，还需要考察它的分子运动时所表现的状态特点，才能建立高聚物结构与性能之间的内在联系。

高聚物由于结构形态的复杂性，导致分子运动单元的多重性，从而使其状态依赖于温度和时间两个参数。温度依赖性是由于升高温度使分子的热运动程度和运动的空间增大。因此当温度由低变高时，高聚物历经三种状态，即玻璃态、高弹态和粘流态。从分子运动的角度来看，这三种状态分别对应于侧基及链节的小范围运动、链段运动和大分子整体运动。在这三种状态下，高聚物的力学参数——模量不同。因此可以用模量对温度作图显示出高聚物三种状态的温度范围及其转变温度，如图 1-4 所示。其中玻璃化转变温度 T_g 是表征高聚物性能的重要指标。它意味着链段运动解冻的温度，即高聚物由僵硬的玻璃状态进入能产生很大形变的高弹状态。

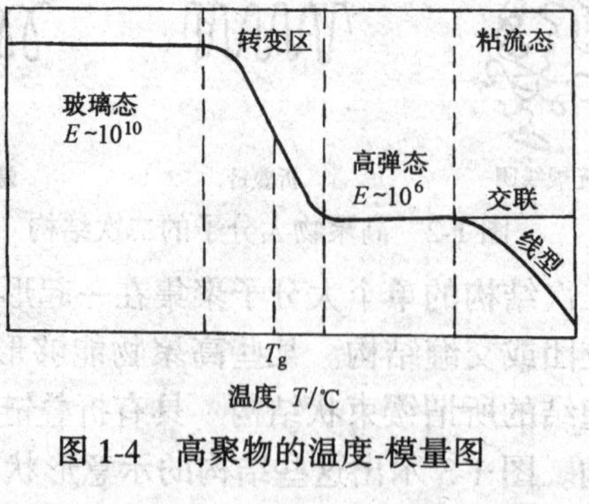

图 1-4　高聚物的温度-模量图

从另一方面来看，外力使高聚物从一个平衡状态通过分子运动到另一个状态需要一定的时间，称之为松弛时间。如果外力作用的时间比高聚物链段转变的松弛时间短很多，则表现为玻璃态，反之则表现为高弹态。因此，如果在一定的温度条件下以时间对模量作图，也能观察到如图 1-5 所示的区别状态的曲线。

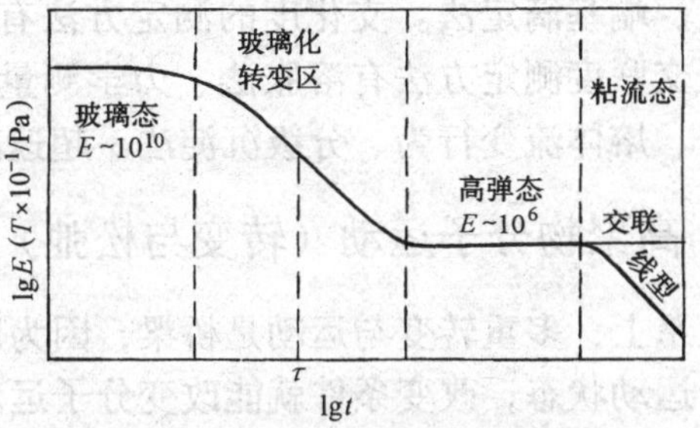

图 1-5　高聚物的时间-模量图

由于高聚物的结构特点具有松弛时间和温度依赖两种本质关系，使其力学性能出现高弹性和粘弹性行为。高弹性是高聚物分子链的构象形状改变所导致的柔性。这种弹性行为是构象熵改变所致，所以形变大而弹性模量很小。高聚物的粘弹性是指高聚物材料不但表现弹性材料的特性，而且还有粘性流体的性质。这种粘弹性在高聚物的加工成型和使用过程中表现得极为突出。因此在涉及高聚物力学行为的场合下，必须同时考虑应力、应变、温度和时间四个参数。

一些结晶性高聚物因为存在着非晶区，所以也有上述各种分子运动状态。但所不同之处在于非晶区的分子运动受到晶区的牵动。同时晶区本身也还有晶区内分子链段运动和晶型转变的运动。因此有很多具有不同机理的松弛时间。

综上所述，为了弄清楚高聚物的结构和结构与性能的关系，需要借助现代分析技术从各个角度来进行研究考察才有可能实现。现在已发展了很多测试方法，但必须对这些方法的原理、特点和应用范围有所了解，才能正确地选择和使用，来获得所需要的信息，从而帮助对高聚物加工成型条件的掌握，改进或提高高聚物的性能，以及设计并合成具有指定性能的高聚物材料。

1.3　高聚物结构和性能测定方法概述

高聚物结构和性能的测定方法很多，分三部分加以介绍。

1.3.1　高聚物结构的测定方法

高聚物结构是材料物理和力学性能的基础，所以人们了解高聚物的微观、亚微观直到宏观不同结构层次的形态和聚集态是必不可少的，而且十分重要。

测定链结构的方法有 X 射线衍射法（大角），电子衍射法、中心散射法、裂解色谱-质谱、紫外吸收光谱、红外吸收光谱、拉曼光谱、微波分光法、核磁共振法、顺磁共振法、荧光光谱、偶极矩法、旋光分光法、电子能谱等。

测定聚集态结构的方法有 X 射线小角散射、电子衍射法、电子显微镜（TEM、SEM）、光学显微镜、原子力显微镜、固体小角激光光散射等。

测定结晶度的方法有 X 射线衍射法、电子衍射法、核磁共振吸收（宽线）、红外吸收光谱，密度法，热分析法。

测定高聚物取向程度的有双折射法、X射线衍射、圆二色性法、红外二色性法。

测定高聚物分子链整体的结构形态可分四部分。相对分子质量的测定方法有溶液光散射法、凝胶渗透色谱法、粘度法、扩散法、超速离心法、溶液激光小角光散射法、渗透压法、气相渗透压法、沸点升高法、端基滴定法。支化度的测定方法有化学反应法、红外光谱法、凝胶渗透色谱法、粘度法。交联度测定方法有溶胀法、力学测量法（模量）。相对分子质量分布的测定有凝胶渗透色谱、熔体流变行为、分级沉淀法、超速离心法。

1.3.2 高聚物分子运动（转变与松弛）的测定

在研究结构和性能的关系上，多重转变与运动是桥梁，因为所使用的高分子材料，在一定条件下总处于一定的分子运动状态，改变条件就能改变分子运动的状态，换言之，高聚物本身从某种模式分子运动状态改变到另一种平衡模式分子运动的状态，这就是转变，或称为松弛。转变或松弛现象一方面反映了高聚物的结构以及结构的变化，例如：玻璃化温度 T_g 聚乙烯为125℃、聚氯乙烯为87℃、聚甲基丙烯酸甲酯为105℃，不同的 T_g 转变温度，反映了不同的高聚物在结构上的区别。橡胶在低温时高分子链的内旋转运动被冻结，就处于玻璃态，当温度高过 T_g 后转变成橡胶态，高分子链的长程运动使橡胶具有高弹性，温度再升高到流动态，高分子链的重心能发生位移，使材料具有塑性，能加工成型。结晶的高聚物在低于 T_g 和 T_m 之下有次级转变 α、β、γ，它反映了结晶区、非晶区的分子运动。转变或松弛现象也使材料的热力学性能、粘弹性能和其他物理性能发生急剧的改变。由此可见，研究转变或松弛是了解结构与性能关系的桥梁。

了解高聚物多重转变与运动有各种方法，主要有四种类型：体积的变化、热力学性质及力学性质的变化和电磁效应。测定体积的变化包括膨胀计法、折射系数测定法等；测定热学性质的方法包括差热分析方法（DTA）和差示扫描量热法（DSC）等；测定力学性质的变化的方法包括热机械法、应力松弛法等；还有动态测量法如动态模量和内耗等；电磁、效应包括测定介电松弛、核磁共振等。

1.3.3 高聚物性能的测定

性能是结构在一定条件下的表现，在这里高聚物的性能主要是指直接为生产使用服务的性质，这些表征材料某一性质的物理参数，对控制产品质量，了解加工性能和使用范围，评价和应用新型材料，研究结构与性能的关系有着重要的意义。

高聚物的力学性能主要是测定材料的强度和模量以及变形。试验方法有很多种，有拉伸、压缩、剪切、弯曲、冲击、蠕变、应力松弛等。静态力学性能试验机有静态万能材料试验机，专用应力松弛仪、蠕变仪、摆锤冲击机、落球冲击机等，动态力学试验机有动态万能材料试验机、动态粘弹谱仪、高低频疲劳试验机。

材料本体粘流行为主要是测定粘度以及粘度和切变速率的关系、剪应力与切变速率的关系等，采用的仪器有旋转粘度计、熔融指数测定仪、各种毛细管流变仪等。

材料的电学性能，主要测材料的电阻、介电常数、介电损耗角正切、击穿电压，采用仪器有高阻计、电容电桥介电性能测定仪、高压电击穿试验机等。

材料的热性能，主要测材料的导热系数、比热、热膨胀系数、耐热性、耐燃性、分解温度等。测试仪器有高低温导热系数测定仪、差示扫描量热仪、量热计、线膨胀和体膨胀测定仪、马丁耐热仪和维卡耐热仪、热失重仪、硅碳耐燃烧试验机等。

材料的其他性能还很多，如耐热老化性能、耐自然老化性能等，采用热老化箱和模拟自然的人工气候老化箱等。测定材料的密度，采用比重计法和密度梯度管法。测定透光度采用透光度计。测定透气性采用透气性测定仪。测定吸湿性采用吸湿计。测定吸音系数采用声衰减测定仪。

第1篇 波 谱 分 析

用光谱技术对高分子结构剖析已成为设计新材料和探索生命秘密的必不可少的基础。为了取得对高分子链更深入更复杂的结构信息，已不能从简单的“送样品”及取谱图的模式来完成，要求研究工作者根据课题的要求，设计特定的测试方法与程序，把大型仪器作为研究工具而不是作为简单的分析仪器来实现。因此要求高分子研究工作者对仪器的测试原理有充分了解，并熟悉在高分子领域中的应用。本篇主要介绍了红外光谱、拉曼光谱、紫外光谱、核磁共振、质谱及X光衍射等近十几年来在高分子结构研究中的应用，从实际应用的角度阐述有关基本概念、仪器原理及实验方法，并列举典型的应用实例。

第2章 红 外 光 谱

红外光谱在聚合物研究中占有十分重要的位置，能对聚合物的化学性质、立体结构、构象、序态、取向等提供定性和定量的信息。在鉴定聚合物的主链结构、取代基位置、双键位置、侧链结构以及老化和降解机理的研究中已得到广泛的应用。对高分子材料、粘合剂及涂料等组分的定性定量分析，红外光谱也是一种十分有效的手段。

2.1 基 本 概 念

2.1.1 各种光谱区域

太阳光透过三角棱镜能够分解成红、橙、黄、绿、青、蓝、紫的光谱带。1800年人们发现把温度计放在光谱带的红光外面，温度会升高，这就是人眼看不见但具有热效应的红外线，它和可见光一样，有反射、衍射、偏振等性质。它的传播速度和可见光相同，但波长不同。红外区是电磁总谱中的一部分，波长在0.7～1000μm之间。红外区又可分为三个区，即为近红外区、中红外区（基频红外区）和远红外区。电磁总谱如表2-1所示。

表2-1　　划分成光谱区的电磁总谱

<table>
<tr><td rowspan="2">波长及其分区</td><td colspan="10">2×10^5 μm　　1000 μm　　25 μm　　2 μm　　750 nm　　400 nm　　10 nm　　0.01 nm</td></tr>
<tr><td>无线电波区</td><td colspan="2">微波区</td><td>远红外区</td><td>中红外区</td><td>近红外区</td><td>可见区</td><td>紫外区</td><td>X射线区</td><td>γ射线区</td></tr>
<tr><td>运动形式</td><td>核自旋</td><td>电子自旋</td><td>分子转动</td><td>分子转动及晶体的晶格振动</td><td>分子基频振动</td><td>主要涉及O—H、N—H、C—H键振动的倍频及合频吸收</td><td colspan="2">外层电子跃迁</td><td>内层电子跃迁</td><td>核反应</td></tr>
<tr><td>光谱法</td><td>核磁共振谱</td><td>微波光谱</td><td>顺磁共振光谱</td><td>远红外光谱</td><td>红外光谱</td><td>近红外光谱</td><td colspan="2">可见和紫外光谱</td><td>X射线光谱</td><td>γ射线光谱</td></tr>
</table>

2.1.1.1 近红外区

靠近可见光所以称为近红外，低能量的电子跃迁及氢的伸缩与弯曲振动的倍频与组合频都在此区。主要用于定量分析，适用于测定含—OH、—NH或—CH基团的水、醇、酚、胺及不饱和碳氢化合物的组成。

2.1.1.2 中红外区

分子中原子振动的基频带在中红外区，在结构和组成分析中非常重要，在此区出现的光谱叫做红外光谱。

2.1.1.3 远红外区

因为远离可见光区，故称远红外。主要是骨架弯曲振动及有机金属化合物等重原子振动谱带，主要用于研究结构。

2.1.2 波动的几个参数

图2-1描述了波动的几个参数之间的关系。

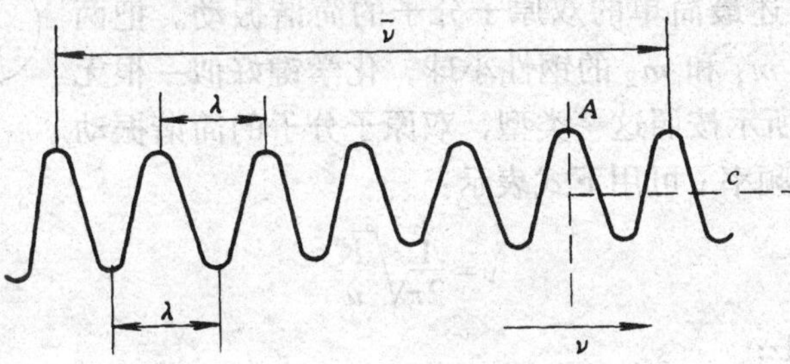

图2-1 波长、波数、频率关系图

波长（λ）：相邻两个波峰或波间的距离，单位以 μm 表示。

频率（ν）：每秒钟通过A点的波数目。单位以 s^{-1} 或 Hz 表示。

波数（$\bar{\nu}$）：每厘米中包含的波的数目，单位 cm^{-1}。

光速（c）：光在真空中传播的速度，$3\times10^{10}cm\cdot s^{-1}$。

光具有波粒二象性，既具有波动性又具有微粒性。

光是一种电磁波，则可用频率和波长来描述：

$\nu\cdot\lambda=c$

$\lambda=\frac{c}{\nu}$ 频率与波长呈反比关系

$\bar{\nu}=\frac{1}{\lambda}=\frac{\nu}{c}$ 频率与波数呈正比的关系

2.1.3 分子振动与红外光谱的产生

在分子中存在着许多不同类型的振动，其振动自由度与原子数有关。含 N 个原子的分子有 $3N$ 个自由度，除去分子的平动和转动自由度以外，振动自由度应为 $3N-6$（线性分子是 $3N-5$）。这些振动可分两大类，一类是原子沿键轴方向伸缩使键长发生变化的振动，称为伸缩振动，用 ν 表示。这种振动又分为对称伸缩振动用 ν 表示和非对称伸缩振动用 ν_{as} 表示；另一类原子垂直于价键方向振动，此类振动会引起分子内键角发生变化，称为弯曲（或变形）振动，用 δ 表示，这类振动又可分为面内弯曲振动（包括平面及剪式两种振动），面外弯曲振动（包括非平面摇摆及弯曲摇摆两种振动）。图 2-2 为聚乙烯中—CH_2—基团的几种振动模式。

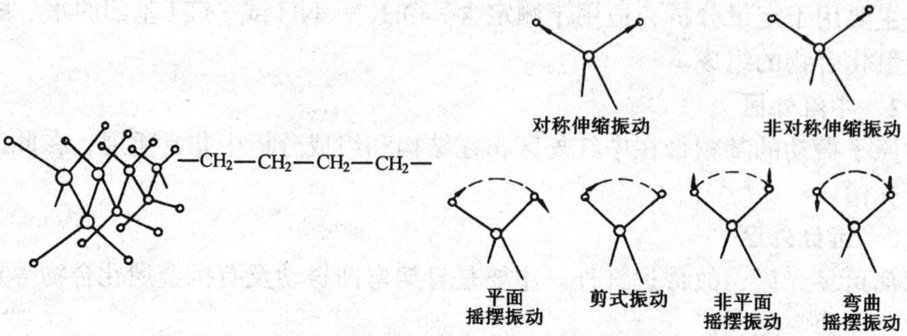

图 2-2　聚乙烯中—CH_2—基团的振动模式

分子振动能与振动频率成反比。为计算分子振动频率，首先研究各个孤立的振动，即双原子分子的伸缩振动。

可用弹簧模型来描述最简单的双原子分子的简谐振动。把两个原子看成质量分别为 m_1 和 m_2 的钢性小球，化学键好似一根无质量的弹簧，如图 2-3 所示按照这一类型，双原子分子的简谐振动应符合虎克定律，振动频率 ν 可用下式表示：

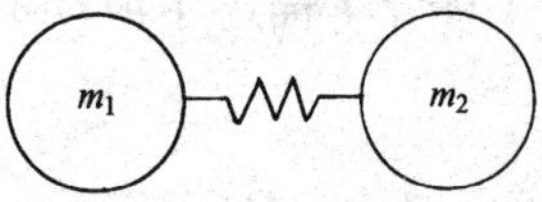

图 2-3　双原子分子弹簧球模型

$$\nu=\frac{1}{2\pi}\sqrt{\frac{K}{u}} \tag{2-1}$$

式中　ν ——频率，Hz；

K ——化学键力常数，10^{-5}N/cm；

u ——折合质量，g。

$$u=\frac{m_1\cdot m_2}{m_1+m_2}\times\frac{1}{N}$$

式中　m_1 和 m_2——分别代表每个原子的相对原子质量；

N——阿伏加德罗常数。

若用波数来表示双原子分子的振动频率，则式（2-1）改写为：

$$\bar{\nu}=\frac{1}{2\pi c}\sqrt{\frac{K}{u}} \tag{2-2}$$

在原子分子中有多种振动形式，每一种简正振动都对应一定的振动频率，但并不是每一种振动都会和红外辐射发生相互作用而产生红外吸收光谱，只有能引起分子偶极矩变化的振动（称为红外活性振动），才能产生红外吸收光谱。也就是说，当分子振动引起分子偶极矩变化时，就能形成稳定的交变电场，其频率与分子振动频率相同，可以和相同频率的红外辐射发生相互作用，使分子吸收红外辐射的能量跃迁到高能态，从而产生红外吸收光谱。

在正常情况下，这些具有红外活性的分子振动大多数处于基态，被红外辐射激发后，跃迁到第一激发态。这种跃迁所产生的红外吸收称为基频吸收。在红外吸收光谱中大部分吸收都属于这一类型。除基频吸收外还有倍频和合频吸收，但这两种吸收都较弱。

红外吸收谱带的强度与分子数有关，但也与分子振动时偶极矩变化率有关。变化率越大，吸收强度也越大，因此极性基团如羰基、胺基等均有很强的红外吸收带。

2.1.4 红外光谱的表示方法

如果红外光去照射样品，并将样品对每一种单色的吸收情况记录，就得到红外光谱。如图 2-4 所示：

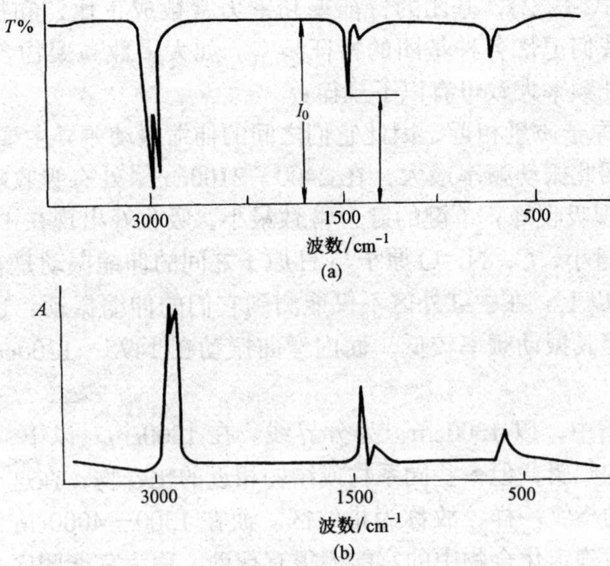

图 2-4 聚乙烯的红外光谱图

(a) 透过光谱图 (b) 吸收光谱图

纵坐标：表示透光度或吸光度

1. 透光度

$$T\% = \frac{I}{I_0} \times 100\% \tag{2-3}$$

式中 I_0 ——入射光强度；

I ——入射光被样品吸收后透过的光强度。

2. 吸光度

$$A = \lg \frac{1}{T} = \lg \frac{I_0}{I} \tag{2-4}$$

横坐标：表示波长或波数

波数是波长的倒数，$\bar{\nu} = \frac{1}{\lambda}$

λ：μm，1μm $= 10^{-4}$cm

$\bar{\nu}$：cm^{-1}

所以波长，波数间的换算关系是：

$$\bar{\nu}/(\mathrm{cm}^{-1}) = \frac{10^4}{\lambda}$$

2.1.5 基团特征频率

由式（2-1）和式（2-2）可以计算分子振动频率，但对复杂的分子进行理论分析计算是很困难的，只能运用经验规律。

比较各种化合物的光谱发现，具有相同官能团的一系列化合物近似地有一个共同的吸收频率范围，而分子中的其他部分对其吸收频率的影响较小，通常把这种能代表某种基团存在并有较高强度的吸收峰，称为基团的特征吸收峰，这个峰所在的频率位置称为基团的特征吸收频率。

根据式（2-1）和式（2-2），基团的特征率和键力常数成正比，和折合质量成反比。利用这一关系，可帮助我们记忆各种基团的特征频率。如大多数高聚物含有 C、H、O、N 原子，它们所组成的特征频率大致可有以下规律：

C、N、O 的相对原子质量相近，因此它们之间的伸缩振动差异主要是取决于键力常数。叁键的力常数最大，因此振动频率最大，在 2400～2100cm^{-1}处有吸收峰；其次是双键，在 1900～1500cm^{-1}处出现吸收峰；单键的键力常数最小，吸收峰出现在 1300cm^{-1}以下。

由于 H 原子的质量小，C，N，O 原子与 H 原子之间的伸缩振动是在高波数区出现，一般吸收峰在 2700cm^{-1}以上。在中红外区不仅能测到它们的伸缩振动，还能测到它们的面内与面外的弯曲振动，但其振动频率较低，面内弯曲振动在 1475～1300cm^{-1}，面外弯曲振动在 1000～650cm^{-1}。

一般在红外吸收谱中，以 1300cm^{-1}为分界线。在 1300cm^{-1}以下，谱图的谱带数目很多，很难说明其明确的归属，但一些同系物或结构相近的化合物，在这个区域的谱带往往有一定的差别，如同人的指纹一样，故称为指纹区。而在 1300～4000cm^{-1}，基团和频率的对应关系比较明确，这对确定化合物中的官能团很有帮助，称为官能团区，用于化合物的确定结构。

表 2-2 列出了高聚物中常有的官能团的特征峰位分类。

表 2-2　　红外光谱中各种键的特征频率

序号	光谱区域/（cm^{-1}）	引起吸收的主要基团
1	4000～3000	O—H，N—H 伸缩振动
2	3300～2700	C—H 伸缩振动
3	2500～1900	—C≡C—、—C≡N、—C=C=C—、>C=C=O、—N=C=O 伸缩振动
4	1900～1650	>C=O 伸缩振动及芳烃中 C—H 弯曲振动的倍频和合频
5	1675～1500	芳环、>C=C<、>C=N— 伸缩振动
6	1500～1300	C—H 面内弯曲振动
7	1300～1000	C—O、C—F、Si—O 伸缩振动，C—C 骨架振动
8	1000～650	C—H 面外弯曲振动、C—Cl 伸缩振动

2.1.6　聚合物红外光谱的特点

对聚合物来说，每个分子包括的原子数目是相当大的，这似乎应产生相当数目的简正振动，从而使聚合物光谱变得极为复杂，但是实际情况并非如此，某些聚合物的红外光谱比其单体更为简单，这是因为聚合物链是由许多重复单元构成的，各个重复单元又具有大致相同的键力常数，因而其振动频率是接近的，而且由于严格的选择定律的限制，只有一部分振动具有红外活性。

对聚合物红外光谱的解释必须考虑到所研究的聚合物的分子链结构和聚集态结构。对应不同的结构特征产生相应的吸收带。

2.1.6.1　组成吸收带

反映了聚合物结构单元的化学组成、单体之间的连接方式、支化或交联、序列分布等。

2.1.6.2　构象谱带

这些谱带与高分子链中某些基团的一定构象有关，在不同的相态中表现是不同的。

2.1.6.3　立构规整性谱带

这些谱带是与高分子链的构型有关，因此对同一高聚物在各种相态中都应该相同。

2.1.6.4　构象规整性谱带

这类谱带是由高分子链内相邻基团之间相互作用而产生的。与长的构象规整链段有关，而与个别基团无关。当高聚物熔融时消失或轮廓变宽、强度减弱。

2.1.6.5　结晶谱带

是由结晶中相邻分子链之间的相互作用形成的，与分子链排列的三维长程有序有关。

2.2　聚合物的一般制样方法

红外光谱图是利用红外光谱方法进行定性和定量的依据。因此，记录一张好的光谱图是很重要的。而光谱图的好坏与制样有很大关系。这就需要根据不同的样品选择不同的制样方法。通常要求谱图中最强吸收带的透光度在0～10%之间，弱吸收亦能清楚看出，并能与噪音相区别，这样的光谱图在与标准光谱图比较时是特别有用的。

2.2.1　流延薄膜法

由于聚合物溶液制备薄膜（10～30μm）是一种最常用的制样技术，与溴化钾压片法相比，该方法能研究3300cm^{-1}（3μm）区域的羟基或氨基吸收，在制备聚合物薄膜时，总是使用最有效的溶剂，但成为均匀的薄膜后要使溶剂挥发掉，通常需置于真空下干燥。

2.2.2　热压薄膜法

热压薄膜法是制备热塑性树脂和不易溶解的树脂样品的最方便和最快速的方法，对于聚乙烯、α-烯烃聚合物如聚丙烯最为合适，而含氟聚合物和聚硅氧烷因具有较高的吸收系数，用该方法不易获得较薄的膜，橡胶状样品由于去掉压力后立即收缩，热压法也难于制备适用的膜。

热压在10t压机上进行，热压装置能升温至280℃。在热压法制样过程中，某些化合物会因受热而氧化，或者在加压时产生定向，从而使光谱发生某些变化，这是值得注意的。

2.2.3　溴化钾压片法

此法对一般固体样品都是很适用的，但是大多数树脂难以在溴化钾中均匀分散，由此所得到的光谱与薄膜法相比较质量较差。因此在聚合物制样中，溴化钾压片法只适用于薄膜法所不能使用的，如不溶性或脆性树脂，一些橡胶，或本来就是粉末状样品。对于某些不溶树脂或橡胶可先加入适当的溶剂进行溶胀，然后进行研磨。或者将橡胶样品在液态氮气或干冰冷却下进行脆化研磨，也可得到质量较好的光谱。

除了上述三种方法外，还有切片法、溶液法、石蜡糊法等。

2.3 影响频率位移和谱图质量的因素

2.3.1 影响频率位移的因素

了解频率位移的因素和位移的规律对鉴定工作很有用处，例如某一含 C═O 的化合物在 1680cm^{-1}有吸收峰时会有两种可能性，一种可能性是酰胺中的 >C═O；另一种可能则是由于酮 C═O 与某些基团共轭而导致频率低移。若是酰胺则要找出 —NH 的吸收峰来；若是共轭酮的 C═O 则要进一步找出与之共轭的基团来。这就说明掌握了频率位移的规律，有助于我们正确地推断结构。

影响频率位移的因素是多方面的，归纳起来可以分为外部因素和内部因素两方面的影响。

2.3.1.1　外部因素

(1) 物理状态的影响　同一个样品不同的相态（气、液、固），它们的光谱有很大的差别，这与分子间的相互作用力有关。

(2) 溶剂的影响　同一物质在不同的溶剂中，由于溶剂和溶质的相互作用不同，因此测得光谱吸收带的频率也不同。

(3) 粒度的影响　主要是由散射引起的。粒度越大基线越高，峰宽而强度低；随粒度变小，基线下降，强度增高，峰变窄。通常要求粒度大小必须小于测定波长。

2.3.1.2　内部因素

由于分子结构上的原因引起的变化，主要是诱导效应、共轭效应、氢键效应、耦合效应等的影响。

2.3.2 影响谱图质量的因素

2.3.2.1　仪器参数的影响

光通量、增益、扫描次数等直接影响信噪比 S/N，同时要根据不同的附件及测试要求及时进行必要的调整。以得到满意的谱图。

2.3.2.2　环境的影响

光谱中的吸收带并非都是由光谱本身产生的，潮湿的空气、样品的污染、残留溶剂、由玛瑙研钵或玻璃器皿所带入的二氧化硅、溴化钾压片时吸附的水等原因均可产生附加的吸收带，故在光谱解析时应特别加以注意。

2.3.2.3　虚光和散射光的影响

2.3.2.4　厚度的影响

样品的厚度或合适的样品量是很重要的，通常要求厚度为 10～50μm，对于极性物质如聚酯要求厚度小一些，对非极性物质如聚烯烃要求厚一些。有时为了观察弱吸收带，如某些含量少的基团、端基、侧链，少量共聚组分等，应该用较厚的样品测定光谱，若用 KBr 压片法用量也应作相应的调整。

2.4　红外光谱图的解析法

2.4.1　解析红外光谱图的三要素

在有机化合物中，解析谱图三要素即谱峰位置、形状和强度，对高聚物的谱图解析也是同样适用的。

谱峰位置即谱带的特征振动频率，是对官能团进行定性分析的基础，依照特征峰的位置可确定聚合物的类型。

谱带的形式包括谱带是否有分裂，可用以研究分子内是否存在缔合以及分子的对称性、旋转异构、互变异构等。

谱带的强度是与分子振动时偶极矩的变化率有关，但同时又与分子的含量成正比，因此可作为定量分析的基础。依据某些特征谱带强度随时间（或温度、压力）的变化规律可研究动力学的过程。

2.4.2　判别高聚物的类型

在高聚物的红外谱图中，吸收最强的谱带往往对应其主要基团的吸收，有一定的特征性，但有时一些不很强的谱带更能特征反映高聚物的某种结构。例如聚氨酯中的酰胺基团在 1550cm^{-1}处只有一个较弱的谱带，就可用来与聚酯区别。

为了查找和记忆方便，根据高聚物在 1800～600cm^{-1}区域中的最强谱带，对照表 2-2 中红外光谱中各种键的特征频率，分成下述几类：

（1）含有羰基聚合物在羰基振动区（1800～1650cm^{-1}）有最强的吸收。最常见的是聚酯、聚羧酸和聚酰胺等聚合物。

表 2-3　　高分子材料的红外光谱中主要谱带的波数与结构的关系

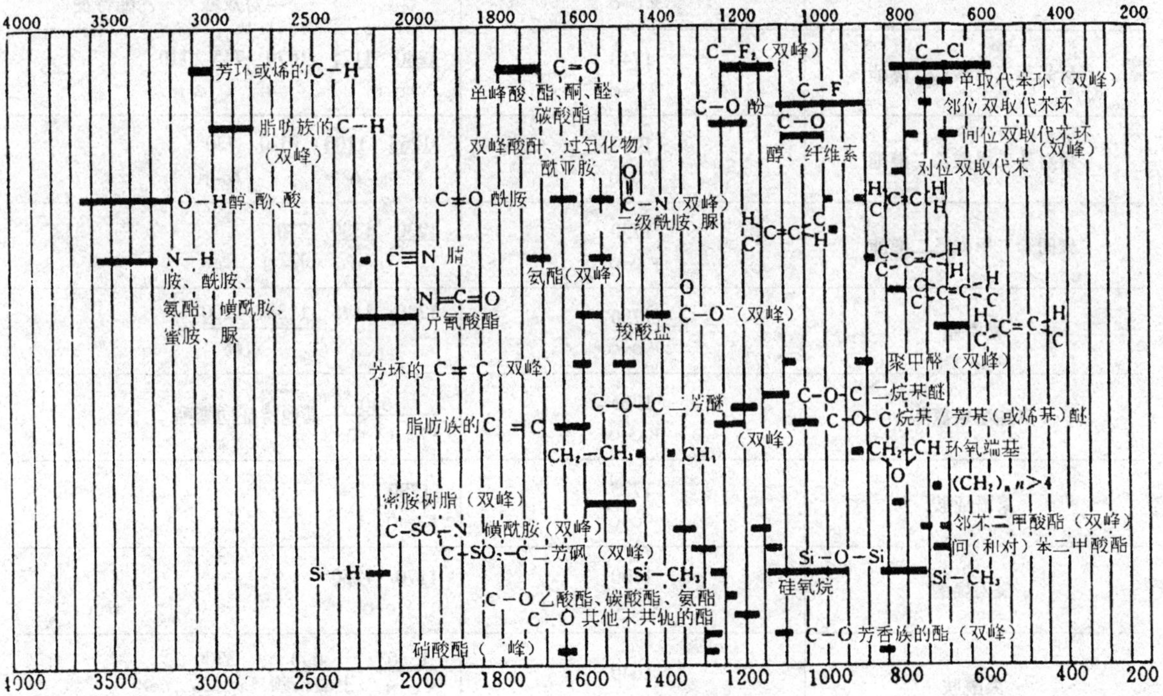

波数 /cm^{-1}

饱和聚烃和极性基团取代的聚烃在碳氢键的面内弯曲振动区（1500～1300cm^{-1}）出现强的吸收峰。

(2) 聚醚、聚砜、聚醇等类型的聚合物最强的是 C—O 的伸缩振动，出现在 1300～1000cm^{-1}区域内。

(3) 含有取代苯、不饱和双键以及含有硅和卤素的聚合物，除含硅和氟的聚合物外，最强吸收峰均出现在 1000～600cm^{-1}区域。

常见聚合物的特征谱带位置见表 2-3 和 2-4。

表 2-4　　常见聚合物的特征谱带位置

(1) 含有羰基的聚合物（1800～1650cm^{-1}）

聚合物名称	谱带位置及对应基团振动/(cm^{-1})	
	最强谱带	特征谱带
聚乙酸乙烯酯	1740 $\nu_{C=O}$	1240 1020 1375 $\nu_{C—O}$（1240, 1020） δ_{CH_3}（1375）
聚丙烯酸甲酯	1730 $\nu_{C=O}$	1170 1200 1260 $\nu_{C—O}$
聚丙烯酸丁酯	1730 $\nu_{C=O}$	1165 1245 940 960 $\nu_{C—O}$（1165, 1245） 丁酯特征（940, 960）
聚甲基丙烯酸甲酯	1730 $\nu_{C=O}$	1150 1190 1240 1268 $\nu_{C—O}$（1150, 1190） 一对双峰（1240, 1268）
聚甲基丙烯酸乙酯	1725 $\nu_{C=O}$	1150 1180 1240 1268 1022 $\nu_{C—O}$（1150, 1180） 一对双峰（1240, 1268） 乙酯特征（1022）
聚甲基丙烯酸丁酯	1730 $\nu_{C=O}$	1150 1180 1240 1268 950 970 $\nu_{C—O}$（1150, 1180） 一对双峰（1240, 1268） 乙酯特征（950, 970）
聚邻苯二甲酸乙二醇酯	1740 $\nu_{C=O}$	1280 1125 1070 745 710 $\nu_{C—O}$（1280, 1125） $\delta_{C—H}$（1070） $\gamma_{C—H}$（745, 710）
聚对苯二甲酸乙二醇酯	1730 $\nu_{C=O}$	1265 1100 1020 730 $\nu_{C—O}$（1265, 1100） $\gamma_{C—H}$（730）
聚间苯二甲酸乙二醇酯	1730 $\nu_{C=O}$	1230 1300 730 $\nu_{C—O}$（1230, 1300） $\gamma_{C—H}$（730）
松香脂	1730 $\nu_{C=O}$	1240 1175 1130 1100 $\nu_{C—O}$（1240, 1175） 双峰（1130, 1100）
聚酯型聚氨酯	1735 $\nu_{C=O}$	1540 $\delta_{N—H}+\nu_{C—N}$ 其他特征同聚酯
聚酰亚胺	1725 $\nu_{C=O}$	1780 $\nu_{C=O}$
聚丙烯酸	1700 $\nu_{C=O}$	1170 1250 $\nu_{C—O}$
聚酰胺	1640 $\nu_{C=O}$	1550 3090 3300 $\nu_{C—N}+\delta_{N—H}$（1550） 上面倍频（3090） $\nu_{N—H}$（3300）

续表

聚合物名称	谱带位置及对应基团振动/（cm^{-1}）	
	最强谱带	特征谱带
聚丙烯酰胺	1650 1600 $\nu_{C=O}$ δ_{NH_2}	3300 3175 1020 ν_{NH_2}
聚乙烯吡咯烷酮	1665 $\nu_{C=O}$	1280 1410
聚 6-脲	1625 1565 $\nu_{C=O}$ δ_{NH}	1250 $\nu_{C-N}+\delta_{N-H}$
脲-甲醛树脂	1640 $\nu_{C=O}$	1540 1250 $\nu_{C-N}+\delta_{N-H}$

（2）饱和聚烃和极性基团取代的聚烃（1500～1300cm^{-1}）

聚合物名称	谱带位置及对应基团振动/（cm^{-1}）	
	最强谱带	特征谱带
聚乙烯	1470 δ_{CH_2}	731 720 γ_{CH_2}
等规聚丙烯	1376 δ_{CH_3}	1166 998 841 1304 与结晶有关
聚异丁烯	1365 1385 δ_{CH_3}	1230 ν_{C-C}
等规聚 1-丁烯	1465 δ_{CH_2}	760 γ_{CH_2}
萜烯树脂	1465 δ_{CH_2}	1365 1385 3400 1700 δ_{CH_3}
天然橡胶	1450 δ_{CH_2}	835 γ_{CH}
氯丁橡胶	1440 δ_{CH_2}	1670 1100 820 $\nu_{C=C}$ ν_{C-C} γ_{C-H}
氯磺化聚乙烯	1475 δ_{CH_2}	1250 1160 1316 ν_{C-H} $\nu_{S=O}$
石油烷烃树脂	1475 δ_{CH_2}	750 700 1700 强度变化很大 $\nu_{C=O}$
聚丙烯腈	1440 δ_{CH_2}	2240 $\nu_{C\equiv N}$

（3）含有 C—O 键的聚合物（1300～1000cm^{-1}）

聚合物名称	谱带位置及对应基团振动/（cm^{-1}）	
	最强谱带	特征谱带
双酚-A 型环氧树脂	1250 ν_{C-O}	1510　1604　2980　830　1300　1188 苯环　ν_{CH_3}　γ_{CH}
酚醛树脂	1240 ν_{C-O}	1510　1610　1590　815　3300 苯环　γ_{CH}
双酚-A 型聚碳酸酯	1240 ν_{C-O}	1780　1190　1165　830 $\nu_{C=O}$　γ_{CH}
二乙二醇双烯丙基聚碳酸酯	1250 ν_{C-O}	1780　790 $\nu_{C=O}$
双酚-A 型聚砜	1250 ν_{C-O}	1310　1160　1110　830 $\nu_{S=O}$　γ_{CH}
聚氯乙烯	1250 ν_{C-H}	1420　1330　600—700 δ_{CH_2}　$\delta_{CH}+\gamma_{CH_2}$　ν_{C-Cl}
聚苯醚	1204 ν_{C-O}	1600　1500　1160　1020
硝化纤维素	1285 ν_{N-O}	1660　845　1075 硝酸酯特征
三乙酸纤维素	1240 ν_{C-O}	1740　1380　1050 乙酸酯特征
聚乙烯基醚类	1100 ν_{C-O}	只有碳氢吸收
聚氧乙烯	1100 ν_{C-O}	945
聚乙烯醇缩甲醛	1020 ν_{C-O}	1060　1130　1175　1240 缩甲醛特征
聚乙烯醇缩乙醛	1140 ν_{C-O}	940　1340 缩乙醛特征
聚乙烯醇缩丁醛	1124 ν_{C-O}	995
纤维素	1050 ν_{C-OH}	1158　1109　1025　1000　970 在主峰两侧的一系列突起
纤维素醚类	1100 ν_{C-O}	1050　3400 残存 OH 吸收
聚醚型聚氨酯	1100 ν_{C-O}	1540　1690　1730 δ_{N-H}　$\nu_{C=O}$

(4) 其他类型聚合物（1300～1000cm^{-1}）

聚合物名称	谱带位置及对应基团振动/（cm^{-1}）	
	最强谱带	特征谱带
甲基有机硅树脂	1100 1020 $\nu_{Si-O-Si}$	1260 δ_{CH_3} 800 ν_{C-Si-C}
甲基苯基硅树脂	1100 1020 $\nu_{Si-O-Si}$	1260 δ_{CH_3} 3066 3030 1440 苯环特征
聚偏氯乙烯	1070 1045 ν_{C-C} $\nu_{C-C}+2\times\nu_{C-Cl}$	1405 δ_{CH_2}
聚四氟乙烯	1250—1100 ν_{C-F}	770 638 非晶带 554 晶带
聚三氟氯乙烯	1198 1130 ν_{C-F}	970 ν_{C-Cl} 1285
聚偏氟乙烯	1175 ν_{C-F}	875 1395 1070
聚苯乙烯	760 700 单取代苯特征	3000 3022 3060 3080 3100 五条尖锐谱带
聚茚	750 γ_{C-H}	1250—850 很多弱的尖锐谱带
聚对-甲基苯乙烯	815 γ_{C-H}	720
1,2-聚丁二烯	910 $\gamma_{=CH_2}$	990 $\gamma_{=CH_2}$ 1640 $\nu_{C=C}$ 700
反式-1,4-聚丁二烯	967 $\gamma_{=C-H}$	1660 $\nu_{C=C}$
顺式-1,4-聚丁二烯	738 $\gamma_{=C-H}$	1650 $\nu_{C=C}$
聚甲醛	935 900 ν_{C-O}	1100 1240
（高）氯化聚乙烯	670 ν_{C-Cl}	760 790 ν_{C-Cl} 1266 δ_{C-H}
氯化橡胶	790 ν_{C-Cl}	760 736 ν_{C-Cl} 1280 1250 δ_{C-H}

注：ν 表示伸缩振动；δ 弯曲振动；γ 面外弯曲振动。

2.4.3 解析技术

谱图解析最简单的方法是把样品谱图直接和已知标准图对照。萨特勒（Sadtler）谱图收集了比较多的化合物的红外谱图，分为标样谱图与商品谱图两部分，后者又分成27类，如单体和聚合物、纤维、增塑剂、聚合物的热解产物等。另外 Hummel 和 Scholl 所编的“Atlas of Polymer and Platsics Analysis”也搜集了许多谱图。

在对照谱图时，应注意制样条件，因为不同的制样条件会影响谱带位置、形状和强度。在具体解析中，可根据表 2-4 大致确定属于哪类聚合物；也可采用否定法和肯定法来帮助判断未知谱图中存在或不存在哪些基因；也可以把肯定法和否定法配合起来使用。有时还需要和其他方法配合起来进行综合分析，才能得到确切的结论。

当然在高聚合物红外光谱解析时一定要注意到高聚物谱图有它自己的特殊性，这在第一节中已经加以说明了。

2.5 傅里叶变换红外光谱仪

2.5.1 红外光谱仪的进展

红外光谱仪起始于棱镜式色散型红外光谱仪，由于分光器为 NaCl 晶体，因此对温度、湿度要求很高，波数范围 4000～600cm^{-1}。60 年代出现光栅式色散型红外光谱仪；由光栅代替了棱镜，它提高了分辨率，扩展了测量波段（4000～400cm^{-1}），降低了对环境的要求，属于第二代红外光谱仪。

但上述二种都是以色散元件进行分光，它把具有复合频率的入射光分成单色光后，经狭缝进入检测器，这样达到检测器的光强大大下降，时间响应也较长（以分计），而且由于分辨率和灵敏度在整个波段是变化的，因在研究跟踪反应过程中及色红联用等方面受到了限制，由此从 60 年代末开始发展了傅里叶变换红外光谱仪，它具有光通量大，速度快、灵敏度高等特点，这为第三代红外光谱仪。它们的测试原理如图 2-5 所示。

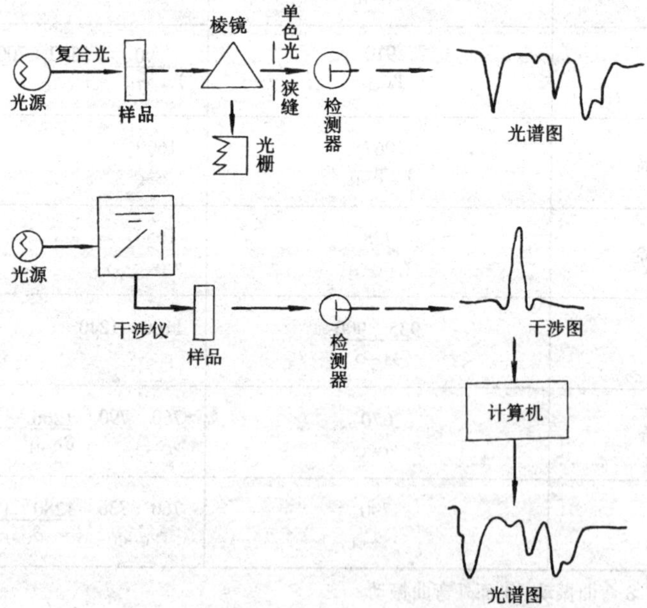

图 2-5 色散型红外与干涉型红外原理图

2.5.2 傅里叶变换红外光谱仪工作原理

在傅里叶变换红外光谱仪中其心脏部件是迈克逊干涉仪，由它测得时域图。其原理如图

2-6 所示。

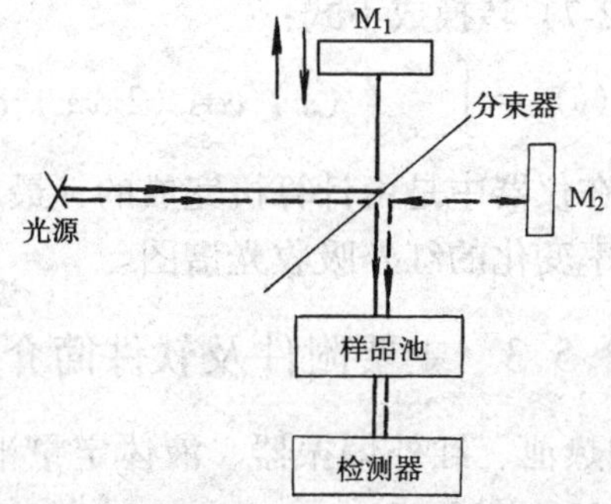

图 2-6　傅里叶变换红外光谱仪原理图

干涉仪由光源、动镜（M_1）、定镜（M_2）、分束器、检测器等几个主要部分组成。

当光源发出一束光后，首先到达分束器，把光分成两束；一束透射到定镜，随后反射回分束器，再反射入样品池后到检测器；另一束经过分束器，反射到动镜，再反射回分束器，透过分束器与定镜末的光合在一起，形成干涉光透过样品池进入检测器。由于动镜的不断运动，使两束光线的光程差随动镜移动距离的不同，呈周期性变化。因此在检测器上所接收到的讯号是以 $\lambda/2$ 为周期变化的，如图 2-7（a）所示。干涉光的信号强度的变化可用余弦的函数表示：

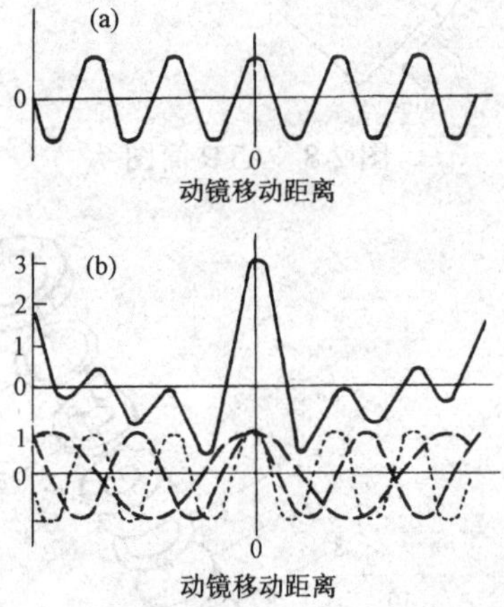

图 2-7　（a）单色光源干涉图　（b）多色光源干涉图

$$I(x) = B(\nu)\cos(2\pi\nu x) \tag{2-5}$$

$I(x)$ 表示干涉光强度，I 是光程差 x 的函数。

$B(\nu)$ 表示入射光强度，B 是频率 ν 的函数。

干涉光的变化频率 $f\nu$ 和两个因素即光源频率 ν 和动镜移动速度 v 有关，

$$f\nu = 2v\nu \tag{2-6}$$

当光源发出的是多色光，干涉光强度应是各单色光的叠加，如图 2-7（b）所示，可用式（2-5）的积分形式来表示：

$$I(x) = \int_{-\infty}^{\infty} B(\nu)\cos(2\pi\nu x)\,d\nu \tag{2-7}$$

把样品放在检测器前，由于样品对某些频率的红外光吸收，使检测器接受到的干涉光强度发生变化，从而得到各种不同样品的干涉图。

上述干涉图是光强随动镜移动距离 x 的变化曲线，为了得到光强随频率变化的频域图借助傅里叶变换函数，将式（2-7）转换成下式：

$$B(\nu) = \int_{-\infty}^{+\infty} I(x) \cos(2\pi\nu x) \mathrm{d}x \qquad (2\text{-}8)$$

这个变化过程比较复杂，在仪器中是由计算机完成的，最后计算机控制终端打印出与经典红外光谱仪同样的光强随频率变化的红外吸收光谱图。

2.5.3 主要附件及软件简介

主要附件有ATR、可变加热池、红外偏振器、液体定量池、光声池等。其装置分别如图2-8、图2-9、图2-10、图2-11、图2-12所示。

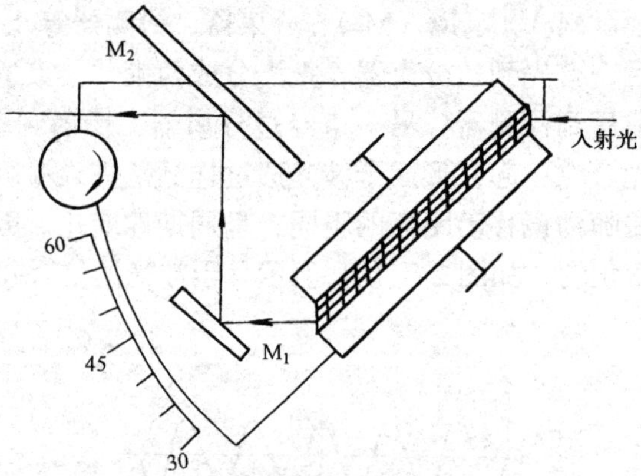

图2-8 ATR简图

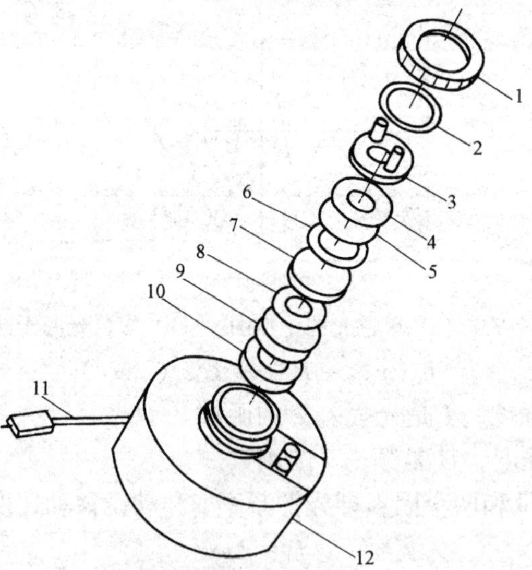

图2-9 加热池

1—端盖 2—校正热片 3—孔板 4，8—铅垫 5，7—窗口

6—垫片 9—热环 10—弹环垫圈 11—热电偶 12—加热器线圈

主要软件有9种，即谱图差示软件、基线校正软件、平滑程序、数据处理程序、空白和连直线程序、积分和高峰程序、谱库检索程序、定量数据色、宏指令程序等。

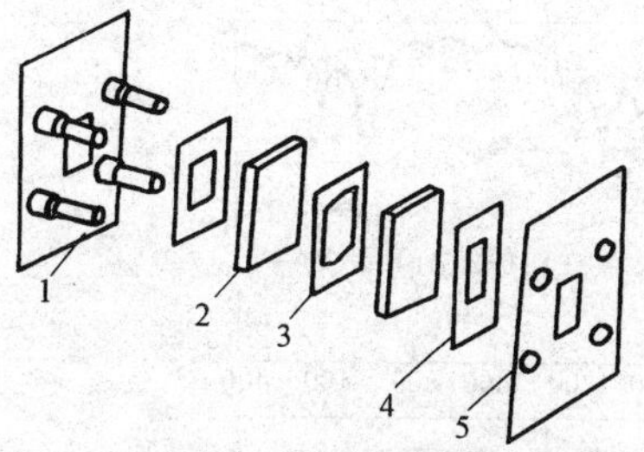

图 2-10　可拆式液体池

1—后框　2—红外透光窗片　3—间隔片　4—胶垫　5—前框

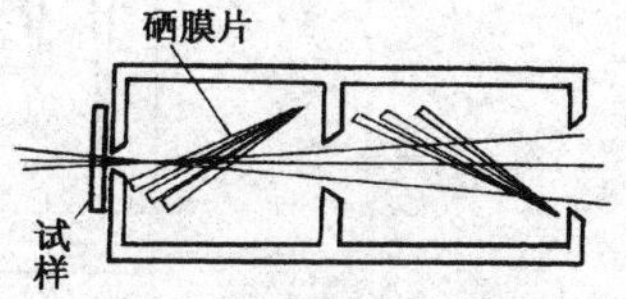

2-11　硒偏振器

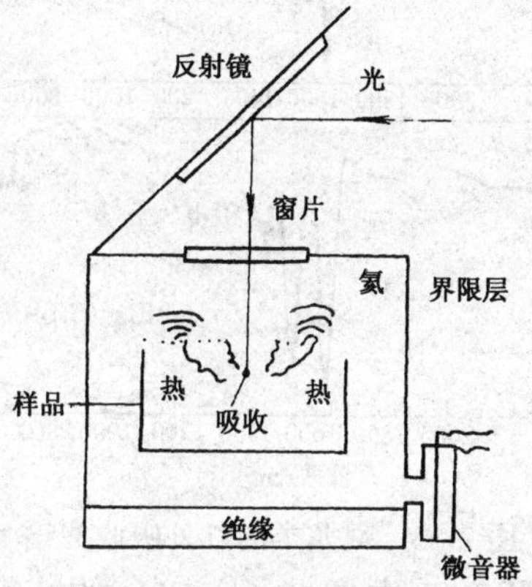

图 2-12　光声池

2.6　红外光谱在聚合物结构研究中的应用

红外吸收光谱在高分子研究中是一种很有用的手段，目前较普遍的应用有下述几方面：

2.6.1　分析与鉴别高聚物

因红外操作简单，谱图的特征性强，因此是鉴别高聚物很理想的方法。用红外光谱不仅可区分不同类型的高聚物，而且对某些结构相近的高聚物，也可以依靠指纹图谱来区分。例如由于尼龙-6、尼龙-7和尼龙-8都是聚酰胺类聚合物，具有相同的官能团，从图 2-13 可以看出，其官能团区的谱带是一样的，$\nu_{N-H}=3300cm^{-1}$，酰胺Ⅰ和Ⅱ带分别在 $1635cm^{-1}$和 $1540cm^{-1}$。这三种聚合物的区别是 $(CH_2)_n$ 基团的长度不同（即 n 的数目不同），因此他们在 1400～$800cm^{-1}$指纹区的谱图不一样，可用来区别这三种聚合物。

在 2.3 讨论率频位移因素时，曾提到耦合效应对特征频率的影响，这对于鉴别结构相近的化合物也是很有用的。在只含有碳和氢元素的聚烯烃中，如果 α-H 被非极性基团取代时主要是机械耦合，则会影响特征频率，产生位移。例如：聚异丁烯（PIB）可看成是等规聚丙烯（PP）上的 α-H 被甲基取代，在这种情况下，如图 2-14 所示，PP 中的—CH_3 基团在 $1378cm^{-1}$和 $969cm^{-1}$处的面内和面外弯曲振动在 PIB 中均分裂成两个谱带，而 PP 在 $1158cm^{-1}$处的骨架振动带在 PIB 中移到 $1227cm^{-1}$处。如果芳香族聚合物的 α-H 被甲基取代，例如聚苯乙烯（PS）和聚α-甲基苯乙烯（α-MPS），比较图2-15和图2-16可知，除了

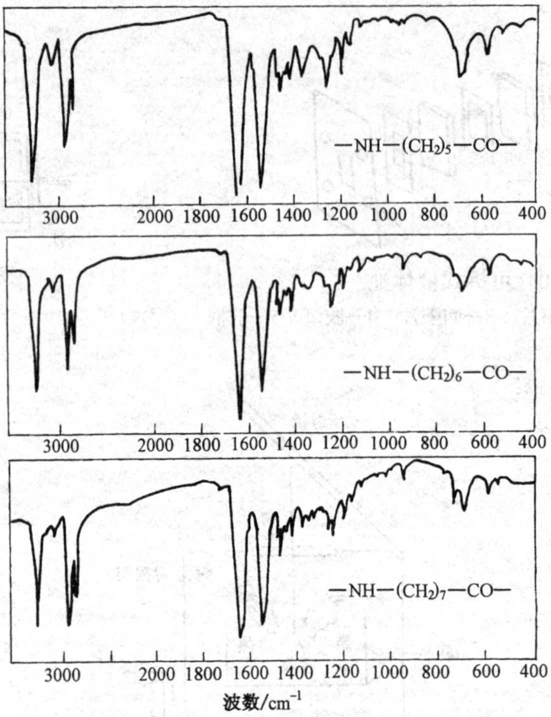

图 2-13　尼龙类的红外吸收光谱

由于 α-MPS 增加了—CH_3，在图 2-16 中增加了—CH_3 的特征吸收（即 2960、2980、1470、1380 和 947）cm^{-1}的（谱带）外，在 PS 中 $1027cm^{-1}$处的环内氢原子的内弯曲振动带的强度在 α-MPS 中明显增加。这种峰强度的变化是由于 PS 中的 α-H 被甲基取代后电子耦合引起的。

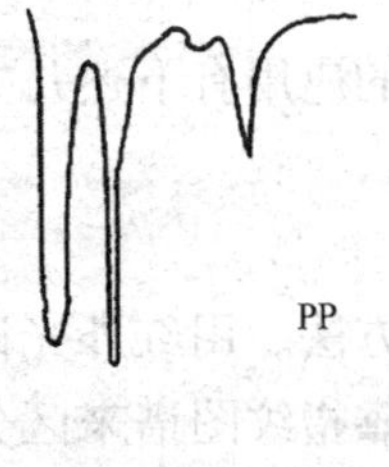

图 2-14　PP 和 PIB 在 $1000\sim1500cm^{-1}$ 的红外光谱图

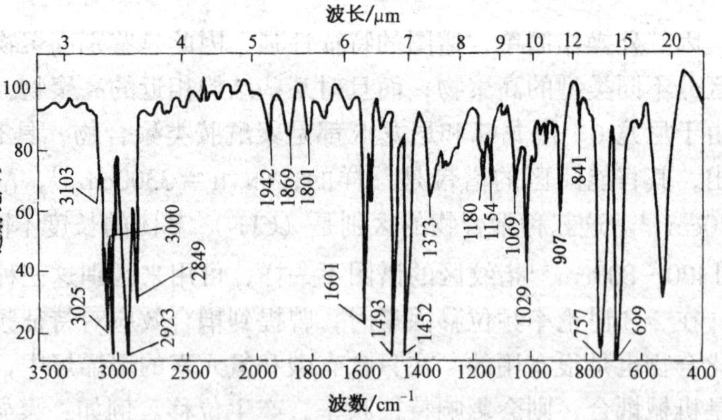

图 2-15　聚苯乙烯的红外光谱图

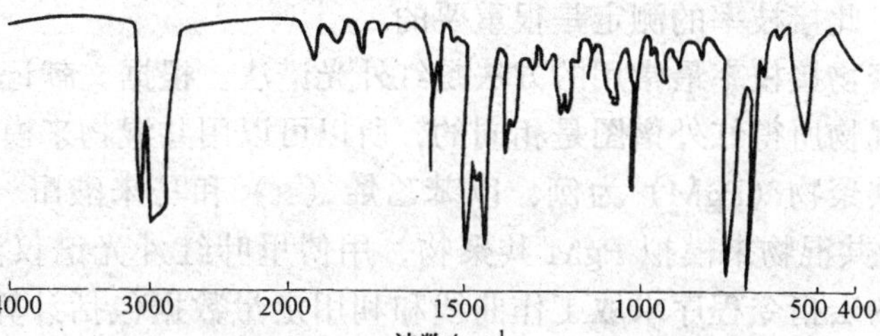

图 2-16　α-MPS 的红外谱图

2.6.2　定量测定高聚物的链结构

定量分析的基础是光的吸收定律——朗伯比尔定律：

$$A = kcl = \lg \frac{1}{T} \tag{2-9}$$

式中　A ——吸光度；

T ——透光度；

k ——消光系数，L/（mol·cm）；

c ——样品浓度，mol/L；

l ——样品厚度，cm。

2.6.2.1　聚丁二烯微观结构的测定

(1) 选择特征峰作为分析谱带（图 2-17）

(2) 摩尔消光系数的确定　可由纯物质测得摩尔消光系数。

聚丁二烯各微观结构的摩尔系数：

顺式 1,4-　$k_{733} = 31.4$L/（mol·cm）

反式 1,4-　$k_{967} = 117$L/（mol·cm）

1,2-结构　$k_{911} = 151$L/（mol·cm）

(3) 直接计算

$A = kcl$

$c = \dfrac{A}{kl}$

$c_c = \dfrac{A_{733}}{k_{733} \cdot l}$；$c_v = \dfrac{A_{911}}{k_{911} \cdot l}$；$c_t = \dfrac{A_{967}}{k_{967} \cdot l}$

它们的百分含量分别为：

$$c_c\% = \frac{c_c}{c_c + c_v + c_t} \times 100\%$$

$$c_v\% = \frac{c_v}{c_c + c_v + c_t} \times 100\%$$

$$c_t\% = \frac{c_t}{c_c + c_v + c_t} \times 100\%$$

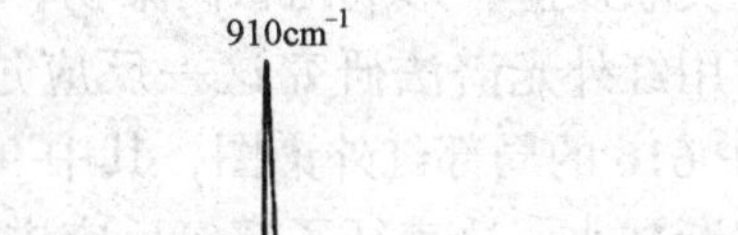

图 2-17　聚丁二烯指纹区吸收峰

顺式 1,4——738cm^{-1}

反式 1,4——967cm^{-1}

1,2 结构——911cm^{-1}

分别用峰高法量取峰的高度即 A_c、A_t、A_v

2.6.2.2　用傅里叶变换红外光谱仪测定聚丙烯（PP）中顺丁烯二酸酐接枝量的方法

接枝共聚是 PP 化学改性的重要方法，接枝率的大小直接影响产品性能，此接枝率的测定是很重要的。

目前，测定高聚物接枝率最常用的方法是红外光谱法。根据文献记载，接枝共聚物和它们各自均聚物的共混物所得红外谱图是相同的，所以可以用共混物来模拟接枝共聚物。以聚丙烯接枝马来酸酐共聚物（PgM）为例，以苯乙烯（st）和马来酸酐（MAH）的交替共聚物（PSM）和PP的共混物来模拟PgM共聚物，用傅里叶红外光谱仪测取红外谱图；利用差示技术，以自编的宏指令程序求取工作曲线和利用定量数据包括计算方法来测定PgM中接枝的MAH含量。（详细过程见傅里叶变换红外光谱技术及应用研讨会论文集，中国环境科学出版社，p83-94）。

2.6.3　高聚物反应的研究

用红外光谱法特别是傅里叶变换红外光谱，可直接对高聚物反应进行原位测定来研究高分子反应动力学，包括聚合反应动力学、固化、降解和老化过程的反应机理等。

要研究反应过程必须解决下述三个问题：首先是样品池，既能保证按一定条件反应，又能进行红外检测；其次是选择一个特征峰，该峰受其他峰干扰小，而且又能表征反应进行的程度；最后是要能定量地测定反应物（或生成物）的浓度随反应时间（或温度、压力）的变化。根据比尔定律，只要测定所选择特征峰的吸光度（峰高或峰面积法均可）就能换算成相应的浓度，例如双酚A型环氧-616树脂（EP-616）能与固化剂二胺基二苯基砜（DDS）发生交联反应，形成网状高聚物，这种材料的性能与其网络结构的均匀性有很大的关系，因此可用红外光谱法研究这一反应过程，了解交联网络结构的形成过程。图2-18是未反应的EP-616的局部红外谱图，其中913cm^{-1}的吸收峰是环氧基的特征峰，随着反应进行，该峰逐渐减小，这表征了环氧反应进行的程度。在反应过程中，还观察到1050～1150cm^{-1}范围内的醚键吸收峰不变；3410cm^{-1}的仲胺峰逐渐减小，而3500cm^{-1}的羟基吸收峰逐渐增大。说明在固化过程中主要不是醚化反应，而是由胺基形成交联点。在固化过程中主要不是醚化反应，而是由胺基形成的交联点。在固化过程中一级胺的反应可由1628cm^{-1}的伯胺特征峰的变化来表征，而二级胺的形成与反应，因为可以不考虑醚化反应，可由下式导出：

$$2P = P_{\mathrm{I}} + P_{\mathrm{II}} \tag{2-10}$$

式中　P——环氧反应程度；

P_{I}和P_{II}——分别表示一级胺和二级胺的反应程度。

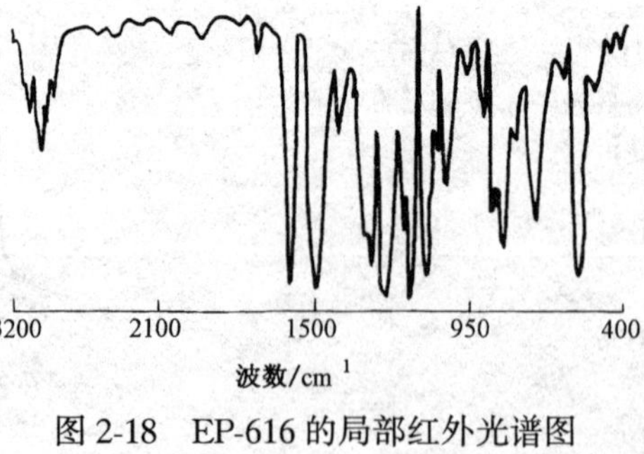

图2-18　EP-616的局部红外光谱图

在图2-19中显示在130℃固化时，环氧基、一级胺、二级胺含量随时间变化的曲线。从中可看出，从固化开始到一级胺反应90%时，二级胺的含量一直在增加，说明二级胺反应速度低于一级胺。

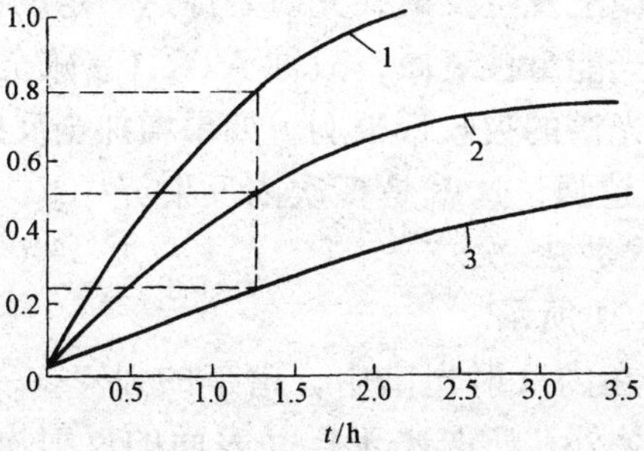

图 2-19　在 130℃固化时，环氧基、一级胺和二级胺含量随时间的变化

1—一级胺　2—环氧基　3—二级胺

2.6.4　高聚物取向的研究

在红外光谱仪的测量光路中加入一个偏振器形成偏振红外光谱，是研究高分子链取向的很好的一个手段（见图 2-20）。

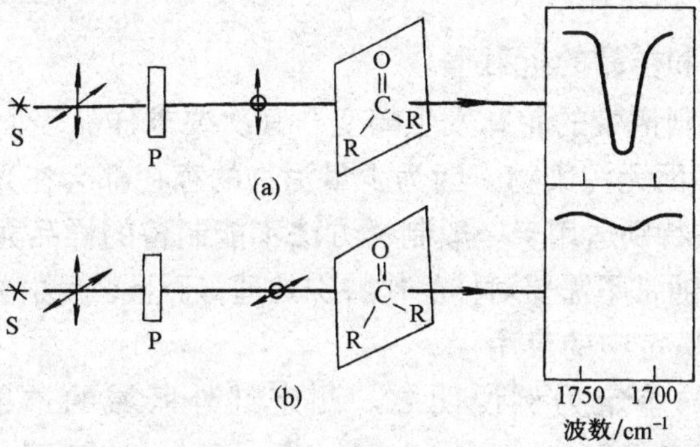

图 2-20　羰基伸缩振动红外二向色性示意图

当红外光通过偏振器后就成为其电矢量上只有一个方向的红外偏振光。当偏振光通过取向的高聚物膜（如聚酯）时，若电矢量方向与 $-\overset{\overset{\displaystyle O}{\|}}{C}-$ 振动的偶极矩（即跃迁距）方向平行时，则 $-\overset{\overset{\displaystyle O}{\|}}{C}-$ 谱带具有最大的吸收强度；反之当垂直时，这个振动几乎不产生吸收，这种现象称为红外二向色性。

测试方法：单向拉伸的膜，沿拉伸方向部分取向，将样品放入测试光路，转动偏振器，使偏振光的电矢量方向先后与样品的拉伸方向平行和垂直，然后分别测出某谱带的这两个偏振光方向的吸光度，并用 $A_{/\!/}$ 和 $A_{\perp}$ 表示，二者比值称为该谱带的二向色性比，即：$R=\frac{A_{/\!/}}{A_{\perp}}$。

在原则上讲 R 可以从 0 到∞，但由于样品不可能完全取向，因此 R 是在 0.1 到 10 之间。

2.6.5　ATR 法在聚合物鉴定中的应用

2.6.5.1　ATR 的基本概念

原理：当光线由折射指数较高的晶体（如 KRS-5）折射入折射指数较低的样品时，如入射角大于临界角，光线在界面上发生反射，光线要穿透一定的深度才反射回来，如果样品对光线有选择吸收，则全反射光能量被衰减，故称 ATR（衰减全反射）。由于一次反射获得的能量变化是相当小的，所以光谱的吸收带很弱。如果增加全反射次数，样品多次吸收光束的能量，反射光谱中吸收带就越强，这就是多次内反射光谱（MIR 光谱），一般反射次数 25 次。

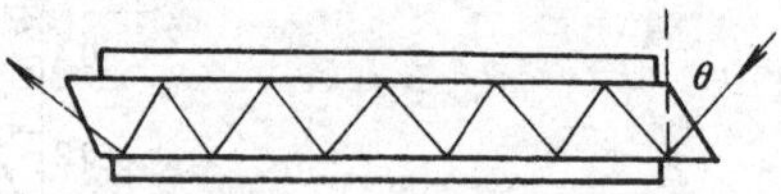

图 2-21　ATR 原理图

ATR 原理示意图如图 2-21 所示。

影响光谱质量的因素：在内反射光谱中，谱带的强度和样品本身的吸收性质有关外，还取决于样品表面的反射次数和光线透射到样品内的深度，透射越深吸收越强，光线透射到样品的深度可用贯穿深度 dp 来表示，它是波长的函数，即：

$$dp=\frac{\lambda}{2\pi\left[\sin^2\theta-\left(\frac{n_2}{n_1}\right)^2\right]^{\frac{1}{2}}} \quad (2\text{-}11)$$

式中　θ——入射角；

λ——波长；

n_1 和 n_2——分别为晶体和样品的折射率。

首先要求 $\theta>\theta_c$，否则谱带的轮廓发生畸变。其次要求样品表面平整，要与晶面有良好的光学接触，最好要求晶面无污染物，因为少量污物的存在都会在光谱中表现出来。

应用范围：ATR 方法特别适用于一般制样方法不能制备的样品尤其适合于表面涂层和表面反应的研究。这种方法通常不需要对样品作特殊处理，而且，反射光谱的强度与厚度无关。

2.6.5.2　在聚合物鉴定中的应用

以装咖啡的透明膜的鉴定为例说明之。测定红外区域的透射光谱图（图 2-22）在 1720cm^{-1}有强酯键吸收，由 1266cm^{-1}、1110cm^{-1}、870cm^{-1}和 730cm^{-1}吸收且与标准谱相比知道是聚对苯二甲酸乙二醇酯。然而，在 2940cm^{-1}处相当强的吸收说明还有其他组分存在，因此可认为该包装膜是复合材料，以 KRS－5 为晶体材料，45°入射角，测定包装膜两面的 ATR 光谱。由图 2-22B、图 2-22C 可以看出：一面为聚对苯二甲酸乙二醇酯，另一面为聚乙烯。这两层之间是否有粘合层，剥开两层测定中间面的 ATR 光谱图（图 2-22D）发现在聚对苯二甲酸乙二醇酯上粘合有另外的组分，由 2300cm^{-1}吸收带和少量的氮的存在表明可能为异氰酸酯或氰酸酯。该 ATR 光谱非常相似于聚氨酯的 ATR 光谱。由此可得出结论，该包装膜为聚酯型聚氨基甲酸酯粘合的聚对苯二甲酸乙二醇酯和聚乙烯的复合膜。

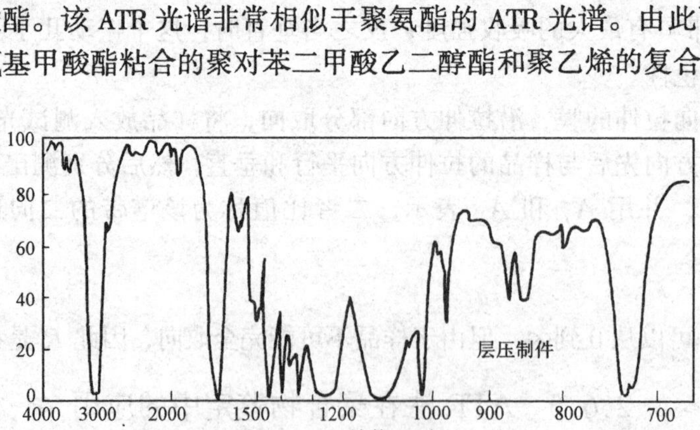

图 2-22A　咖啡包装薄膜的红外光谱

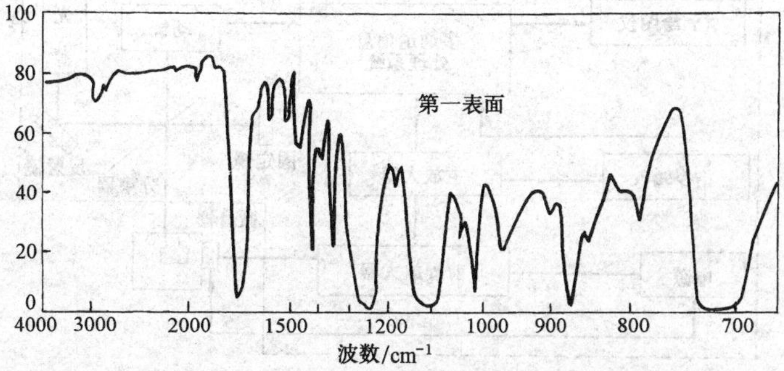

图 2-22B　咖啡包装薄膜的外表面 ATR 光谱

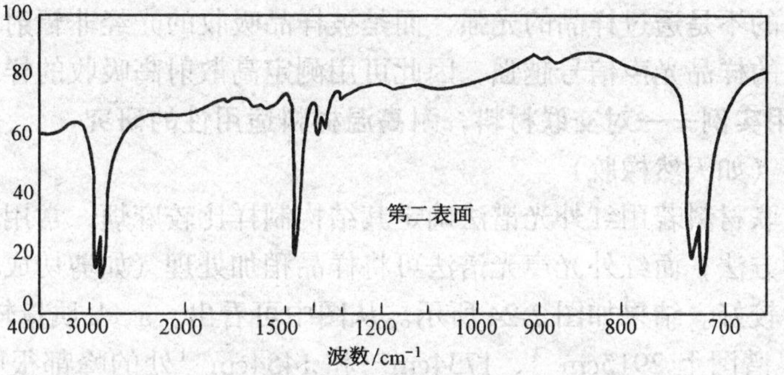

图 2-22C　咖啡包装薄膜的第二面 ATR 光谱

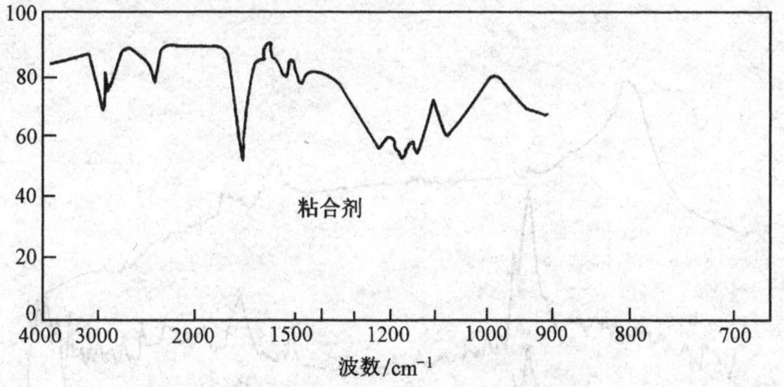

图 2-22D　咖啡包装薄膜中间粘合层 ATR 光谱

2.6.6　红外光声光谱法在聚合物鉴定中的应用

2.6.6.1　红外光声光谱的基本概念

原理：光声探测器和红外光谱技术结合即为红外声光谱技术，其测试原理如图 2-23 所示：

虚线内为 FTIR 光谱仪原理图，虚线外为光声探测器。当红外光束通过池腔窗口辐照在光声池中的样品上，样品吸收辐射的能量后经非辐射的能量转化为与调制频率同步的热涨落。此热涨落传递给封于池腔中的空气，引起空气的压力变化，并由光声池中的微音器感受而产生电信号，此信号经前置放大器放大后输入 FTIR 的主放大器及电子信号处理系统，经傅里叶变换后得到红外光声光谱图。

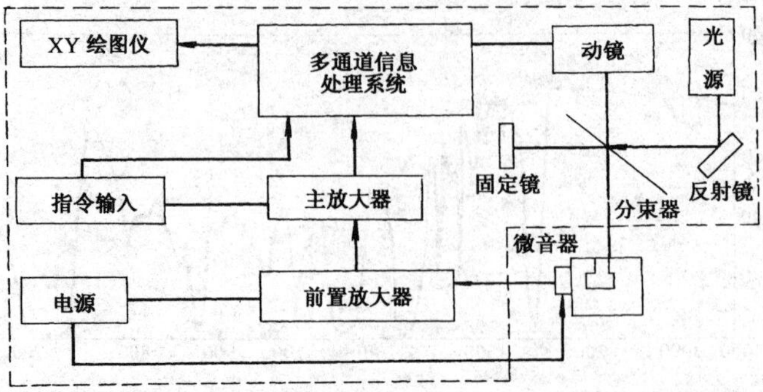

图 2-23　傅里叶红外光声光谱（FTIR-PAS）测试原理示意图

特点：无需制备样品，特别适用于难熔难溶的工程塑料、橡胶制品、高散射及高吸收样品等。由于它检测的不是透过样品的光强，而是被样品吸收的光经非辐射能量转移而产生的热，因而吸收越强的样品光声信号越强，因此可用测定高散射高吸收的样品。

2.6.6.2　应用实例——对交联材料，耐高温材料适用性的研究

（1）交联材料（如天然橡胶）

天然橡胶等交联材料若用红外光谱法确定其结构制样比较麻烦，常用的有冷冻法、溶胀法和剪成细粒几种方法；而红外光声光谱法可将样品稍加处理（如剪切成小块）即可直接测定，而且谱图质量较好。结果如图 2-24 所示。从图中可看出，a、b 质量较好，特征峰明显，信号强度大。a、b 谱图上 2915cm^{-1}、1734cm^{-1}和 1454cm^{-1}处的峰都很明显，而 c 图经放大后看，只有 3450cm^{-1}处的水峰（由于 KBr 压片过程中吸潮所致）强度大，其他峰不明显，谱图质量较差。所以对于橡胶等交联度大的物质红外光声光谱法是一种快速而有效的方法。

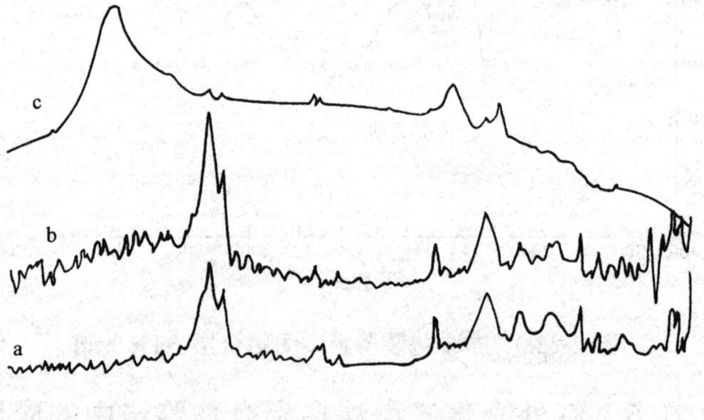

图 2-24　交联橡胶的 FTIR 和 FTIR-PAS 光谱图

（2）对于耐高温材料（如聚酯改性的聚酰亚胺）

对于某些工程塑料耐温性能很好，同时也很难找到合适的溶剂将它溶解，即使能溶解也需要进行一系列的后处理，所以制样很繁杂，而用红外光声光谱法只要将它剪碎即可直接进行结构鉴定。结果如图 2-25 所示。

从图中可以看出，三张谱图质量都较好，但 a 图是用 KBr 压片法，制样比较麻烦，首先将改性聚酰亚胺用二甲基甲酰胺溶胀，成为溶胀的粉末后再用甲醇将残留的溶剂抽提出

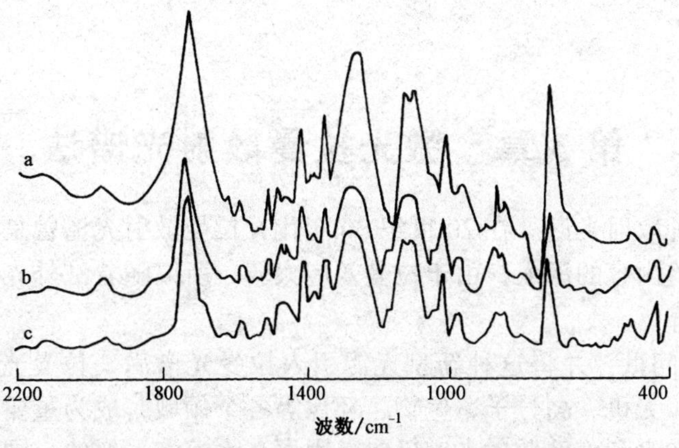

图 2-25　聚酰亚胺的 FTIR 和 FTIR-PAS 谱图

a：KBr 压片的 FTIR 图

b：VEL = 10 的 FTIF-PAS 图

c：VEL = 20 的 FTIR-PAS 图

去，然后在真空干燥箱中烘干，将其粉末与 KBr 混合压片。由此可见用红外光谱法远远不如用红外光声光谱法来得简便。

第 3 章　激光拉曼散射光谱法

拉曼光谱是一种散射光谱。在 20 世纪 30 年代，拉曼散射光谱曾是研究分子结构的主要手段。后来随着实验内容的深入，由于拉曼效应太弱，所以随着红外光谱的迅速发展，拉曼光谱的地位随之下降。

自 1960 年激光问世，并将这种新型光源引入拉曼光谱后，拉曼光谱出现了新的局面，已广泛应用于有机、无机、高分子、生物、环保等各个领域，成为重要的分析工具。而且由于它的一些特点，如水和玻璃散射光谱极弱，因而在水溶液、气体、同位素、单晶等方面的应用具有突出的特长。近几年又发展了傅里叶变换拉曼光谱仪，使它在高分子结构研究中的作用与日俱增。

3.1　基 本 概 念

3.1.1　拉曼散射及拉曼位移

拉曼光谱为散射光谱。当一束频率为 ν_0 的入射光照射到气体、液体或透明晶体样品上时，绝大部分可以透过，大约有 0.1% 的入射光与样品分子之间发生非弹性碰撞，即在碰撞时有能量交换，这种光散射称为拉曼散射；反之，若发生弹性碰撞，即两者之间没有能量交换，这种光散射称为瑞利散射。在拉曼散射中，若光子把一部分能量给样品分子，得到的散射光能量减少，在垂直方向测量到的散射光中，可以检测频率为（$\nu_0-\dfrac{\Delta E}{h}$）的线，称为斯托克斯（Stokes）线，如图 3-1 所示，如果它是红外活性的话，$\dfrac{\Delta E}{h}$ 的测量值与激发该振动的红外频率一致。相反，若光子从样品分子中获得能量，在大于入射光频率处接收到散射光线，则称为反斯托克斯线。

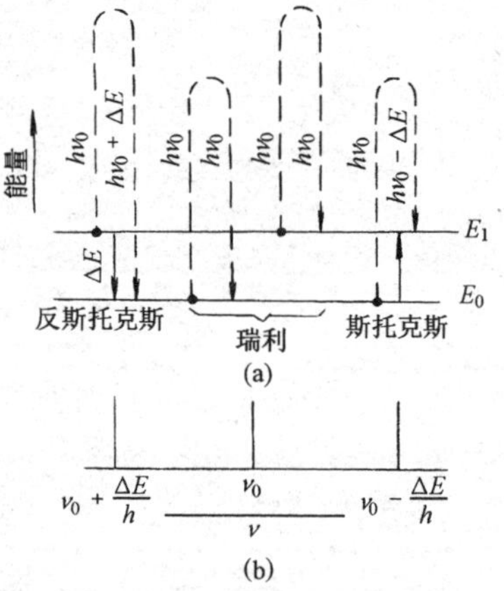

图 3-1　散射效应示意图

(a) 瑞利和拉曼散射的能级图

(b) 散射谱线

处于基态的分子与光子发生非弹性碰撞，获得能量到激发态可得到斯托克斯线，反之，如果分子处于激发态，与光子发生非弹性碰撞就会释放能量而回到基态，得到反斯托斯线。

斯托克斯线或反斯托克斯线与入射光频率之差称为拉曼位移。拉曼位移的大小和分子的跃迁能级差一样。因此，对应于同一分子能级，斯托克斯线与反斯托克斯线的拉曼位移应该相等，而且跃迁的几率也应相等。但在正常情况下，由于分子大多数是处于基态，测量到的斯托克斯线强度比反斯托克斯线强得多，所以在一般拉曼光谱分析中，都采用斯托克斯线研究拉曼位移。

拉曼位移的大小与入射光的频率无关，只与分子的能级结构有关，其范围为 25～4000cm^{-1}，因此入射光的能量应大于分子振动跃迁所需能量，小于电子能级跃迁的能量。

红外吸收要服从一定的选择定则，即分子振动时只有伴随分子偶极矩发生变化的振动才能产生红外吸收。同样，在拉曼光谱中，分子振动要产生位移也要服从一定的选择定则，也就是说只有伴随分子极化度 a 发生变化的分子振动模式才能具有拉曼活性，产生拉曼散射。极化度是指分子改变其电子云分布的难易程度，因此只有分子极化度发生变化的振动才能与入射光的电场 E 相互作用，产生诱导偶极矩 u：

$$u = aE \tag{3-1}$$

与红外吸收光谱相似，拉曼散射谱线的强度与诱导偶极矩成正比。

在多数的吸收光谱中，只具有二个基本参数（频率和强度），但在激光拉曼光谱中还有一个重要的参数即退偏振比（也可称为去偏振度）。

由于激光是线偏振光，而大多数的有机分子是各向异性的，在不同方向上的分子被入射光电场极化程度是不同的。在红外中只有单晶和取向的高聚物才能测量出偏振，而在激光拉曼光谱中，完全自由取向的分子所散射的光也可能是偏振的，因此一般在拉曼光谱中用退偏振比（或称去偏振度）ρ 表征分子对称性振动模式的高低。

$$\rho = \frac{I_{\perp}}{I_{/\!/}} \tag{3-2}$$

式中　$I_{\perp}$ 和 $I_{/\!/}$——分别代表与激光电矢量相垂直和相平行的谱线的强度。

$\rho < \frac{3}{4}$ 的谱带称为偏振谱带，表示分子有较高的对称振动模式；$\rho = \frac{3}{4}$ 的谱带称为退偏振谱带，表示分子的对称振动模式较低。

3.1.2　激光拉曼光谱与红外光谱比较

拉曼效应产生于入射光子与分子振动能级的能量交换。在许多情况下，拉曼频率位移的程度正好相当于红外吸收频率。因此红外测量能够得到的信息同样也出现在拉曼光谱中，红外光谱解析中的定性三要素（即吸收频率、强度和峰形）对拉曼光谱解析也适用。但由于这两种光谱的分析机理不同，在提供信息上也是有差异的。一般来说，分子的对称性愈高，红外与拉曼光谱的区别就愈大，非极性官能团的拉曼散射谱带较为强烈，极性官能团的红外谱带较为强烈。例如，许多情况下 C═C 伸缩振动的拉曼谱带比相应的红外谱带较为强烈，而 C═O 的伸缩振动的红外谱带比相应的拉曼谱带更为显著。对于链状聚合物来说，碳链上的取代基用红外光谱较易检测出来，而碳链的振动用拉曼光谱表征更为方便。

红外与拉曼光谱在研究聚合物时的区别可以聚乙烯为例加以说明。图 3-2 为线型聚乙烯的红外及拉曼光谱。

聚乙烯分子中具有对称中心，红外与拉曼光谱应当呈现完全不同的振动模式，事实上确实如此。在红外光谱中，CH_2 振动为最显著的谱带。而拉曼光谱中，C—C 振动有明显的吸收。图 3-3 为聚对苯二甲酸乙二醇酯（PET）的红外及拉曼光谱。拉曼光谱中呈现了明显的芳环的 C—C 伸缩振动模式，而红外光谱中最强谱带为 C═O 及 C—O 振动模式。图 3-4 为聚甲基丙烯酸甲酯（PMMA）的红外及拉曼光谱。在 PMMA 拉曼光谱的低频率区，出现了较为丰富的谱带信号，而其 IR 光谱的同一区域中的谱带信息却很弱。此外，与 PET 光谱类似，PMMA 红外光谱的 C═O 及 C—O 振动模式有强烈的吸收，而 C—C 振动模式在拉曼谱中较为明显。

与红外光谱相比，拉曼散射光谱具有下述优点：

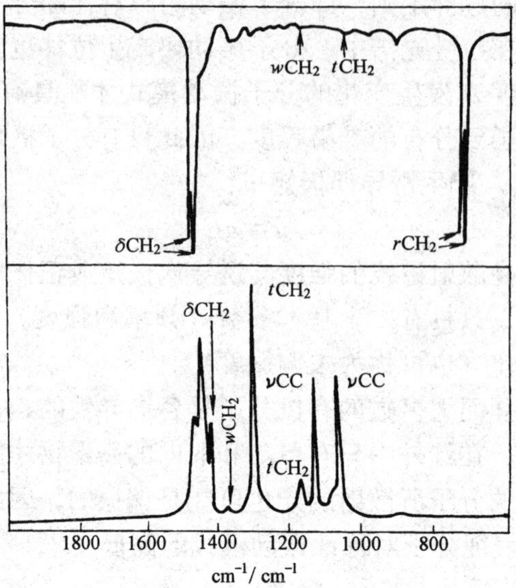

图 3-2 线型聚乙烯的红外（a）拉曼（b）光谱

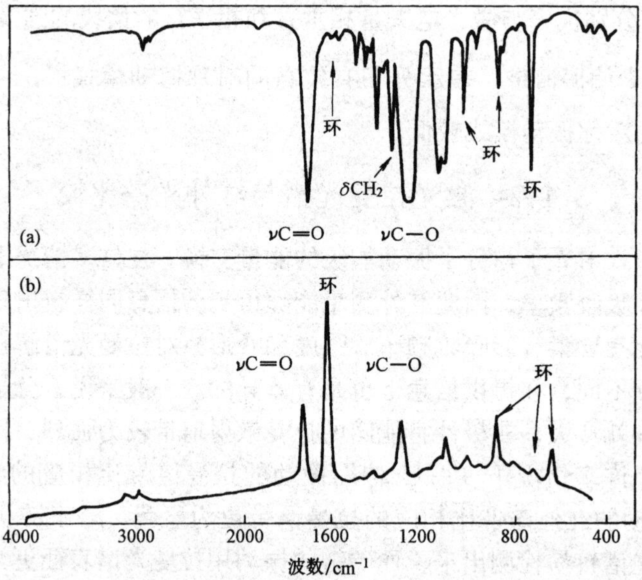

图 3-3 PET 的红外（a）拉曼（b）光谱

（1）拉曼光谱是一个散射过程，因而任何尺寸、形状、透明度的样品，只要能被激光照射到，就可直接用来测量。由于激光束的直径较小，且可进一步聚焦，因而极微量样品都可测量。

（2）水是极性很强的分子，因而其红外吸收非常强烈。但水的拉曼散射却极微弱，因而水溶液样品可直接进行测量，这对生物大分子的研究非常有利。此外，玻璃的拉曼散射也较弱，因而玻璃可作为理想的窗口材料，例如液体或粉末固体样品可放于玻璃毛细管中测量。

（3）对于聚合物及其他分子，拉曼散射的选择定则的限制较小，因而可得到更为丰富的谱带。S—S，C—C，C═C，N═N 等红外较弱的官能团，在拉曼光谱中信号较为强烈。

拉曼光谱研究高分子样品的最大缺点是荧光散射，多半与样品中的杂质有关，但采用傅里叶变换拉曼光谱仪，可以克服这一缺点。

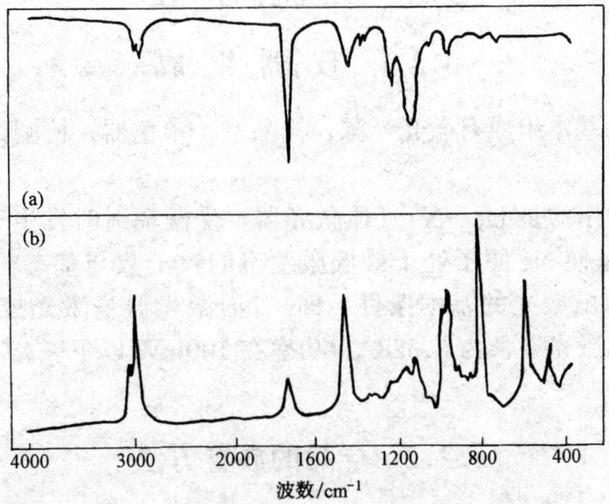

图 3-4　PMMA 的红外（a）及拉曼（b）光谱

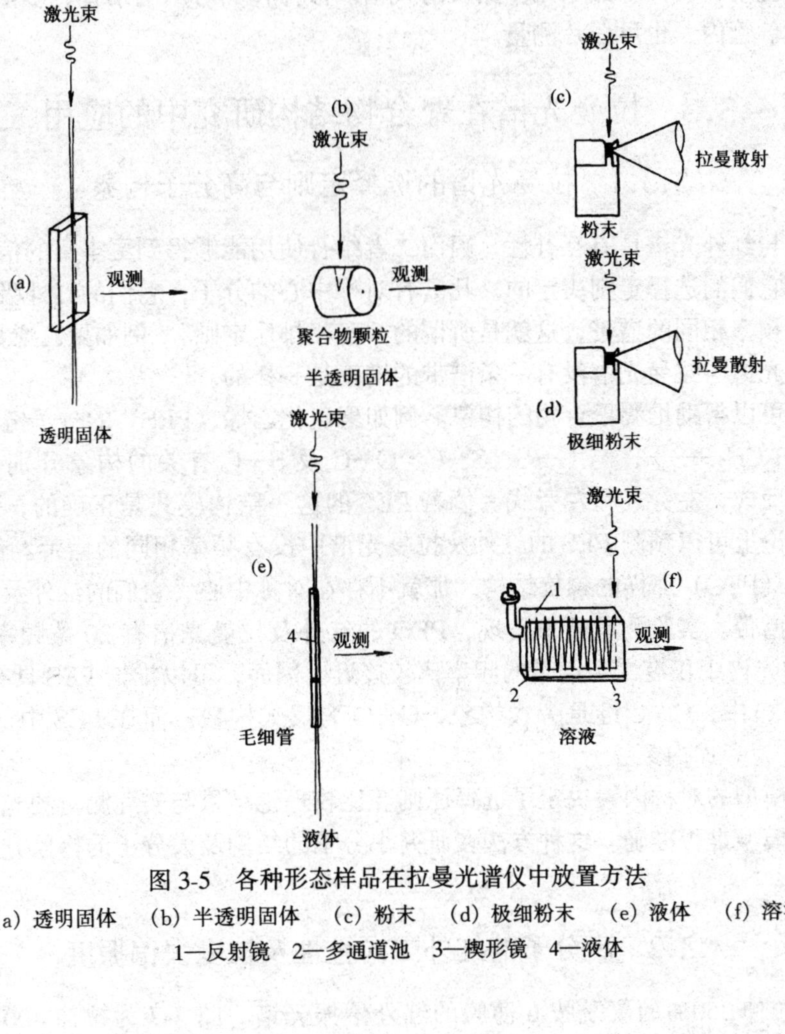

图 3-5　各种形态样品在拉曼光谱仪中放置方法

（a）透明固体　（b）半透明固体　（c）粉末　（d）极细粉末　（e）液体　（f）溶液

1—反射镜　2—多通道池　3—楔形镜　4—液体

3.2 实验方法

3.2.1 仪器组成

激光拉曼光谱仪的基本组成有激光光源，样品室，单色器，检测记录系统和计算机五大部分。

拉曼光谱仪中最常用的是He—Ne气体激光器。受激辐射时发生于Ne原子的两个能态之间，He原子的作用是使Ne原子处于最低激发态的粒子数与基态粒子数发生反转，这是粒子发生受激辐射，发出激光的基本条件。He—Ne激光器是激光拉曼光谱仪中较好的光源，比较稳定，其输出激光波长为6.328Å，功率在100mW以下。A_r^+ 激光器是拉曼光谱仪中另一个常用的光源。

3.2.2 样品的放置方法

为了提高散射强度，样品的放置方式非常重要。气体的样品可采用内腔方式，即把样品放在激光器的共振腔内。液体和固体样品是放在激光器的外面，如图3-5所示。

在一般情况下，气体样品采用多路反射气槽。液体样品可用毛细管、多重反射槽。粉末样品可装在玻璃管内，也可压片测量。

3.3 拉曼光谱在聚合物结构研究中的应用

3.3.1 拉曼光谱的选择定则与高分子构象

由于拉曼与红外光谱具有互补性，因而二者结合使用能够得到更丰富的信息。这种互补的特点，是由它们的选择定则决定的。凡具有对称中心的分子，它们的红外吸收光谱与拉曼散射光谱没有频率相同的谱带，这就是所谓的“互相排斥定则”。例如聚乙烯具有对称中心，所以它的红外光谱与拉曼光谱没有一条谱带的谱率是一样的。

上述原理可以帮助推测聚合物的构象。例如聚硫化乙烯（PES）的分子链的重复单元为 $\mathrm{+CH_2CH_2SCH_2CH_2—S+}$，与C—S、S—C、C—C及S—C有关的构象分别为反式，右旁式，右旁式，反式，左旁式和左旁式。倘若PES的这一结构模式是正确的，那它就具有对称中心，从理论上可以预测PES的红外及拉曼光谱中没有频率相同的谱带。例如PES采取像聚氧化乙烯（PEO）那样的螺旋结构，那就不存在对称中心，它们的红外及拉曼光谱中就有频率相同的谱带。实验测量结果发现，PEO的红外及拉曼光谱有20条频率相同的谱带。而PES的两种光谱中仅有二条谱带的频率比较接近。因而，可以推论PES具有与PEO不同的构象：在PEO中，C—C键是旁式构象，C—O为反式构象；而在PES中，C—C键是反式构象，C—S为旁式构象。

分子结构模型的对称因素决定了选择原则。比较理论结果与实际测量的光谱，可以判别所提出的结构模型是否准确。这种方法在研究小分子的结构及大分子的构象方面起着很重要的作用。

3.3.2 高分子的红外二向色性及拉曼去偏振度

图3-6为拉伸250%的聚酰胺-6薄膜的红外偏振光谱。图3-7为拉伸400%的聚酰胺-6

薄膜的偏振拉曼散射光谱。在聚酰胺-6 的红外光谱中，某些谱带显示了明显的二向色性特性。它们是 NH 伸缩振动（3300cm^{-1}）、CH_2 伸缩振动（3000～2800cm^{-1}）、酰胺Ⅰ（1640cm^{-1}）及酰胺Ⅱ（1550cm^{-1}）吸收和酰胺Ⅲ（1260cm^{-1}和 1201cm^{-1}）吸收谱带。其中 NH 伸缩振动、CH_2 伸缩振动及酰胺Ⅰ谱带的二向色性比清楚的反映了这些振动的跃迁距在样品被拉伸后向垂直于拉伸方向取向。酰胺Ⅱ及Ⅲ谱带的二向色性显示了 C—N 伸缩振动向拉伸方向取向。聚酰胺-6 的拉曼光谱（图 3-7）的去偏振度研究结果与红外二向色性完全一致。拉曼光谱中 1081cm^{-1}谱带（C—N 伸缩振动）及 1126cm^{-1}谱带（C—C 伸缩振动）的偏振度显示了聚合物骨架经拉伸后的取向。

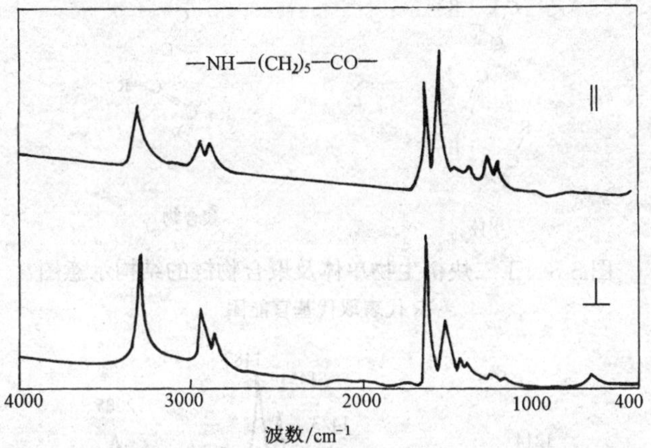

图 3-6　聚酰胺-6 薄膜被拉伸 250％后的红外偏振光谱

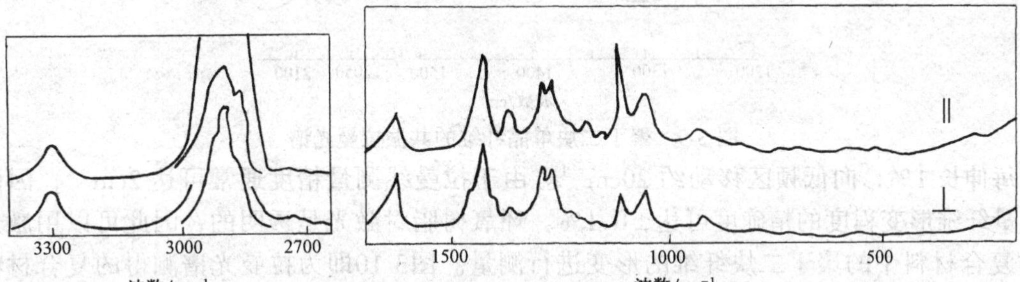

图 3-7　聚酰胺-6 薄膜拉伸 400％后的激光拉曼散射光谱

∥表示偏振激光电场矢量与拉伸方向平行　⊥表示偏振激光电场矢量与拉伸方向垂直

3.3.3　聚合物形变的拉曼光谱研究

纤维状聚合物在拉伸形变过程中，链段与链段之间的相对位置发生了移动，从而使拉曼线发生变化。用纤维增强热塑性或热固性树脂能得到高强度的复合材料。树脂与纤维之间的应力转移效果，是决定复合材料机械性能的关键因素。将聚丁二炔单晶纤维埋于环氧树脂之中，固化后生成性能优良的结构材料。对环氧树脂施加应力进行拉伸，使其产生形变。此时外加应力通过界面传递给聚丁二炔单晶纤维，使纤维产生拉伸形变。丁二炔单晶纤维的形变可以用共振拉曼光谱加以观察。图 3-8 为丁二炔单体分子及聚合物链的排列示意图。

图 3-9 为聚丁二炔纤维的共振拉曼光谱。入射光波长为 638nm。

当聚丁二炔单晶纤维发生伸长形变时，2085cm^{-1}谱带向低频区移动。其移动范围为：

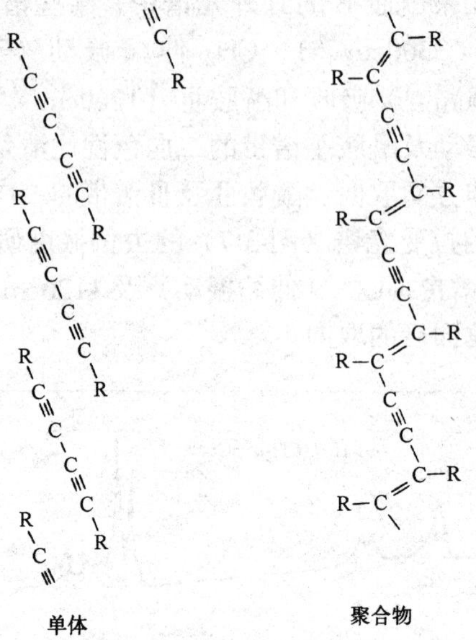

图 3-8　丁二炔衍生物单体及聚合物链的结构示意图

R 代表取代基官能团

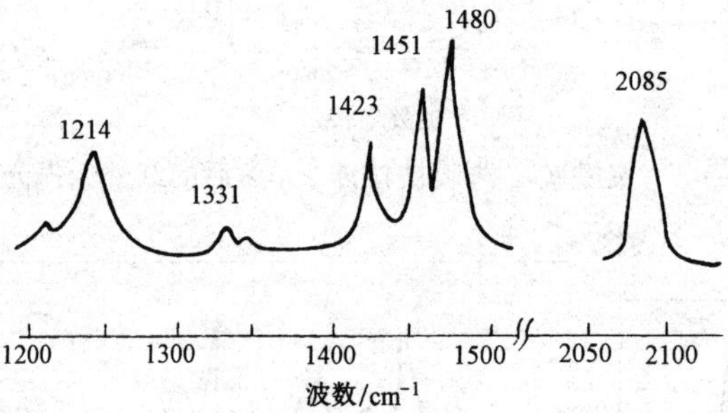

图 3-9　聚丁二炔单晶纤维的共振拉曼光谱

纤维每伸长 1%，向低频区移动约 $20cm^{-1}$。由于拉曼线测量精度通常可达 $2cm^{-1}$，因而拉曼测量纤维形变程度的精确度可达 ±0.1%。环氧树脂对激光是透明的，因此可以用激光拉曼对复合材料中的聚丁二炔纤维的形变进行测量。图3-10即为拉曼光谱测得的复合材料在

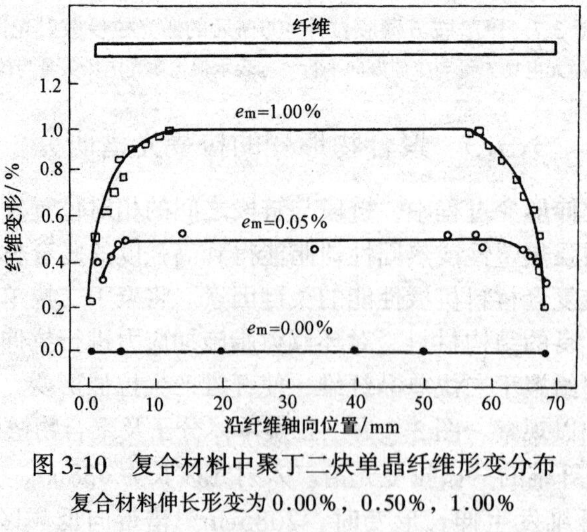

图 3-10　复合材料中聚丁二炔单晶纤维形变分布

复合材料伸长形变为 0.00%，0.50%，1.00%

外力拉伸下聚丁二炔单晶纤维形变的分布。

图 3-10 中复合材料由环氧树脂与聚丁二炔单晶纤维（直径 25μm，长度为 70mm）组成。当材料整体形变分别为 0.00%，0.50%和 1.00%时，由拉曼光谱测得的纤维形变及其分布清楚地显示在图中。形变在纤维两端较小，逐渐向中间部分增大，然后达到恒定值。在中间部分的形变与材料整体的形变相等。由纤维端点到达形变恒定值处的距离，正巧为临界长度的一半。通常临界长度是由“抽出”试验测出的。但是拉曼光谱法测定纤维临界长度的优点在于，不需要破坏纤维。

上述复合材料是由相对较粗（直径为 10μm 以上）的高模量纤维及低模量树脂的本体组成的。通常称为“宏观复合材料”。这类材料往往受纤维排列方式的限制。例如纤维可整齐单向排列，也可交叉织布排列。这些排列方式是较为复杂的过程，尤其是复合材料外形较为复杂时更难有效地排布纤维。最近，发展了一种所谓的“分子复合材料”，它是由 nm 级直径的棒状分子增强树脂基体构成的。“分子复合材料”可以制成各种形状的一维、二维或三维增强体系，并从分子水平上进行增强。在必要时，还可通过共聚、接枝等方法实现纤维与基体之间的界面化学键。在这类材料中，较为成功的例子是聚对亚苯基苯并二噻唑（PBTZ）棒状聚合物分散在半柔顺性的聚 2,5（6）-苯并咪唑（ABPBI）基体中，它们的分子式为：

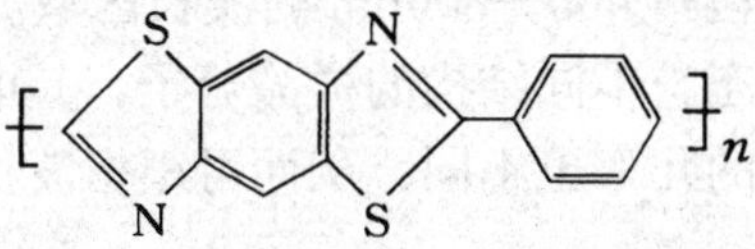

PBTZ

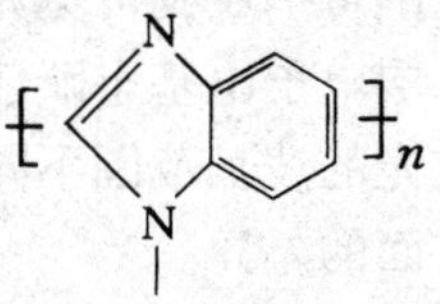

ABPBI

这是由美国空军试验室（USAF Wright Aeronautical Laboratory）开发成功的。

3.3.4 生物大分子的拉曼光谱研究

生物大分子中，蛋白质、核酸、磷酯等是重要的生命基础物质，研究它们的结构、构象等化学问题以阐明生命的奥秘是当今极为重要的研究课题。应用激光拉曼光谱除能获得有关组分的信息外，更主要的是它能反映与正常生理条件（如水溶液、温度、酸碱度等）相似的情况下的生物大分子的结构变化信息，同时还能比较在各相中的结构差异，这是用其他仪器难以得到的成果。

第 4 章　紫 外 光 谱

紫外光谱是分子中电子吸收的变化而产生的，并与共轭体系的 π 电子跃迁有关，这意味着这一光谱区用于分析聚合物会受到限制，但它可提供聚合物中多重键和芳香共轭性方面的有关信息，并包括那些能使高分子中某些多重键体系共轭性得以扩展的氧、氮、硫原子上非键合电子的信息。对某些添加剂（如加稳定剂、增塑剂）或杂质（如残留单体、催化剂）的测定是一种比较有效的方法。另外由于紫外区的吸收率高（比红外区大一个数量级）且可用较厚的样品，所以能分析微量化合物。

4.1　概　　述

紫外光谱是电子吸收光谱，通常所说的紫外光谱的波长范围是 200～400nm，常用的紫外光谱仪的测试范围可扩展到可见光区域，包括 400～800nm 的波长区域。当样品分子或原子吸收光子后，外层电子由基态跃迁到激发态，不同结构的样品分子，其电子的跃迁方式是不同的，而且吸收光的波长范围不同，吸光的几率也不同，从而可根据波长范围、吸光度鉴别不同物质结构方面的差异。

4.1.1　电子跃迁的方式

有机物在紫外和可见光区域内电子跃迁的方式有 $\sigma\rightarrow\sigma^*$、$n\rightarrow\sigma^*$、$\pi\rightarrow\pi^*$、$n\rightarrow\pi^*$ 四种类型，如图 4-1 所示。这些跃迁所需要能量比较如下：

$$\sigma\rightarrow\sigma^* > n\rightarrow\sigma^* > \pi\rightarrow\pi^* > n\rightarrow\pi^*$$

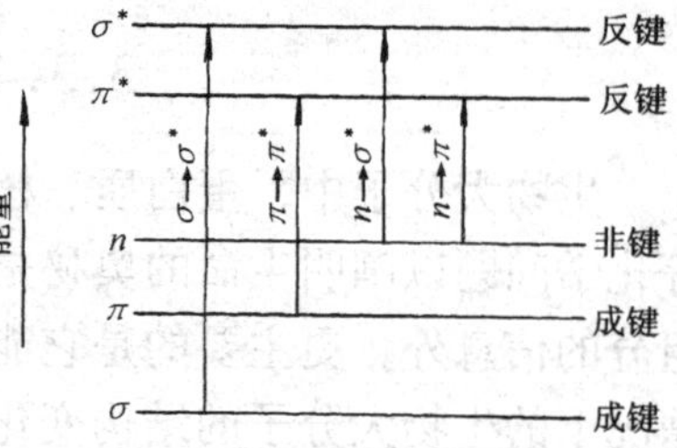

图 4-1　分子电子的能级与跃迁

4.1.1.1　$\sigma\rightarrow\sigma^*$ 跃迁

饱和烃中的 C—C 键是 σ 键。产生跃迁的能量大，吸收波长小于 150nm 的光子，所以在真空紫外光谱区有吸收，但在紫外光谱区观察不到。

4.1.1.2　$n\rightarrow\sigma^*$ 跃迁

含有非键合电子（即 n 电子）的杂原子（如 O、N、S、卤素等）的饱和烃衍生物都可发生 $n\rightarrow\sigma^*$ 跃迁。它的能量小于 $\sigma\rightarrow\sigma^*$ 跃迁。吸收波长为 150～250nm 的区域，只有一部分在紫外区域内，同时吸收系数 ε 小，所以也不易在紫外区观察到。

4.1.1.3　$\pi\rightarrow\pi^*$ 跃迁

不饱和烃、共轭烯烃和芳香烃类可发生此类跃迁，所需要能量较小，吸收波长大多在紫外区（其中孤立的双键的最大吸收波长小于 200nm），吸收峰的吸收系数 ε 很高。

4.1.1.4　$n\rightarrow\pi^*$ 跃迁

在分子中含有孤对电子和 π 键同时存在时，会发生 $n\rightarrow\sigma^*$ 跃迁，所需能量小，吸收波长 > 200nm，但吸收峰的吸收系数 ε 很小，一般为 10～100。

由上可见，不同类型的分子结构的电子跃迁方式是不同的，有的基团可有几种跃迁方式，见图 4-2。在紫外光谱区有吸收的是 $\pi\rightarrow\pi^*$ 和 $n\rightarrow\pi^*$ 两种。除上述四种跃迁外，还有两种较特殊的跃迁方式即 $d\rightarrow d$ 跃迁和电荷转移跃迁。

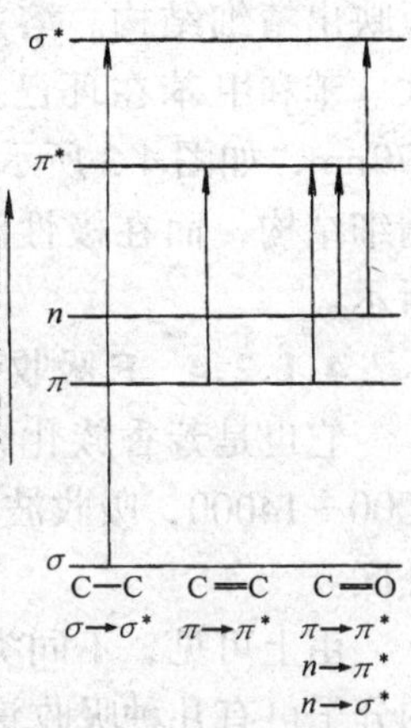

图 4-2　不同类型分子结构的电子跃迁

4.1.1.5　$d\rightarrow d$ 跃迁

在过渡金属络合物溶液中易发生这种跃迁。其吸收波长一般在可见光区域。有机物和高分子的过渡金属络合物都会发生这种跃迁。

4.1.1.6　电荷转移跃迁

电荷转移可以是离子间、离子与分子间、以及分子内的转移，条件是同时具备电子给体和电子受体。电荷转移的吸收谱带的强度大，吸收系数 ε 一般大于 10000。这在交替共聚合反应的研究中相当重要。

4.1.2　吸收带的类型

在紫外光谱带分析中，往往将谱带分成四种类型，即 R 吸收带、K 吸收带、B 吸收带和 E 吸收带。

4.1.2.1　R 吸收带

—NH_2、—NR_2、—OR 的卤代烷烃可产生这类谱带。它是 $n\rightarrow\pi^*$ 跃迁形成的吸收带，由于 ε 很小，吸收谱带较弱，易被强吸收谱带掩盖，并且易受极性溶剂的影响而发生偏移。

4.1.2.2　K 吸收带

共轭烯烃，取代芳香化合物可产生这类谱带。它是 $\pi\rightarrow\pi^*$ 跃迁形成的吸收带，$\varepsilon_{max}>10000$，吸收谱带较强。

4.1.2.3　B 吸收带

B 吸收带是芳香化合物及杂芳香化合物的特征谱带。在这个吸收带中，有些化合物容易

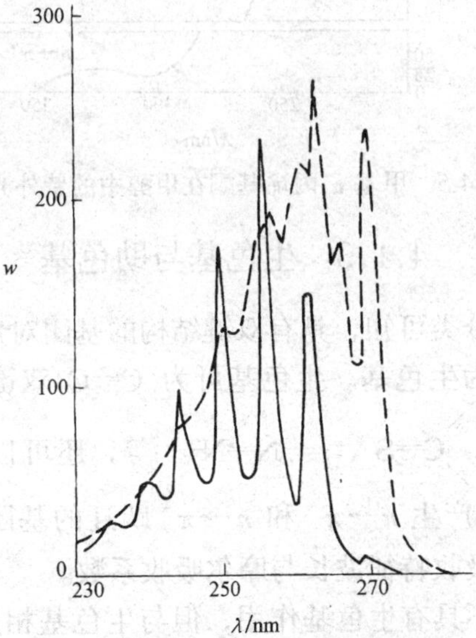

图 4-3　甲苯和甲苯的 B 吸收带

（在环己烷中）（实线为苯，虚线为甲苯）

反映出精细结构。溶剂的极性，酸碱性等对精细结构的影响较大。苯和甲苯在环已烷溶剂中的 B 吸收带精细结构在 280～270nm，如图 4-3 所示。苯酚在非极性溶剂庚烷中的 B 吸收带呈精细结构，而在极性溶剂乙醇中观察不到精细结构，如图 4-4 所示。

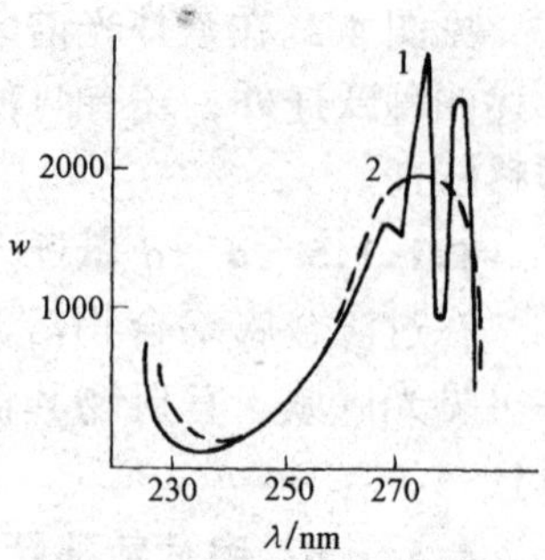

图 4-4　苯酚的 B 吸收带
1—庚烷溶液　2—乙醇溶液

4.1.2.4　E 吸收带

它也是芳香族化合物的特征谱带之一，吸收强度大，ε 为 2000～14000，吸收波长偏向紫外的低波长部分，有的在真空紫外区。

由上可见，不同类型分子结构的紫外吸收谱带也不同，有的分子可有几种吸收谱带，例如：乙酰苯，其正庚烷溶液的紫外光谱中，可以观察到 K、B、R 三种谱带分别为 240nm（ε＞10000）、278nm（ε＝1000）和 319nm（ε＝50），它们的强度是依次下降的。其中 B 和 R 吸收带分别为苯环和羰基的吸收带，而苯环和羰基的共轭效应导致产生很强的 K 吸收带。又如甲基 α-丙烯基酮在甲醇中的紫外光谱（见图 4-5）存在两种跃迁：$\pi \to \pi^*$ 跃迁在低波长区是烯基与羰基共轭效应所致，属 K 吸收带，$\varepsilon_{max}>10000$，$n \to \pi^*$ 跃迁在高波长区是羰基的电子跃迁所致，为 R 吸收带，$\varepsilon_{max}<100$。

综上可知，在有机和高分子的紫外吸收光谱中，R、K、B、E 吸收带的分类不仅考虑到各基团的跃迁方式，而且还考虑到分子结构中各基团相互作用的效应。

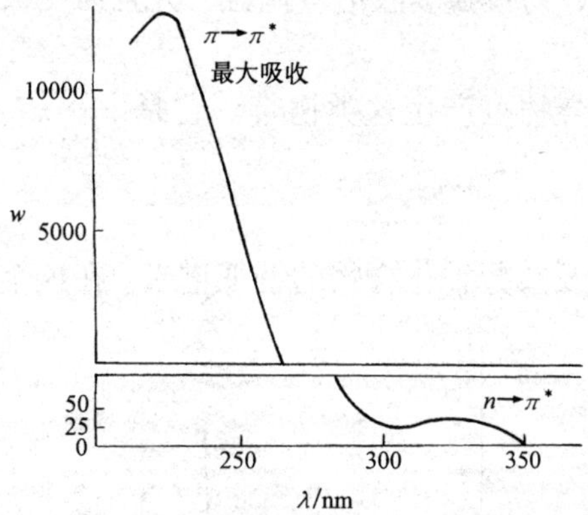

图 4-5　甲基 α-丙烯基酮在甲醇中的紫外光谱

4.1.3　生色基与助色基

由前述电子跃迁与谱带分类可知，具有双键结构的基团对紫外或可见光有吸收作用，具有这种吸收作用的基团统称为生色基。生色基可为 C═C 双键及共轭双键、芳环等，也可为其他的双键如 >C═O 、>C═S 、—N═N— 等，还可以是—NO_2、—NO_3、—COOH、—$CONH_2$等基团。总之，可以产生 $\pi \to \pi^*$ 和 $n \to \pi^*$ 跃迁的基团都是生色基。表 4-1 中列出了聚合物中常见基团的紫外吸收特征波长与摩尔吸收系数。

另有一些基团虽然本身不具有生色基作用，但与生色基相连时，通过非键电子的分配，扩展了生色基的共轭效应，会影响生色基的吸收波长，增大吸收系数，这些基团统称为助色基，如—NH_2、—NR_2、—SH、—SR、—OH、—OR、—Cl、—Br、—I 等。

表 4-1　　　　聚合物中常见基团紫外吸收特征波长与吸收系数表

生色基	λ_{max}/nm	ε_{max}
C=C	175 185	14000 8000
C≡C	175 195 223	10000 2000 150
C=O	160 185 280	18000 5000 15
C=C—C=C	217	20000
	184 200 255	60000 4400 204

4.1.4　谱图解析步骤

紫外光谱是由于电子跃迁产生的光谱，在电子跃迁过程中，会伴随着分子、原子的振动和转动能级的跃迁，与电子跃迁叠加在一起，使得紫外吸收谱带一般比较宽，所以在分析紫外谱时，除注意谱带的数目、波长及强度外，还注意其形状、最大值和最小值。

一般，单靠紫外吸收光谱，无法推定官能团，但对测定共轭结构还是很有利的。它与其他仪器配合使用就能发挥很大的作用。

在解析谱图时可以从下面几方面加以判别：

（1）从谱带的分类、电子跃迁方式来判别。注意吸收带的波长范围、吸收系数以及是否有精细结构等。

（2）从溶剂极性大小引起谱带移动的方向判别。

（3）从溶剂的酸碱性的变化引起谱带移动的方向来判别。

4.2　紫外光谱仪

4.2.1　结　　构

紫外光谱仪有单光束和双光束两种。这里简单介绍一下双光束型的紫外光谱仪。其结构如图 4-6 所示。

4.2.2　测 试 原 理

为测定试样的吸收值，试样光束和参考光束的强度必须进行比较，因斩波器分割而得到的两束光交替地落在检测器上，并放大。若两束光强有差别（即试样室光束被试样部分吸收）则衰减器可移动调节两光束相等，衰减器的位置则是试样的相对吸收量度，通过数字机构，将参考光束和试样光束的强度比（I_0/I）和波长关系输入到记录仪中，即得到紫外光谱图。

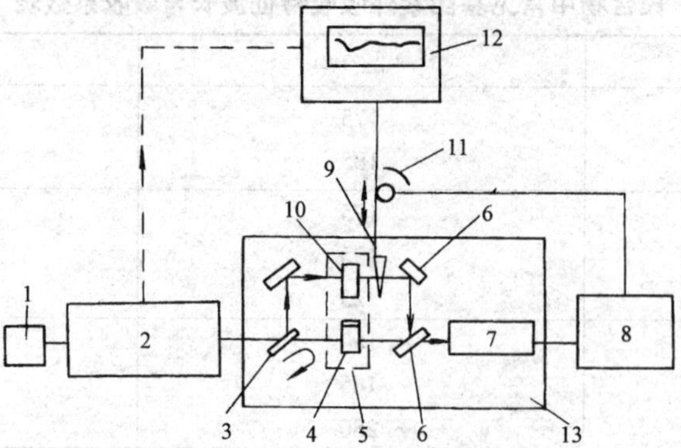

图 4-6　紫外可见分光光度计示意图

1—光源　2—单色器　3—斩波器　4—试样液槽　5—试样室　6—镜　7—检测器
8—放大器　9—衰减器　10—参比液槽　11—伺服马达　12—X-Y 记录仪　13—光度计

4.2.3　谱图的表示方法

当纵坐标选用不同的表示方法时，所得的曲线形状是不同的。如图 4-7 为在同样条件下测得的同一化合物的不同形状的紫外光谱图。

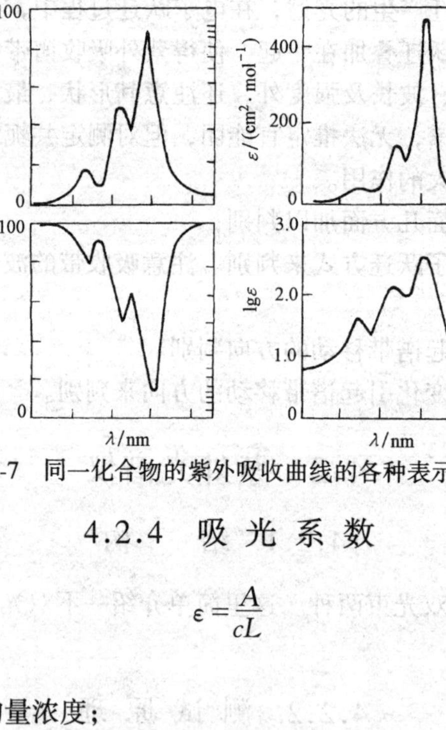

图 4-7　同一化合物的紫外吸收曲线的各种表示方法

4.2.4　吸 光 系 数

$$\varepsilon=\frac{A}{cL}$$

式中　A——吸光度；

c——溶液的物质的量浓度；

L——样品槽厚度。

4.2.5　吸 光 度 A

横坐标位置可作为分子结构的表征，是定性分析的主要依据。纵坐标可给出分子结构的信息，而且可作为定量分析的依据。

4.3 紫外光谱在高分子结构研究中的应用

4.3.1 定 性 分 析

由于高分子的紫外吸收峰通常只有2～3个，且峰形平稳，因此它的选择性远不如红外光谱。而且紫外光谱主要决定于分子中发色和助色基团的特性，而不是整个分子的特性，所以紫外吸收光谱用于定性分析不如红外光谱重要和准确。

因为只有具有重键和芳香共轭体系的高分子才有紫外活性，所以紫外光谱能测定出的高分子种类受到很大局限。已报导的某些高分子的紫外特征数据列于表4-2中。

表4-2　　某些高分子的紫外特征

高 分 子	发 色 团	最长的吸收波长/nm
聚苯乙烯	苯　基	270，280（吸收边界）
聚对苯二甲酸乙二醇酯	对苯二甲酸酯基	290（吸收尾部），300
聚甲基丙烯酸甲酯	脂肪族酯基	250～260（吸收边界）
聚醋酸乙烯	脂肪族酯基	210（最大值处）
聚乙烯基咔唑	咔唑基	345

图4-8是聚乙烯咔唑和聚苯乙烯的紫外吸收光谱，这是高分子紫外光谱的典型例子。

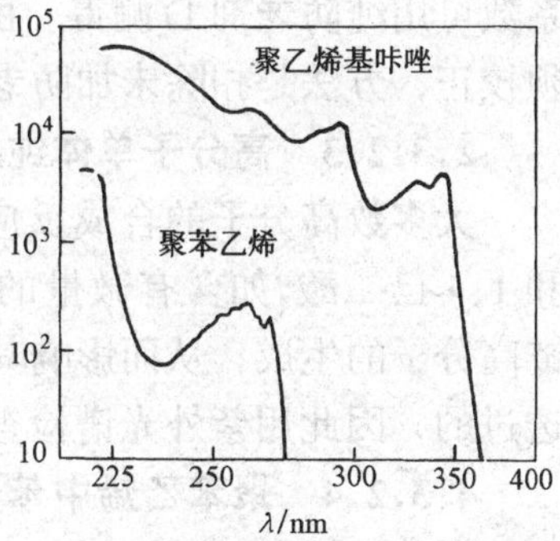

图4-8　聚苯乙烯和聚乙烯基咔唑的紫外吸收光谱

在作定性分析时，如果没有相应高分子的标准谱图可供对照，也可以根据以下有机化合物中发色团的出峰规律来分析。例如，一个化合物在200～800nm无明显吸收，它可能是脂肪族碳氢化合物，胺、腈、醇、醚、羧酸的二缔体、氯代烃和氟代烃，不含直链或环状的共轭体系，没有醛基、酮基、Br或I；如果在210～250nm具有强吸收带（ε＝10000），可能是含有2个不饱和单体的共轭体系；如果类似的强吸收带分别落在260、300或330nm左右，则可能相应地具有3、4或5个不饱和单位的共轭体系；如果在260～300nm间存在中等吸收峰（ε≈200～1000）并有精细结构，则表示有苯环存在；在250～300nm有弱吸收（ε≈20～100），表示羰基的存在，若化合物有颜色，则分子中所含共轭的发色团和助色团的总数将大于5。

尽管只有有限的特征官能团才能发色，使紫外谱图过于简单而不利于定性，但利用紫外光谱，很易将具有特征官能团的高分子与不具特征官能团的高分子相区别开来，比如聚二甲基硅氧烷（硅树脂或硅橡胶）就易于与含有苯基的硅树脂或硅橡胶区分。首先用碱溶液破坏这类含硅高分子，配适当浓度的溶液进行测定，含有苯基的紫外区有B吸收带，不含苯基的则没有吸收。

4.3.2 定 量 分 析

紫外光谱法的吸收强度比红外光谱法大得多，红外的ε值很少超过10^3，而紫外的ε值最高可达10^4～10^5，紫外光谱法的灵敏度（10^{-4}～10^{-5}mol/L），测量准确度高于红外光谱法；紫外光谱法的仪器也比较简单，操作方便。所以紫外光谱法在定量分析上有优势。

紫外光谱法很适合研究共聚组成、微量物质（单体中的杂质、聚合物中的残留单体或少量添加剂等）和聚合反应动力学。

4.3.2.1 丁苯橡胶中共聚组成的分析

经实验，选定氯仿为溶剂，260nm 为测定波长（含苯乙烯 25%的丁苯共聚物在氯仿中的最大吸收波长是 260nm，随苯乙烯含量增加会向高波长偏移）。在氯仿溶液中，当 $\lambda=260$nm 时，丁二烯吸收很弱，消光系数是苯乙烯的 1/50，可以忽略。但丁苯橡胶中的苯胺类防老剂的影响必须扣除。为此，选定 260 和 275nm 两个波长进行测定，得到 $\Delta\varepsilon=\varepsilon260-\varepsilon275$，这样就消除了防老剂特征吸收的干扰。

将聚苯乙烯和聚丁二烯两种均聚物以不同比例混合，以氯仿为溶剂测得一系列已知苯乙烯含量所对应的 $\Delta\varepsilon$ 值，作出工作曲线（图 4-9）。于是，只要测得未知物的 $\Delta\varepsilon$ 值就可从曲线上查出苯乙烯含量。

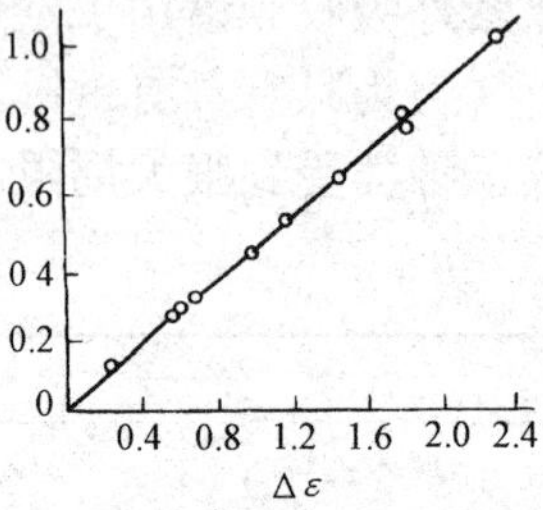

图 4-9 丁苯共聚物中苯乙烯含量与 $\Delta\varepsilon$ 的关系

4.3.2.2 橡胶中防老剂含量的测定

一般生胶中都加有防老剂，加工前必须测定其含量，以便在加工时考虑是否添加。防老剂在近紫外区都有特征的吸收峰，如防老剂 D 的 $\lambda_{max}=390$nm，防老剂 D 在甲苯中的吸收系数可用纯防老剂 D 测得。由于生胶在 390nm 有一定的背景吸收，所以测定的吸收值 *A* 必须校正，方法是扣除未加防老剂的生胶吸收值。

2.3.2.3 高分子单体纯度的检测

大多数高分子的合成反应，对所用单体的纯度要求很高，如聚酰胺的单体 1,6-己二胺和 1,4-己二酸，如含有微量的不饱和或芳香性杂质，即可干扰直链高分子的生成，从而影响其质量。由于这两个单体在紫外区是透过的，因此用紫外光谱检查是否存在杂质是很方便和灵敏的。

4.3.2.4 聚苯乙烯中苯乙烯残留单体含量的测定

聚苯乙烯在 270nm 有一个吸收峰，低于这个波长还有一系列宽的吸收峰，可以用 292nm 峰来测定苯乙烯的含量。但如果直接用该峰的吸收值计算会产生很大误差，因为含添加剂（如抗氧剂、润滑剂）的聚苯乙烯在这一波长下有背景吸收。采用基线修正法则可以排除背景吸收的干扰，如图 4-10 所示。在 288nm 和 295～300nm 两个吸收极小值之间作曲线的切线，以此为基线，然后从 292nm 峰顶垂线与基线相交。所得的高 *h* 就是测试溶液中所含苯乙烯的真正吸收值。

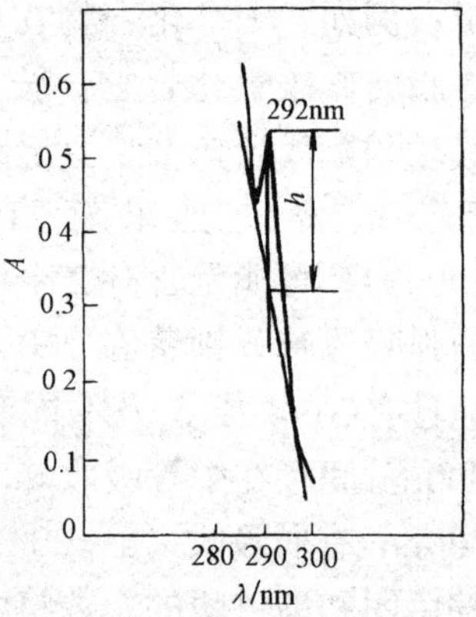

图 4-10 含苯乙烯单体的聚苯乙烯的典型紫外吸收光谱

4.3.3 聚合物反应动力学

利用紫外-可见光谱进行聚合反应动力学的研究，只适用于反应物（单体）或产物（高分子）中的一种在这一光区具有特征吸收，或者虽然两者在这一光区都有吸收，但 λ_{max}和 ε 都有明显区别的反应。实验时可采用定时取样或用仪器配有的反应动力学附件，测量反应物和产物的光谱变化率得到反应动力学数据。

紫外光谱也可以用于结构分析，例如聚乙烯醇的连接方式是头-尾结构，还是头-头结构，经测定连接方式主要是头-尾结构；立体异构也可以从紫外光谱的吸收强度变化看出来，例如：有规立构的芳香族高分子有时会产生减色效应（所谓减色效应是指紫外吸收强度降低）。结晶可使紫外光谱发生的变化是谱带的位移和分裂。

总的来说，紫外光谱在高分子领域的应用主要是定量分析，而定性和结构分析还是很有限的。

第 5 章　核磁共振谱

核磁共振谱（NMR）与红外、紫外一样，实际上都是吸收光谱，它的频率范围是兆周（MC）或兆赫兹（MHz），属于无线电波范围。红外光谱来源于分子振动-转动能级间的跃迁，紫外-可见吸收光谱来源于分子的电子能级间的跃迁。在 NMR 中电磁辐射的频率为兆赫数量级，属于射频区，但是射频辐射只有置于强磁场 F 的原子核才会发生能级间的跃迁，即发生能级裂分。当吸收的辐射能量与核能级差相等时，就发生能级跃迁，从而产生核磁共振信号。

核磁共振谱常按测定的核分类，测定氢核的称为氢谱（^{1}H NMR）；测定碳-13 的称为碳谱（^{13}C NMR）。核磁共振谱不仅给出基团的种类，而且能提供基团在分子中的位置。在定量上 NMR 也相当可靠。高分辨^{1}H NMR 还能根据磁偶合规律确定核及电子所处环境的细小差别，从而研究高分子构型和共聚序列分布等结构问题的有力手段。而^{13}C NMR 主要提供高分子碳-碳骨架的结构信息。

5.1　概　　述

5.1.1　原子核的磁矩和自旋角动量

原子核是带正电荷的粒子，多数原子核的电荷能绕核轴自旋，形成一定的自旋角动量 p。同时，这种自旋现象就象电流流过线圈一样能产生磁场，因此具有磁矩 μ。它们的关系可用下式表示：

$$\mu = rp$$

式中　　r——磁旋比，是核的特征常数；

核磁矩 μ——以核磁子 β 为单位，$\beta = 5.05 \times 10^{-27}$ J/T 是个常数。

核磁共振中一些常见原子核的磁性质如表 5-1 所示。

表 5-1　　一些常见核的磁性质

核	磁矩/β	磁旋比/（rad/T·s）	在 1.409T 磁场下 NMR 频率/MHz
^{1}H	2.7927	26.753×10^4	60.000
^{13}C	0.7022	6.723×10^4	15.086
^{19}F	2.6273	25.179×10^4	56.444
^{31}P	1.1305	10.840×10^4	24.288

依据量子力学的观点，自旋角动量是量子化的，其状态是由核的自旋量子数 I 所决定。I 的取值可为 0、1/2、1、3/2 等。p 的绝对值可由下式表示：

$$|p| = \sqrt{I\ (I+1)} \cdot \frac{h}{2\pi} \tag{5-1}$$

式中　h——普郎克常数。

产生核磁共振的首要条件是核自旋时要有磁矩产生，也就是说，只有当核的自旋量子数

$I\neq0$ 时，核自旋才能具有一定的自旋角动量，产生磁矩。因此 I 为 0 的原子核如 ^{12}C 和 ^{16}O 等没有磁矩，所以没有核磁共振现象。在表 5-2 中给出了核自旋量子数与质量数和原子序数之间的关系。

表 5-2　　核自旋量子数、质量数和原子序数的关系

质量数	原子序数	自旋量子数	例
奇数	奇或偶数	半整数	^{1}H、^{13}C、^{31}P、^{19}F
偶数	奇数	整数	^{14}N、^{2}H（D）
偶数	偶数	0	^{16}O、^{12}C

5.1.2　核磁矩在磁场中的运动——拉莫尔进动

在磁场中，通电线圈产生的磁矩与外磁场之间的相互作用使线圈受到力矩的作用而偏转。同样，在磁场中，自转核的赤道平面也因受到力矩作用而发生偏转，其结果是核磁矩绕着磁场方向转动（如图 5-1 所示），这就称为拉莫尔进动。

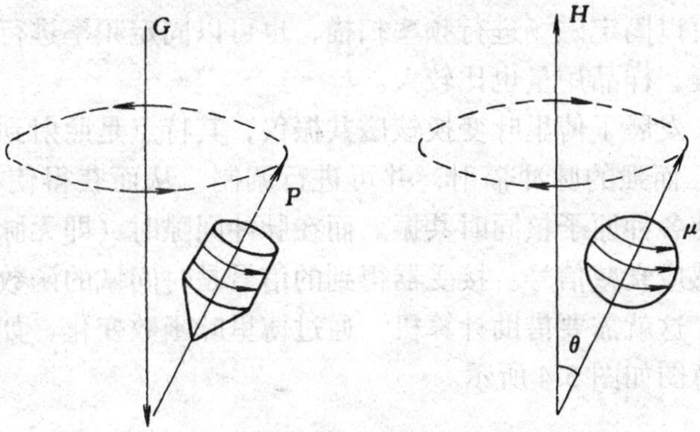

图 5-1　陀螺的进动与核磁矩的拉莫尔进动

5.1.3　核 磁 共 振

处于静磁场中的核自旋体系，当其拉莫尔进动频率与作用于该体系的射频场频率相等时，所发生的吸收电磁波的现象称为核磁共振。

5.2　核磁共振仪

5.2.1　核磁共振仪结构

通常核磁共振仪由五部分组成（见图 5-2）

（1）磁铁　磁铁是核磁共振仪中最贵重的部件，能形成高的场强，同时要求磁场均匀性和稳定性好，其性能决定了仪器的灵敏度和分辨率。

（2）扫描发生器　沿着外磁场的方向绕上扫描线圈，它可以在小范围内精确的、连续的调节外加磁场强度进行扫描，扫描速度不可太快，每分钟 $3\sim10mG_s$。

（3）射频接受器和检测器　沿着样品管轴的方向绕上接受线圈，通过射频接受线圈接受共振信号，经放大记录下来，纵坐标是共振峰的强度，横坐标是磁场强度（或共振频率）。

（4）射频振荡器　在样品管外与扫描线圈和接受线圈相垂直的方向上绕上射频发射线

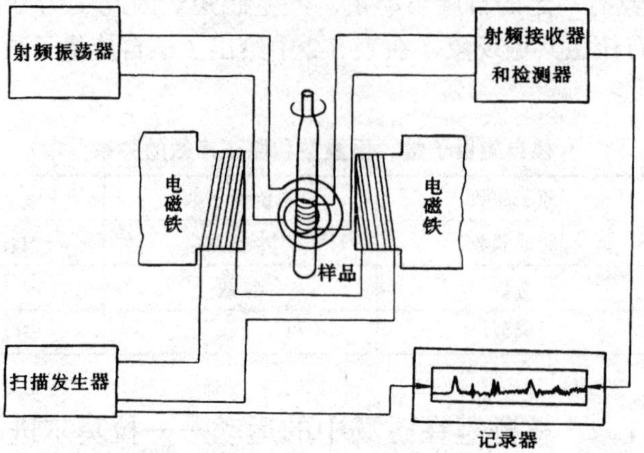

图 5-2　核磁共振仪简图

圈，它可以发射频率与磁场强度相适应的无线电波。

（5）样品支架　装在磁铁间的一个探头上，支架连同样品管用压缩空气使之旋转，目的是为了提高作用于其上的磁场的均匀性。

此类核磁共振仪可以固定磁场进行频率扫描，也可以固定频率进行磁场扫描。这种仪器的缺点是扫描速度太慢，样品用量也比较大。

为克服上述缺点，发展了傅里叶变换核磁共振仪，其特点是照射到样品上的射频电磁波是短的（约 10～50μs）而强的脉冲辐射，并可进行调制，从而获得使各种原子核共振所需频率的谐波，这样可使各种原子核同时共振。而在脉冲间隙时（即无脉冲作用时）信号随时间衰减，这称为自由感应衰减信号。接受器得到的信号是时间域的函数，而希望获得的信号是随频率的变化曲线，这就需要借助计算机，通过傅里叶函数变化，如图 5-3 所示。傅里叶核磁共振仪的方块示意图如图 5-4 所示。

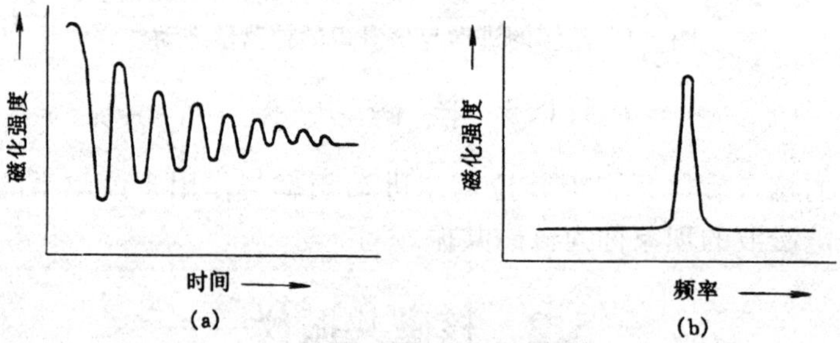

图 5-3　NMR 的时域和频域谱图

（a）时域谱图　（b）频域谱图

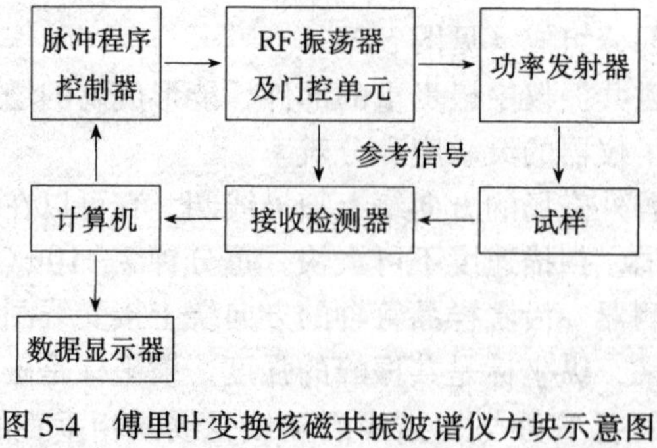

图 5-4　傅里叶变换核磁共振波谱仪方块示意图

5.2.2 测试原理

当测定$^1H_1$核磁共振谱时，将磁铁线圈通电，使磁场达到23847G_s（100MHz的仪器），射频振荡器产生的100MHz无线电波，通过发射线圈照射样品，扫描线圈中通入电流且改变其强度，即改变外磁场强度，当三个互相垂直的线圈不满足共振条件时，接受线圈没有电流通过，如果满足共振条件时，则有电流通过，将它放大记录下来就得到了核磁共振谱图。

5.3 ^1H-核磁共振波谱（氢谱）

^1H-核磁共振（^1H-NMR）也称为质子核磁共振，是研究化合物中^1H原子核（即质子）的核磁共振。可提供化合物分子中氢原子所处的不同化学环境和它们之间相互关联的信息，依据这些信息可确定分子的组成、连接方式及其空间结构。

5.3.1 屏蔽作用与化学位移

依照核磁共振产生的条件，由于^1H核的磁旋比是一定的，所以当外加磁场一定时，所有的质子的共振频率应该是一样的，但在实际测定化合物中处于不同化学环境中的质子时发现，其共振频率是有差异的。产生这一现象的主要原因是由于原子核周围存在电子云，在不同的化学环境中，核周围电子云密度是不同的。当原子核处于外磁场中时，如图5-5所示，核外电子运动要产生感应磁场，核外电子对原子核的这种作用就是屏蔽作用。实际作用在原子核上的磁场为H_0（1-σ），σ称为屏蔽常数。在外磁场H_0的作用下核的共振频率为：

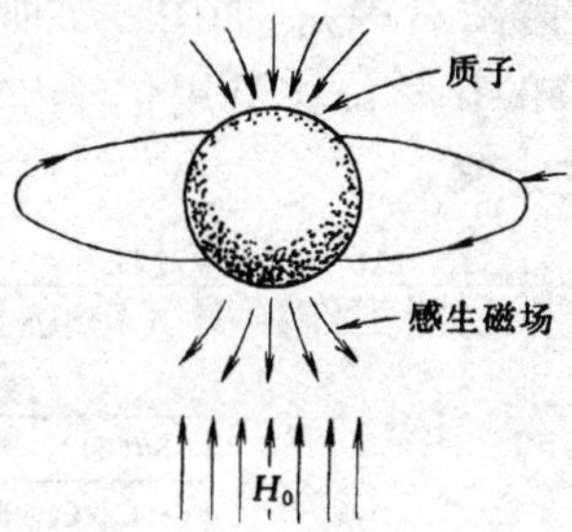

图5-5　电子对质子的屏蔽作用

$$\nu = \frac{\gamma H_0\ (1-\sigma)}{2\pi} \tag{5-2}$$

当共振频率发生了变化，在谱图上反映出了谱峰位置的移动，这称为化学位移。图5-6（a）所示的CH_3CH_2Cl的低分辨NMR谱图。由于甲基和次甲基中的质子所处的化学环境不同，σ值也不同，在谱图的不同位置上出现了两个峰，所以在核磁共振中，可用化学位移的大小来测定化合物的结构。

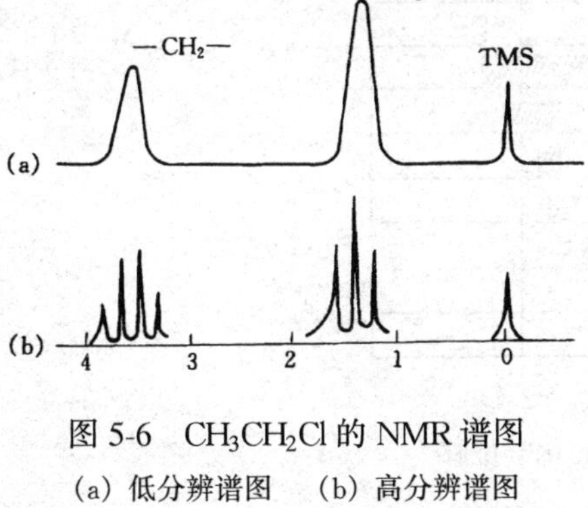

图5-6　CH_3CH_2Cl的NMR谱图
（a）低分辨谱图　（b）高分辨谱图

5.3.2 耦合常数

在高分辨的仪器上可以观察到比图5-6（a）更精细的结构，如图5-6（b）所示，谱峰发生分裂，这种现象称为自旋-自旋分裂。这是由于在分子内部相邻碳原子上氢核自旋也会相互干扰。通过成键电子之间的传递，形成相邻质子之间的自旋-自旋耦合，而导致自旋-自旋分裂。分裂峰之间的距离称为耦合常数，一般用J表示，单位为Hz，是核之间耦合强弱的标志，说明了它们之间相互作用的能量，因此是化合物结构的属性，与磁场强度的大小无关。

分裂峰数是由相邻碳原子上的氢数决定的，若邻碳原子氢数为 n，则分裂峰数为 $n+1$。

5.3.3 谱图的表示方法

用核磁共振分析化合物的分子结构，化学位移和耦合常数是很重要的两个信息。在核磁共振谱图上，可以用吸收峰在横坐标上的位置来表示化学位移和耦合常数，而纵坐标是表示吸收峰的强度。

由于屏蔽效应而引起质子共振频率的变化是极小的，很难分辨，因此，采用相对变化量来表示化学位移的大小。在一般情况下选用四甲基硅烷（TMS）为标准物，把TMS峰在横坐标的位置定为横坐标的原点(一般在谱图右端)，如图5-7所示。其他各种吸收峰的化学位移可用化学参数 δ 值来表示，δ 的定义：

$$\delta=\frac{\Delta\nu\ (\text{单位 Hz})}{\text{振荡器工作频率（单位 Hz）}} \tag{5-3}$$

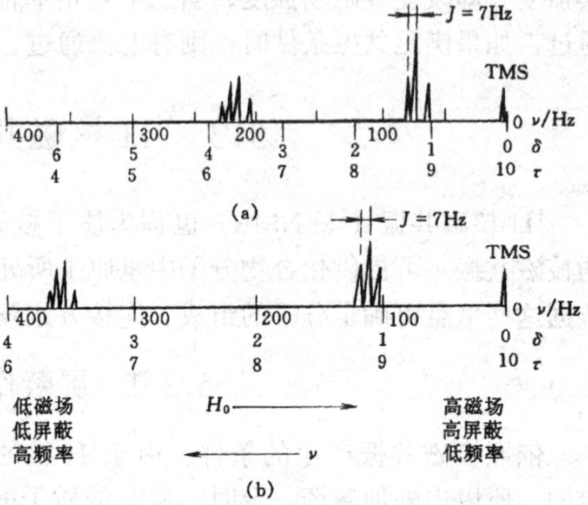

图 5-7 核磁共振波谱图的表示方法

(a) 60MHz 仪器 (b) 100MHz 仪器

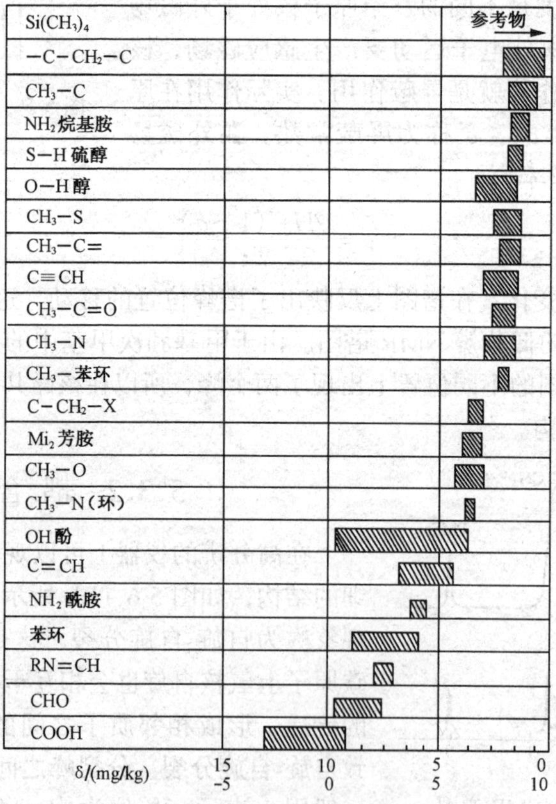

图 5-8 聚合物中常见基团质子的化学位移

式中　Δν——各吸收峰与 TMS 吸收峰之间共振频率的差值；

　　δ——是一个比值，(1×10^{-6})。

δ 与磁场强度无关，各种不同仪器上测定的数值应是一样的。有时也用 τ 作为化学位移的参数，$\tau = 10 - \delta$。

耦合常数 J 在谱图中是以 Hz 为单位，在 ^{1}H-NMR 谱中，一般为 1～20Hz。如果化学位移用 Δν 而不用 δ 表示，也以 Hz 为单位，则化学位移与耦合常数的差别是：前者与外加磁场强度有关，场强越大，化学位移 Δν 值也越大；而后者与场强无关，只和化合物结构有关。如图 5-7 所示。

^{1}H-NMR 谱图可以给我们提供的主要信息是：

（1）化学位移值——确认氢原子所处的化学环境，即属于何种基团。

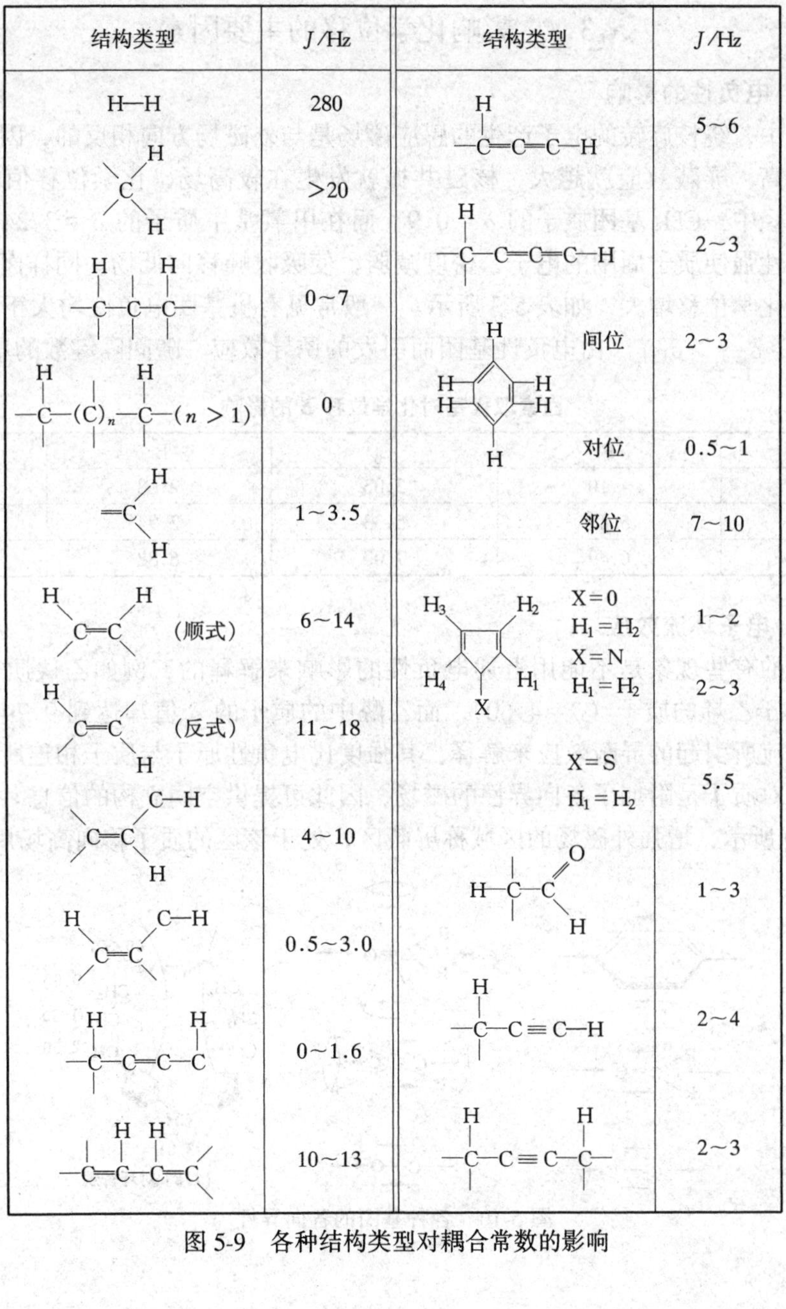

图 5-9　各种结构类型对耦合常数的影响

（2）耦合常数——推断相邻氢原子的关系与结构

（3）吸收峰的面积——确定分子中各类氢原子的数量比。

因此只要掌握这三个信息，特别是化学位移和耦合常数与分子结构之间的关系就容易解析 NMR 谱图。

（4）化学位移、耦合常数与分子结构的关系

由于处于同一种基团中的氢原子具有相似的化学位移，人们在测定了大量化合物的基础上，总结出了分子结构和化学位移之间的规律。在图 5-8 中给出了在高分子中常见基团中^{1}H 的化学位移。

由于分子结构包括其空间结构影响耦合常数，因此测定耦合常数的值可以推测分子结构，在图 5-9 中给出了耦合常数与分子结构类型的关系。

5.3.4 影响化学位移的主要因素

5.3.4.1 电负性的影响

在外磁场中，绕核旋转的电子产生的感应磁场是与外磁场方向相反的，因此质子周围的电子云密度越高，屏蔽效应就越大，核磁共振就发生在较高场，化学位移值减小，反之同理。在长链烷烃中—CH_3 基团质子的 $\delta=0.9$，而在甲氧基中质子的 $\delta=3.24\sim4.02$，这是由于氧的电负性强使质子周围的电子云密度减弱，使吸收峰移向低场。同样卤素取代基也可使屏蔽减弱，化学位移增大，如表 5-3 所示。一般常见有机基团电负性均大于氢原子的电负性，因此 $\delta_{CH}>\delta_{CH_2}>\delta_{CH_3}$。由电负性基团而引发的诱导效应，随间隔键数的增多而减弱。

表 5-3　　卤素取代基对化学位移 δ 的影响

X	F	Cl	Br	I
CH_3X	4.10	3.05	2.68	2.16
CH_2X_2	5.45	5.33	2.94	3.90
CH_3X	6.49	7.00	6.82	4.00

5.3.4.2 电子环流效应

实际发现的有些现象是不能用上述电负性的影响来解释的，例如乙炔质子的化学位移（$\delta=2.35$）小于乙烯的质子（$\delta=4.60$），而乙醛中的质子的 δ 值却达到 9.79，这需要由邻近基团电子环流所引起的屏蔽效应来解释，其强度比电负性原子与质子相连所产生的诱导效应弱，但由于对质子是附加了各向异性的磁场，因此可提供空间立构的信息。

如图 5-10 所示，增强外磁场的区域称屏蔽区，处于该区的质子移向高场用“→”表示；

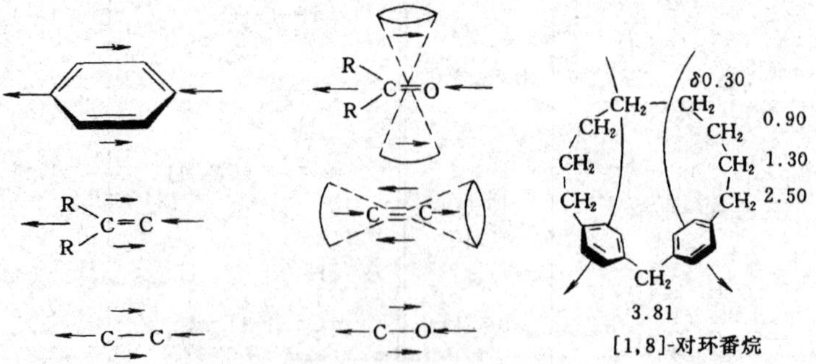

图 5-10　各种基团的各向异性

减弱外磁场的称去屏蔽区，质子移向低场用“←”表示。在C═C键中，π电子云绕分子轴旋转，当分子与外磁场平行时，质子处于屏蔽区，因此移向高场；醛基中的质子处于屏蔽区，移向低场；在苯环中，由于π电子的环流所产生的感应磁场；使环上和环下的质子处于屏蔽区，而环周围的质子处于去屏蔽区，所以苯环中的氢在低场出峰（δ为7左右）。

5.3.4.3　其他影响因素

氢键能使质子在较低场发生共振，例如酚和酸类的质子，δ值在10以上。当提高温度或使溶液稀释时，具有氢键的质子的峰就会向高场移动（即化学位移减小）。若加入少量的D_2O，活泼氢的吸收峰就会消失。这些方法可用来检验氢键的存在。

在溶液中，质子受到溶剂的影响，化学位移发生改变，称为溶剂效应。因此在测定时应注意溶剂的选择。在^1H谱测定中不能用带氢的溶剂，若必须使用时要用氘代试剂。

5.3.5　谱图解析实例

谱图解析要注意下述几方面的特点：

（1）首先要检查得到的谱图是否正确，可通过观察TMS基准峰与谱图基线是否正常来判断。

（2）计算各峰信号的相对面积，求出不同基团间的H原子（或碳原子）数之比。

（3）确定化学位移大约代表什么基团，在氢谱中要特别注意孤立的单峰，然后再解析偶合峰。

（4）对于一些较复杂的谱图，仅仅靠核磁共振谱来确定结构会有困难，还需要与其他分析手段相配合。

实例：

图5-11的^1H-NMR谱图为a、b、c、d四种化合物中的一种，请判断是哪一种？

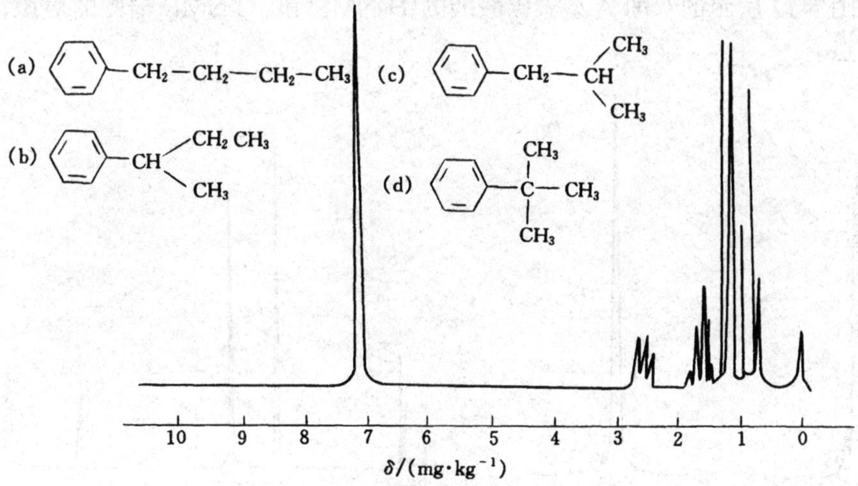

图5-11　从几种推测结构中判断未知物

由于图中有五组讯号，因此c和d不可能。依据δ＝1.2处双重峰很大，推测可能为b，再确认图中各特征。图中积分强度比为3∶3∶2∶1∶5，与b的结构相符，各基团化学位移如下：

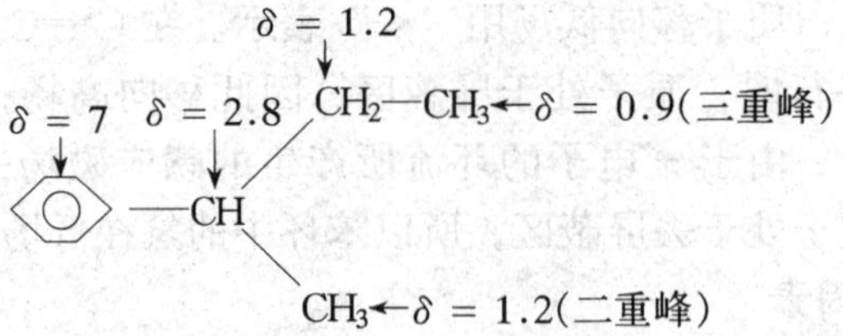

5.4 ^{13}C 核磁共振谱（碳谱）

^{13}C-NMR 是研究化合物中^{13}C核的核磁共振状况，对于研究化合物中碳的骨架结构，特别是在高分子结构分析中，研究碳的归属是很重要的。

5.4.1 ^{13}C-NMR 与^{1}H-NMR 的比较

5.4.1.1 测定灵敏度

尽管^{13}C和^{1}H的自旋量子数 I 都为 1/2，但由于^{13}C的磁旋比 $r_{^{13}C}=6.723\times10^{4}rad/T\cdot s$，$^{1}H$的磁旋比 $r_{^{1}H}=26.753\times10^{4}rad/T\cdot s$。$^{13}C$的磁旋比只有$^{1}H$磁旋比的 1/4。因为核磁共振测定的灵敏度与 r^{3} 成正比，而且^{13}C天然同位素丰度仅为 1.1%左右，因此^{13}C谱的灵敏度比^{1}H谱低很多，约为氢谱的 1/6000，所以碳谱测定困难。因此直到出现傅里叶变换核磁共振仪，才使^{13}C谱获得很大的发展。

5.4.1.2 分辨率

^{13}C-NMR 的化学位移范围约为 0～250mg/kg，比^{1}H-NMR 大 20 倍，因此分辨率较高。

5.4.1.3 测定对象

用^{13}C-NMR 可直接测定分子骨架，并可获得 C=0，C≡N 和季碳原子等在^{1}H谱中测不到的信息。图 5-12 所示的双酚 A 型聚碳酸酯的^{1}H-NMR 和^{13}C-NMR 谱图的对照，就清楚地说明了这一点。

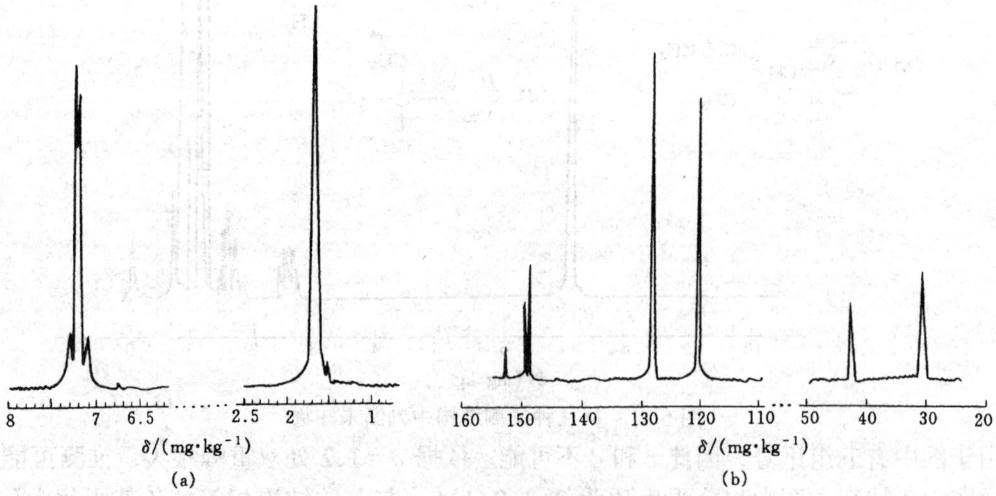

图 5-12 双酚 A 型聚碳酸酯的核磁共振谱图

(a) ^{1}H-NMR 谱图 (b) ^{13}C-NMR 谱图

5.4.1.4 自旋耦合

在^{13}C-NMR 中，由于^{13}C与^{13}C之间耦合的几率太小，不可能实现，但直接与碳原子相连的氢和邻碳上的氢都能与^{13}C核发生自旋耦合，而且耦合常数很大。这样，在提供碳氢之间结构信息的同时也使谱图复杂化，给谱图解析工作带来困难。可采用质子去耦技术使谱图简化。

5.4.2 碳谱核磁谱图解析

碳谱和氢谱核磁一样可以通过吸收峰在谱图中的强弱、位置（即化学位移）和峰的自旋-自旋分裂及耦合常数来确定化合物结构。但由于采用了去耦技术，使峰面积受到一定的影响，因此与^{1}H谱不同，峰面积不能准确地确定碳数，因而最重要的判断因素是化学位移。

在^{13}C中化学位移的范围扩展到250mg/kg，因此其分辨率较高。由高场到低场各基团化学位移的顺序大体上按饱和烃、含杂原子饱和烃、双键不饱和烃、芳香烃、羧酸和酮的顺序排列，这与氢谱的顺序大体一致。^{13}C中一些常用基团的化学位移列在图5-13中。

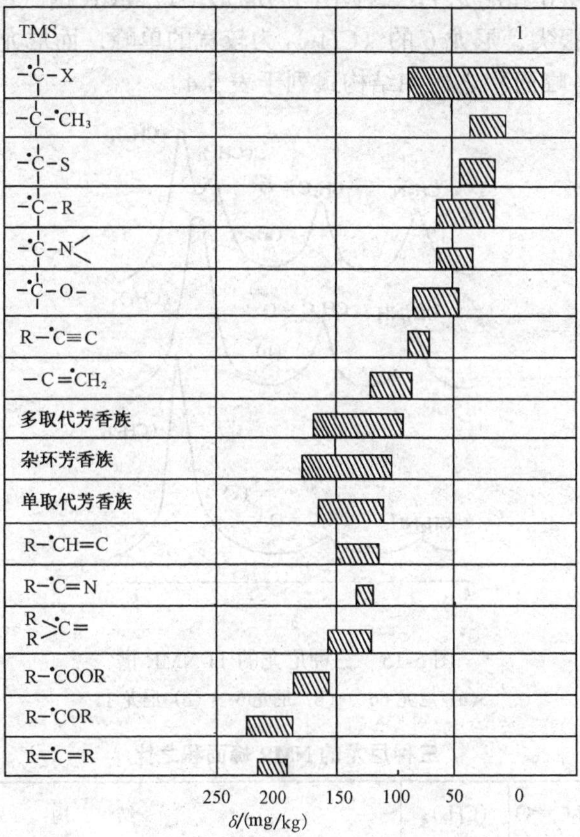

图5-13 聚合物中常见基团的^{13}C-NMR化学位移

5.5 高分辨^{1}H-NMR在高分子结构研究中的应用

5.5.1 高分子材料的定性鉴别

NMR是鉴别高分子材料的有力手段。一些结构类似、红外光谱也基本相似的高分子，用NMR可轻易得到鉴别。下面举例说明。

5.5.1.1 聚烯烃的鉴别

聚丙烯、聚异丁烯和聚异戊二烯虽然同为碳氢化合物，但其NMR谱(图5-14)有明显差异。

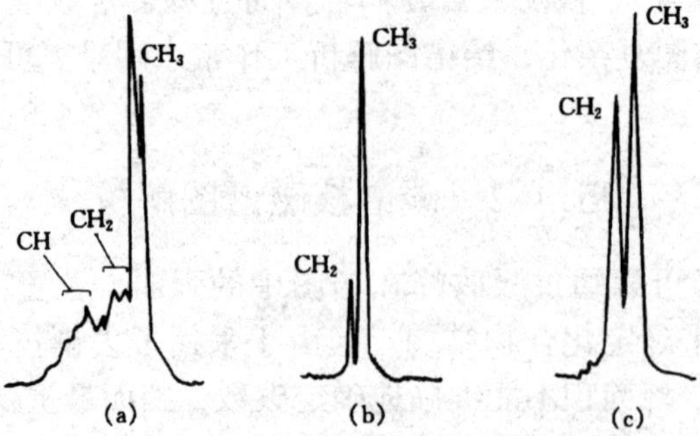

图 5-14　不同聚烯烃的^{1}H-NMR 谱

（a）聚丙烯　（b）聚异丁烯　（c）聚异戊烯

5.5.1.2　尼龙的鉴别

对于尼龙 66、尼龙 6 和尼龙 11 三种不同的尼龙，其 NMR 谱（图 5-15）是很易识别的。尼龙 11 的（CH_2）$_8$ 峰很尖，尼龙 6 的（CH_2）$_3$ 为较宽的单峰，而尼龙 66（CH_2）$_2$ 和（CH_2）$_4$ 两个峰，峰形较宽。各峰面积之比和结构式列于表 5-4。

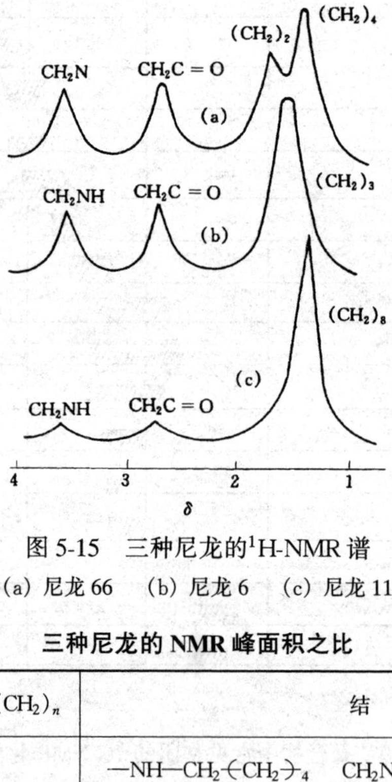

图 5-15　三种尼龙的^{1}H-NMR 谱

（a）尼龙 66　（b）尼龙 6　（c）尼龙 11

表 5-4　　三种尼龙的 NMR 峰面积之比

名　称	CH_2N	$CH_2C{=}O$	（CH_2）$_n$	结　构　式
尼龙 66	1	1	3	$—NH—CH_2—(CH_2)_4$　$CH_2NH—\underset{\Vert\atop O}{C}—CH_2$　$—(CH_2)_2$　$CH_2—\underset{\Vert\atop O}{C}—$
尼龙 6	1	1	3	$—NH—CH_2—(CH_2)_3$　$CH_2—\underset{\Vert\atop O}{C}—$
尼龙 11	1	1	8	$—NH—CH_2—(CH_2)_8$　$CH_2—\underset{\Vert\atop O}{C}—$

5.5.1.3 定性鉴别的一般方法

未知高分子的定性鉴别，可利用标准谱图。高分子 NMR 标准谱图主要有萨特勒（sad + ler）标准谱图集。使用时，必须注意测定条件，主要有溶剂、共振频率。

需要对不同环境的质子进行指认时，表 5-5 提供了较详细的化学位移值可供参考。

表 5-5　　各类质子的 δ 值[60]

质　　子	δ
TMS	0
—CH_2—，环丙烷	0.22
CH_3CN	0.88~1.08
CH_3—C—（饱和）	0.85~0.95（0.7~1.3）
CH_3—C—CO—R	0.93~1.12
CH_3—C—N—CO—R	1.20
—N——C— CH_2	1.48
—CH_2—（饱和）	1.20~1.43
—CH_2—C—O—COR 和 —CH_2—C—O—Ar	1.50
RSH	1.1~1.5①
RNH_2（在惰性溶剂中浓度小于 1mol）	1.1~1.5①
—CH_2—C—C═C—	1.13~1.60
—CH_2—CN	1.20~1.62
—C—H（饱和）	1.40~1.65
—CH_2—C—Ar	1.60~1.78
—CH_2—C—O—R	1.21~1.81
CH_3—C═NOH	1.81
—CH_2—C—I	1.65~1.86
—CH_2—C—CO—R	1.60~1.90
CH_3—C═C	1.6~1.9
CH_3—C═C O—CO—R	1.87~1.91
—CH_2—C═C—OR	1.93
—CH_2—C—Cl	1.60~1.96
CH_3—C═C— COOR 或 CN	1.94~2.03
—CH_2—C—Br	1.68~2.03
CH_3—C═C—CO—R	1.93~2.06
—CH_2—C—NO_2	2.07
—CH_2—C—SO_2—R	2.16
—C——O CH	2.29
—CH_2—C═C	1.88~2.31
CH_3—N—N—	2.31
—CH_2—CO—R	2.02~2.39①
CH_3—SO—R	2.50
CH_3—Ar	2.25~2.50（2.1~2.5）
—CH_2—S—R	2.39~2.53
CH_3—CO—SR	2.33~2.54
—CH_2—C≡N	2.58
CH_3—C═O	2.1~2.6（1.9~2.6）
CH_3—S—C≡N	2.63
CH_3—CO—C═C 或 CH_3—CO—Ar	1.83~2.68
CH_3—CO—Cl 或 Br	2.66~2.81
CH_3—I	2.1~2.3
CH_3—N＜	2.1~3
—C═C—C≡C—H	2.87
—CH_2—SO_2—R	2.92
—C≡C—H（非共轭）	2.45~2.65
—C≡C—H（共轭）	2.8~3.1
Ar—C═C—H	3.05
—CH_2（—C═C—）$_2$	2.90~3.05
—CH_2—Ar	2.53~3.06
—CH_2—I	3.03~3.20
—CH_2—SO_2	3.28
Ar—CH_2—N＜	3.32
—CH_3—N—Ar |	3.28~3.37

续表

质　子	δ	质　子	δ
—CH_2—N—Ar (N 下接 —)	3.28～3.37	Ar—C═CH—	5.28～5.40
Ar—CH_2—C═C—	3.18～3.38	—CH═C—O—R	4.56～5.55
		—CH═C—C≡N	5.75
—CH_2—$\overset{\uparrow}{N}$— (N 下接 —)	3.40	—C═CH—CO—R	5.68～6.05
—CH_2—Cl	3.35～3.57	R—CO—CH═C—CO—R	6.03～6.13
—CH_2—O—R	3.31～3.58	Ar—CH═C—	6.23～6.28
CH_3—O—	3.5～3.8 (3.3～4)	—C═C—H (共轭)	5.5～6.7 (5.3～7.8)
—CH_2—Br	3.25～3.58	—C═C—H (无环、共轭)	6.0～6.5 (5.5～7.1)
CH_3—O—SO—OR	3.58	H—C═C— (C 上分别接 H、COR)	6.30～6.40
—CH_2—N═C═S	3.61		
CH_3—SO_2—Cl	3.61	—C═CH—O—R	6.22～6.45
Br—CH_2—C≡N	3.70	Br—CH═C—	6.62～7.00
—C≡C—CH_2—Br	3.82	—CH═C—CO—R	5.47～7.04
Ar—CH_2—Ar	3.81～3.92	—C═CH—O—CO—CH_3	7.25
Ar—NH_2，Ar—NHR 或 ArNHAr	3.40～4.00 (3.3～4.3)①	R—CO—NH	6.1～7.7 (5.5～8.5)
CH_3—O—SO_2—OR	3.94	Ar—CH—C—CO—R	7.38～7.72
—C═C—CH_2—O—R	3.90～3.97	ArH (苯环)	7.6～8.0 (6.0～9.5)
—C═C—CH_2—Cl	3.96～4.04	ArH (非苯环)	6.2～8.6 (4.0～9.0)
Cl—CH_2—C≡N	4.07		
—C≡C—C—CH_2—C═C	3.83～4.13	H—C(═O)—N<	7.9～8.1
—C≡C—CH_2—Cl	4.09～4.16		
—C═C—CH_2—OR	4.18		
—CH_2—O—CO—R 或 —CH_2—O—Ar	3.98～4.29	H—C(═O)—O—	8.0～8.2
—CH_2—NO_2	4.38		
Ar—CH_2—Br	4.41～4.43	—C═C—CHO (α，β-不饱和脂肪族)	9.43～9.68
Ar—CH_2—OR	4.36～4.49	RCHO (脂肪族)	9.7～9.8 (9.5～9.8)
Ar—CH_2—Cl	4.40	ArCHO	9.7～10 (9.5～10.9)
—C═CH_2	4.63	R—COOH	10.03～11.48
—C═CH—(无环、非共轭)	5.1～5.7 (5.1～5.9)	—SO_3H	11～12
—C═CH—(环状、非共轭)	5.2～5.7	—C═C—COOH	11.43～12.82
—C═CH_2	5.3～5.7 (5.2～6.25)	RCOOH (二聚)	11～12.8
—CH $(OR)_2$	4.80～5.20	ArOH (分子间氢键)	10.5～12.5 (10.5～15.5)
Ar—CH_2—O—CO—R	5.26	ArOH (多聚，缔合)	4.5～7.7①
ROH (在惰性溶剂中浓度小于 1mol)	3.0～5.2①	烯醇	15～16

注：①其位移随浓度、温度和存在着的其他能发生交换的质子而定，其中氨基质子的位移取决于氮原子的碱度。

②在这些化合物中，R＝H、烷基、芳基、OH、OR、NH_2。

5.5.2 共聚物组成的测定

对共聚物的 NMR 谱作了定性分析后，根据峰面积与共振核数目成比例的原则，就可以定量计算共聚组成。现以苯乙烯-甲基丙烯酸甲酯共聚为例说明之。

如果共聚物中有一个组分至少有一个可以准确分辨的峰，就可以用它来代表这个组分，推算出组成比。一个实例是苯乙烯-甲基丙烯酸甲酯二元共聚物，在 $\delta=8$ 左右的一个孤立的峰归属于苯环上的质子（图 5-16），用该峰可计算苯乙烯的摩尔分数 x：

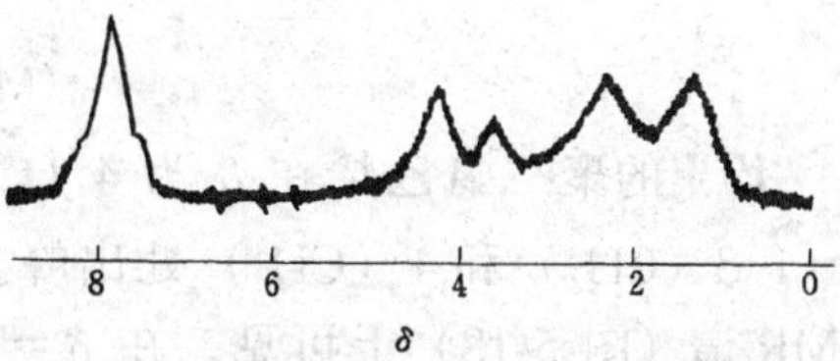

图 5-16 苯乙烯-甲基丙烯酸甲酯无规共聚物的氢谱
60MHz，35℃，10%（质量/体积）的 $CDCl_3$ 溶液

$$x=\frac{8}{5}\cdot\frac{A_{苯}}{A_{总}}$$

式中 $A_{苯}$——$\delta=8$ 附近峰的面积；

$A_{总}$——所有峰的总面积；

$\frac{8}{5}\cdot A_{苯}$——苯乙烯对应的峰面积。

5.5.3 几何异构体的测定

双烯类高分子的几何异构体大多有不同的化学位移，可用于定性和定量分析。例如，聚异戊二烯可能有以下四种不同的加成方式或几何异构体：

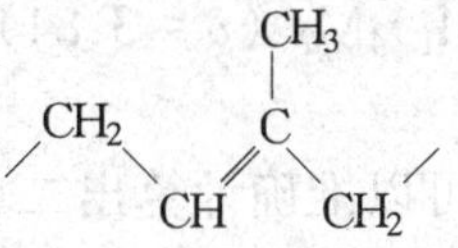

反 1,4 加成

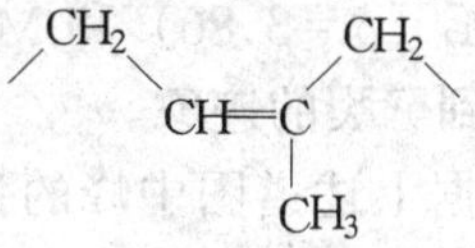

顺 1,4 加成

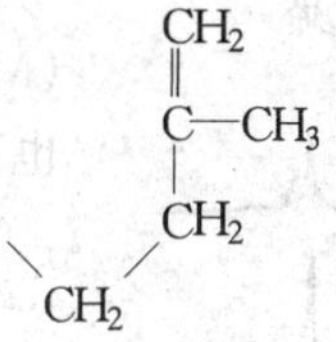

3,4 加成

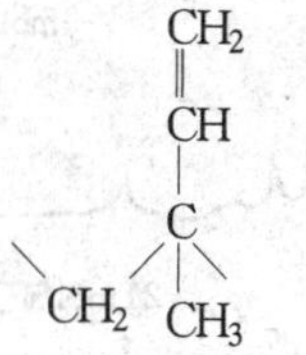

1,2 加成

由双键碳上的质子的化学位移可以测定 1,4 和 3,4（或 1,2）加成的比例。对 1,4 加成（包括顺式和反式）的 C═CH—C，$\delta=5.08$；对 3,4（或 1,2）加成的 C═CH_2，$\delta=4.67$。用此法已测得天然橡胶中 3,4 或 1,2 加成的含量仅 0.3%。

由 CH_3 的化学位移可以测定顺 1,4 和反 1,4 之比。它们的吸收均出现在高场，对顺 1,4 加成异构体，$\delta=1.67$；对反 1,4，$\delta=1.60$。用此法测得天然橡胶中含 1%反 1,4 结构。

NMR 还可用于研究沿高分子链的几何异构单元的分布，从图 5-17 可以辨认出，在聚异戊二烯链中由顺 1,4（用 c 表示）和 1,4（用 t 表示）组成的三单元即 ccc、cct、tct、ctc、ttc 和 ttt，分别在不同 δ 值处出峰，从而提供了几何异构序列分布的信息。

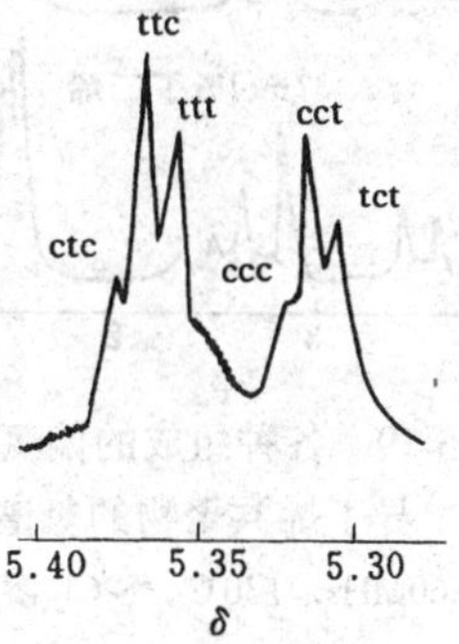

图 5-17 聚异戊二烯中顺 1,4 和反 1,4 结构的双键质子的氢谱

5.5.4 共聚物序列结构的研究

NMR 不仅能直接测定共聚组成，还能测定共聚序列分布，这是 NMR 的一个重要应用。一个例子是偏氯乙烯-异丁烯共聚物的序列结构的研究，该共聚物的单体单元如下：

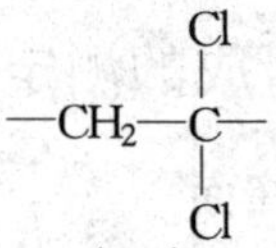

(M_1)

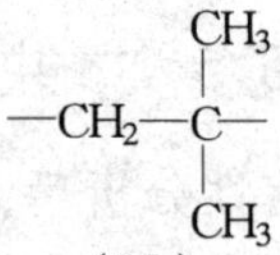

(M_2)

均聚的聚二氯乙烯在 δ 为 4（CH_2）处出峰，聚异丁烯在 $\delta=1.3$（CH_2）和 1（CH_3）处出峰。从共聚物的 60 MHz ^{1}H-NMR 谱（图 5-18）上可见，在 $\delta=3.6$（a 区）和 1.4（c 区）处分别有一些吸收峰，它们应分别归属于 M_1M_1 和 M_2M_2 两种二单元组；而在 $\delta=3$ 和 2.2 处（b 区）的吸收应对应于杂交二单元组 M_1M_2。从图 5-19 进一步可以看到，a，b 和 c 区共振峰的相对强度随共聚物的组成而变，根据其相对吸收强度值可以计算共聚组成。

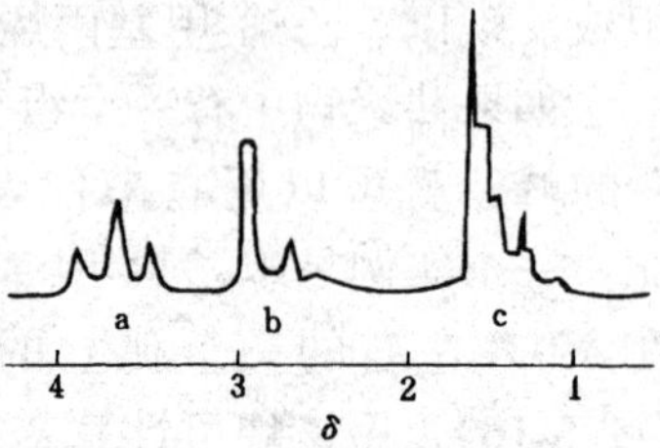

图 5-18　偏氯乙烯-异丁烯共聚物的氢谱

60MHz，130℃，S_2Cl_2 溶液

进一步仔细观察发现，a 区有三个主要共振峰，它们对应于四单元组 $M_1M_1M_1M_1$（$\delta=3.86$）、$M_1M_1M_1M_2$（$\delta=3.66$）和 $M_2M_1M_1M_2$（$\delta=3.47$）。b 区有四个主要共振峰，对应于 $M_1M_1M_2M_1$（$\delta=2.89$）、$M_2M_1M_2M_1$（$\delta=2.68$）、$M_1M_1M_2M_2$（$\delta=2.54$）和 $M_2M_1M_2M_2$（$\delta=2.37$）。c 区的三个共振峰对应于三单元组 $M_2M_2M_1$（$\delta=1.56$）、$M_1M_2M_2$（$\delta=1.33$）和 $M_2M_2M_2$（$\delta=1.10$），从 c 区还可能分辨出基于 $M_1M_2M_1$ 的三个点于五单元组的峰。

从 a 区的细节图（图 5-20）上，a_1 峰可分辨出几种六单元组共振吸收，即 $M_1(M_1)_4M_1$（$\delta=3.88$）、$M_1(M_1)_4M_2$（$\delta=3.86$）和 $M_2(M_1)_4M_2$（$\delta=3.84$）；a_2 峰也观察到劈裂的迹象。

根据上述谱图中峰的强度可以准确计算出二单元组、三单元组、四单元组的浓度以及序列的平均长度。二单元组浓度的计算值与根据共聚理论的预计值一致，而三单元组的结果有偏差。

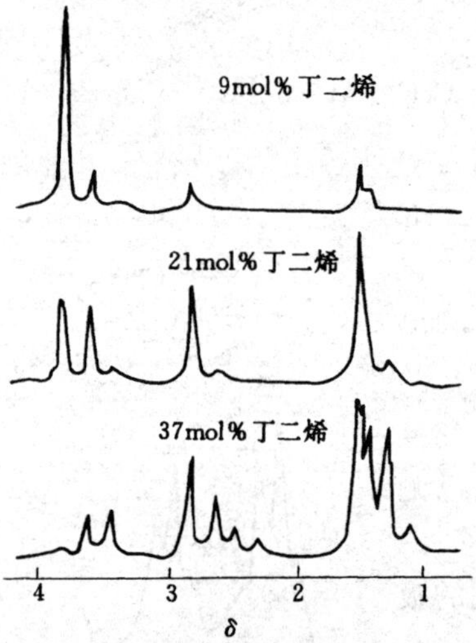

图 5-19　各种组成的偏氯乙烯-异丁烯共聚物的氢谱

60MHz，130℃，S_2Cl_2 溶液

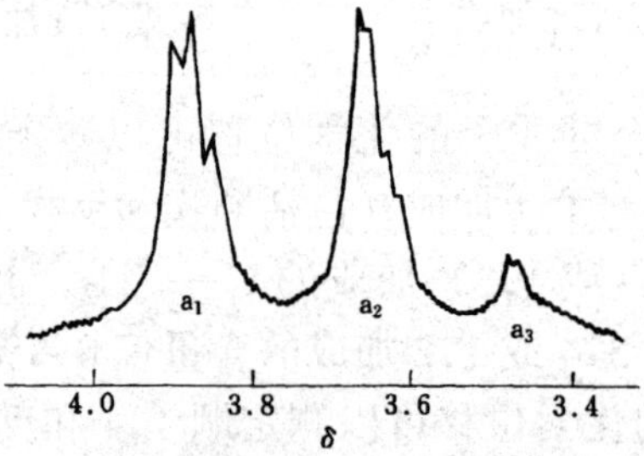

图 5-20　偏氯乙烯-异丁烯共聚物氢谱中 a 区的细节

60MHz，100℃，CCl_4 溶液

5.6　^{13}C-NMR 在高分子结构研究中的应用

5.6.1　高分子材料的定性鉴别

碳谱和氢谱一样，可以通过峰的位置（化学位移）和峰的自旋-自旋劈裂（耦合常数），

来确定高分子的结构。但由于质子去偶照射使各谱线增强的程度不一，因而不能靠峰面积准确判断碳数。在完全去偶的常规碳谱中，最主要的定性依据是化学位移。

5.6.2 高分子立构规整性的测定

5.6.2.1 聚丙烯异构体的研究

大多数均聚高分子中每个单体单元都有一个手性中心原子，如聚丙烯、聚氯乙烯等的 —CH— 、聚甲基丙烯酸甲酯的 —C— 等。每个手心中心的构型有 d 和 l 两种。构成高分子时，如链上相邻两个单体单元的取向相同时，即 dd 或 ll，则用 m（meso）表示，如不同，则用 r（racemic）表示，于是二（单体）单元组有 m 和 r 两种。按此类推，三单元组有 mm、rr 和 mr 三种。四单元组有 mmm、mmr、rmr、mrm、mrr 和 rrr 六种；……。如各单元组构型相同即 mmmm……称为全同；如相邻的单体构型都不相同即 rrr……，称为间同，如为不规则分布。则称为无规或杂同。某四单元组的结构示意如下：

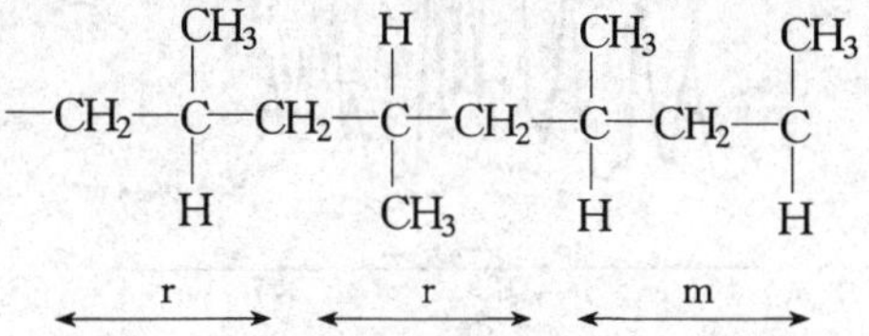

全同聚丙烯的[13]C-NMR 谱只有三个单峰，分属 CH_2、CH 和 CH_3（图 5-21a）；间规聚丙烯也一样；无规聚丙烯的三个峰都较宽，而且分裂成多重峰（图 5-21b）。从化学位移值 δ_C 可以分辨不同立构体（表 5-6）。

表 5-6　　聚丙烯不同立构体的 δ_C 值

立构	δ_{CH_3}	δ_{CH}	δ_{CH_2}
全同	21.8	28.5	46.5
间同	21.0	28.0	47.0
无规	20～22	21～29	44～47

无规聚丙烯的 α-甲基碳由于空间位置的不同，出现了三个峰，分则属 mm、mr 和 rr 三单元组，通过峰的面积可以求出全同度 m。

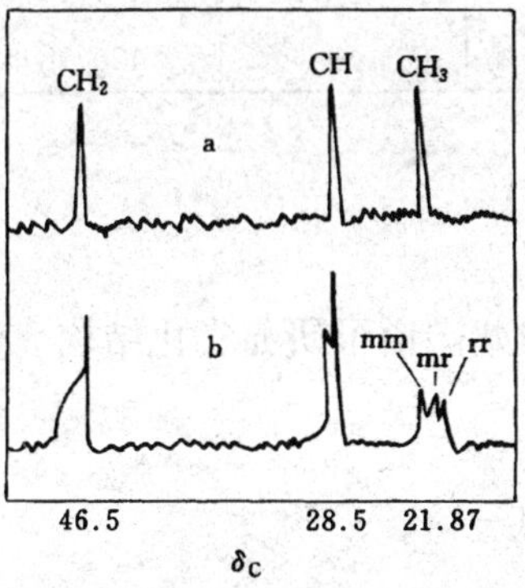

图 5-21　聚丙烯的[13]C-NMR 谱 60℃，邻二氯苯溶液

a：浓度 5％的全同聚丙烯

b：浓度 20％的无规聚丙烯

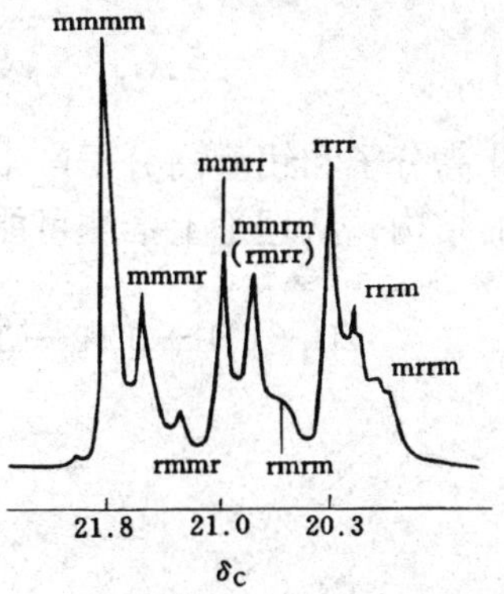

图 5-22　无规聚丙烯的[13]C 谱（CH_3 部分）

$$m\ (\%) = \frac{mm + \frac{1}{2}mr}{mm + mr + rr} \times 100$$

其实这个 CH_3 三重峰还有更精细的结构（图 5-22），从中可识别出五单元组的吸收。

5.6.2.2　聚丁二烯异构体的研究

以正丁基锂作引发剂，在正庚烷/四氢呋喃中进行丁二烯阴离子聚合，得到的聚丁二烯含 34%反 1,4，24%顺 1,4 及 42%1,2 聚合物，其^{13}C 谱的烯碳部分如图 5-23，各种三单元组烯碳的 δ_C 值及归属列于表 5-7。

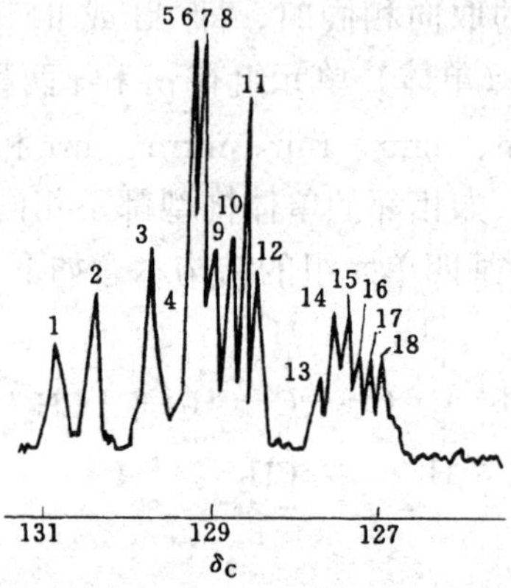

图 5-23　聚丁二烯^{13}C 谱（烯碳部分）

表 5-7　　聚丁二烯的 δ_C

谱线	烯碳	归属①	δ_C	谱线	烯碳	归属	δ_C
1	—C═C—	vtv	131.01	10		$^{c}_{t}$cc	128.91
2		$^{c}_{t}$tv	130.55	11		$^{c}_{t}$ct	128.73
3		vcv	129.87	12		$^{c}_{t}$cv	128.56
4		vc$^{c}_{t}$		13		vtv	127.77
5		$^{c}_{t}$cv		14		vtt	127.64
6		ct$^{c}_{t}$	129.41	15		vtv	127.48
7		cv$^{c}_{t}$	129.30	16		vcc	127.33
8		tt$^{c}_{t}$		17		vct	127.15
9	—C═C—	$^{c}_{t}$tv	129.11	18		vcv	126.98

注：①c 代表顺 1,4；t 代表反 1,4；v 代表 1,2 聚合。

5.6.3　支化结构的研究

在碳谱中支化高分子和线型高分子产生的化学位移不同，因此碳谱可研究支化结构。例如低密度聚乙烯的结构，从理论上推测可能为：

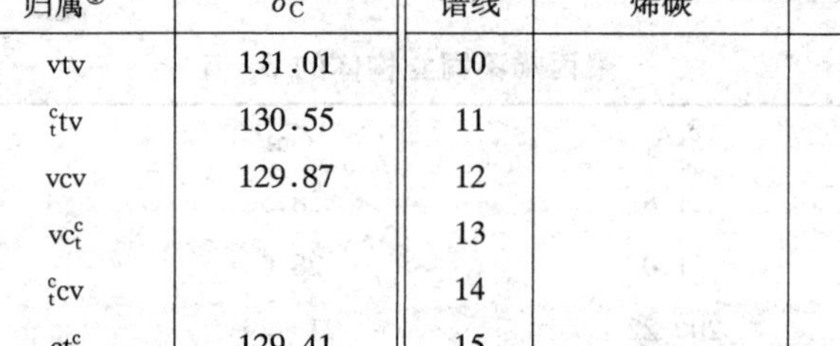

线型聚乙烯的碳谱只在 30 处有一个吸收峰；支化聚乙烯的碳谱中除有 CH_2 和 CH_3 吸收峰外，它的支链还影响到链上 α、β、γ 位置上碳原子的化学位移，且支链的每一个碳原子也有不同的吸收，所以将出现一系列复杂的吸收峰（图 5-24）。端甲基碳受到最大的屏蔽作用，吸收峰出现在最低场。

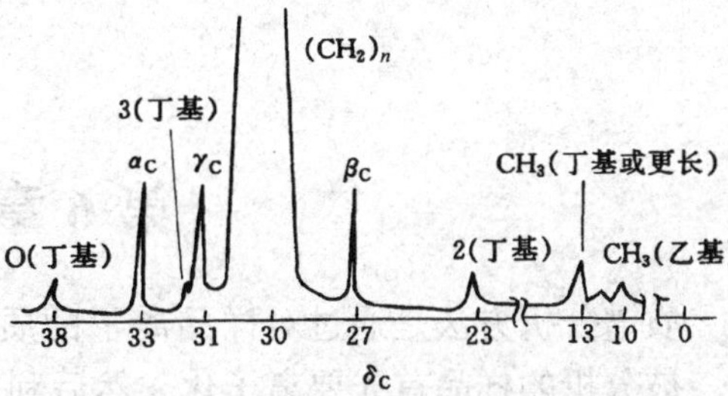

图 5-24　低密度聚乙烯的典型碳谱

支链长度不同，每个碳原子的 δ_c 也不同。在低密度聚乙烯中，可能存在的各种支链结构及数目列于表 5-8。由表可知，低密度聚乙烯的支链主要是丁基。这进一步证实了有关乙烯聚合链转移机理：聚合时末端自由基“回咬”，形成假六元环过渡态，即

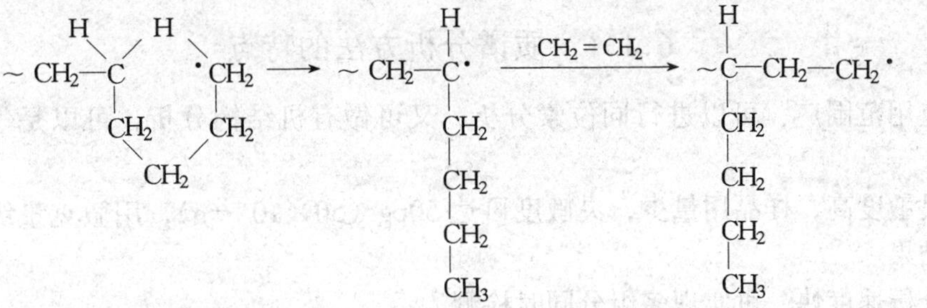

在主链上主要形成丁基的侧链结构。

表 5-8　　**支化聚乙烯中各种支链出现的可能性**

支　链　结　构	支链数目/1000 个主链上碳原子
$-CH_3$	0.0
$-CH_2-CH_3$	1.0
$-CH_2-CH_2-CH_3$	0.0
$-CH_2-CH_2-CH_2-CH_3$	9.6
$-CH_2-CH_2-$	3.6
更长支链	5.6

5.6.4　键接方式的研究

从主要是头-尾相接的 1,4-聚氯丁二烯的 ^{13}C 谱上，可以清楚分辨出以头-头和尾-尾连接的顺 1,4 或反 1,4 单元。头-头键接的反 1,4 和顺 1,4 单元的吸收峰分别在 C_1 亚甲基共振区的 38.6 和 31.4 处出现，而尾-尾连接的 1,4 单元（包括顺式和反式）的吸收峰出现在 28.4～28.8 处的 C_4 亚甲基共振区。

第 6 章　质　　谱

质谱分析方法是通过对样品离子的质量和强度的测定来进行成分和结构分析的一种方法。被分析的样品首先要离子化，然后利用离子在电场或磁场中的运动性质，将离子按质荷比（m/e）分开，记录并分析按质荷大小排列的谱称质谱。根据质谱图可实现对样品成分、结构和相对分子质量的测定。

6.1　概　　述

6.1.1　质谱分析方法的特点

（1）应用范围广：可以进行同位素分析，又可做有机结构分析，可以是气、固、液样品。

（2）灵敏度高，样品用量少，灵敏度可达 50pg（50×10^{-12}g），用微克量级的样品，即可得分析结果。

（3）分析速度快，可实现多组分同时检测。

（4）但仪器结构复杂，价格昂贵。

6.1.2　质谱中的离子

在有机化合物的质谱图中可以产生：分子离子、碎片离子、亚稳离子、同位素离子、络合离子和负离子等。对于判断结构和确定相对分子质量最有效的离子为分子离子。

（1）分子离子　有机化合物的分子受电子轰击或给其能量而被离子化，形成带正电荷的奇电子离子叫分子离子。

（2）碎片离子　分子离子能量较高时，会断裂原子间的一些键，产生质量数较低的碎片叫碎片电离子。

（3）同位素离子　有机化合物一般是由 C、H、O、N、S、F、Cl、Br、I、Si、P 组成的，这些元素中有些是有同位素的。

分子离子有同位素离子，碎片离子也有同位素离子。

其他几种离子对于确定结构不是很重要，这里不一一介绍了。

6.1.3　判断分子离子峰的方法

$$M + e \longrightarrow M^{+}\cdot 2e$$

由于有机化合物的分子都是偶数电子的，所以失去一个电子后，就变成了带奇数电子的分子离子，是一个自由基正离子。（上式中 2e 两个电子，一个是作用的电子，另一个是分子失去的电子。）质谱的一个很大的用途就是可以确定相对分子质量，从而得到分子式，一个化合物的相对分子质量就是从质谱的分子离子峰的 m/e 值获得的（m/e 称为质荷比），找到分子离子就知道相对分子质量，所以正确判断出分子离子峰是很重要的。判断方法有如下四种。

（1）分子离子峰一定是质谱中质量最大的峰，多数情况下质谱高质量端较强峰就是分子离子峰。

（2）最高质量的峰与邻近碎片离子峰之间的质量差是否合理；比分子离子峰小 4～13 及 20～25 个质量单位处不应有离子峰出现，否则质量数最大的峰就不是分子离子峰，而是碎片离子峰或杂峰。因为一个化合物不可能失去～13 氢而不断链。如果断链，失去的最小碎片应为—CH_3，它的质量是 15 个质量单位。失去 14 个质量单位（如 CH_2）和 19 个质量单位（如 F）的情况极为少见。同样，也不可能失去 20～25 个质量单位。

（3）氮规则的方法：

元素：	C	H	O	N	S	Si	X	P
质量数：	12	1	16	14	32	28	19 35 79 127	31
化合价数：	Ⅳ	Ⅰ	Ⅱ	Ⅲ	Ⅱ	Ⅳ	Ⅰ	Ⅲ

不含氮的化合物分子离子（$M^{\cdot+}$）的质量数（相对分子质量）应该是偶数。

由于元素 N 的质量数是偶数，而化合价是奇数，因此有如下规律：

含偶数 N 原子的化合物其分子离子（$M^{\cdot+}$）的质量数（相对分子质量）是偶数。

含奇数 N 原子的化合物其分子离子（$M^{1}+$）的质量数（相对分子质量）是奇数。

当知道了分子中含有的 N 原子数时,可以利用氮规则来核对相对分子质量,如果含 N 数与相对分子质量的奇偶数不符,则该离子不是分子离子,分子中含氮原子数可用元素分析仪等确定。

（4）如果分子离子峰太弱，或经过判断后认为分子离子峰没有出现，此时可通过改进实验技术来测定相对分子质量。例如采取降低轰击电子的能量，提高仪器的灵敏度，加大进料量等方法提高分子离子峰的强度。

6.2 质 谱 仪

6.2.1 质谱仪的结构

典型的质谱仪一般由进样系统、离子源、质量分析器、检测器和记录器组成。

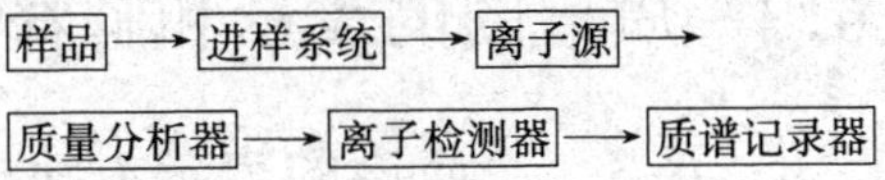

图 6-1 质谱仪方块图

6.2.1.1 离子源

质谱分析的对象是样品离子，因此首先要把样品分子或原子电离成离子，产生离子的装置叫离子源。

离子源种类很多，常用的有电子轰击源，化学电离源和高频火花源。它们各自有其特点，不再一一叙述。

6.2.1.2 质量分析器

它是质谱仪中一个重要的组成部分，由它将离子源产生的离子按 m/e 分开。

6.2.1.3 离子检测器和记录器

利用照相感版作为离子检测和记录的方法。此法的优点是可以分析微量物质，而且灵敏度较高，其缺点是精度差。除了照相感板法外，还有法拉弟盒，电子倍增器等几种检测手段。记录器一般采用紫外线记录器。

质谱仪比较擅长定性分析，但对于复杂有机物的分离则非常繁琐，因此到60年代后期发展了色-质联用仪器，包括气相色谱-质谱联用仪（GC-MC）和液相色谱-质谱联用（LC-MC），并且与计算机联用，已经成为有机分析的重要工具。

6.2.2 测试原理

样品通过进样系统进入离子源，在离子源中样品分子或原子被电离成离子，带有样品信息的离子经过质量分析器即可按质荷比分开，再经检测、记录，即得到样品的质谱图。在质谱图中每个质谱峰表示一种质荷比的离子，质谱峰的强度表示该种离子峰的多少，因此根据质谱峰出现的位置可以进行定性分析，根据质谱峰的强度可以进行定量分析。对于有机化合物质谱，根据质谱峰的质荷比和相对强度可以进行结构分析。图6-2是一张空气的质谱图。

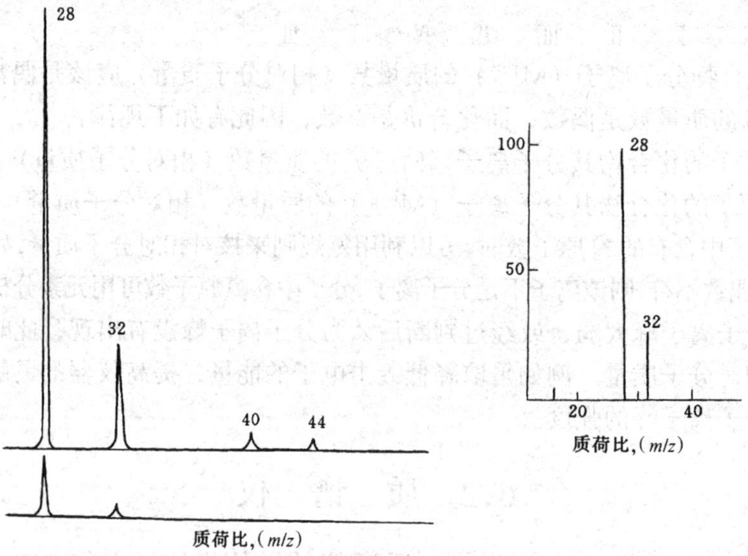

图6-2 空气的质谱图

6.3 质谱图的表示和解释方法

6.3.1 质谱的表示方法

6.3.1.1 横坐标表示

m/e（实际上就是磁场强度），由于分子离子或碎片离子在大多数情况下只带一个正电荷，所以通常 m/e 称为质量数，例如—CH_3 离子的质量数（m/e）是15，对于低分辨仪，离子的质荷比在数值上就等于它的质量数。

6.3.1.2 质谱图的纵坐标

纵坐标表示离子强度，在质谱中可以看到几个高低不同的峰，纵坐标峰高代表了各种不同质荷比 m/e 的离子丰度——离子流强度。

离子流强度有两种不同的表示方法。

(1) 绝对强度

将所有离子峰的离子流强度相加作为总离子流，将总离子流作为分母，用各离子峰的离子强度除以总离子流，得出各离子流占总离子流的百分数（总离子流是100%）。

表示方法：

20%$\sum$：意思是离子流强度占总离子强度的20%。

20%$\sum_{40}$：意思是此离子流强度占总离子流的20%，而总离子流是从 $m/e=40$ 以上算起，m/e 40 以下的各离子流强度未计入总离子流内。

用绝对强度表示各种离子流强度的百分数之和应该等于100%。

（2）相对强度

是以质谱峰中最强峰作为100%，称为基峰（该离子的丰度最大、最稳定），然后用各种峰的离子流强度除以最强峰（基峰）的离子流强度，所得的百分数就是相对强度。

表示方法：

m/z 14（4.0）	m/z 28（100）	m/z 33（0.02）
16（0.8）	29（0.76）	34（0.99）
20（0.8）	32（23）	40（2.0）
		44（0.10）

括弧中的数字即峰的相对强度，表示100%者是基峰，$m/z=28$ 是基峰 N_2 在空气中含量最高而且也最稳定。$m/z=32$（23）是 O_2，在空气中占1/5，N_2 占4/5，N_2 的峰高为100%，O_2 就占 N_2 的23%。

现在一般的质谱图都以相对强度表示：棒图就是以相对强度表示画出来的。

当然还有其他几种表示方法，这里不再介绍了。

6.3.2 解释质谱图的一般方法

（1）由质谱图的高质量端确定分子离子峰，确定化合物的分子量。

（2）查看分子离子峰的同位素峰组，由 M+1、M+2 的丰度，通过查表，确定未知化合物的组成式。

（3）由组成式计算化合物的不饱和度，也即确定化合物中环和双键的数目，计算方法为：

$$不饱和度=四价原子数-\frac{一价原子数}{2}+\frac{三价原子数}{2}+1$$

$$例如苯的不饱和度=6-\frac{6}{2}+\frac{0}{2}=4$$

不饱和度表示有机化合物不饱和的程度，计算不饱和度有助于判断化合物结构。

（4）研究高质量端离子峰。可通过附近的分子碎片，确定化合物有哪些取代基。

例如：M－15（CH_3），M－16（O，NH_2）

通过上述方面的研究，通常可提出未知化合物的结构单元，进而可提出几个可能的结构，然后分析哪种结构最符合质谱数据，同时再考虑样品来源、物化性质，以及由红外、核磁、紫外得到的资料，最后提出化合物的结构。

质谱仪特别是色-质联用仪（GC-MS）对有机化合物的分离及结构鉴定是一种很有效的手段，但对高分子结构的研究不常用，只是当其他方法（如红外、核磁仪）难以确证时，可用GC-MS仪，首先用裂解头将聚合物裂解，然后通过色谱分离，进入质谱仪离解，即可得到离子碎片，以此作为确定结构的旁证。

第 7 章　X 射 线 法

当一束单色的 X 射线照射到试样上时，可观察到二个过程：

（1）如果试样具有周期性结构（晶区），则 X 射线被相干散射，入射光与散射光之间没有波长的改变，这种过程称为 X 射线衍射效应，在大角度上测定，所以又称为大角 X 射线衍射（WAXD）。

（2）如果试样具有不同电子密度的非周期性结构（晶区和非晶区），则 X 射线被不相干散射，有波长的改变，这种过程称为漫射 X 射线衍射效应（简称散射），在小角度上测定，所以又称为小角 X 射线散射（SAXS）。

小分子晶体主要用 WAXD 研究，但对高分子材料 SAXS 也相当重要。

7.1　大角 X 射线衍射法

7.1.1　基 本 原 理

7.1.1.1　X 射线的产生及性质

X 射线由 X 射线管产生。X 射线管的构造如图 7-1 所示，管内抽成真空。

电丝加热产生的热电子在高压电场（20～70kV）下获得很大的动能，高速飞向铜、钼、钨等金属做成的靶极。电子在靶面上突然停止运动，所失去的动能大部分转化为热能，使靶极温度升高，只有少量动能（约 0.2%）转化为辐射能即 X 射线由窗口射出。窗口可以有多个，允许同时进行不同的测定。

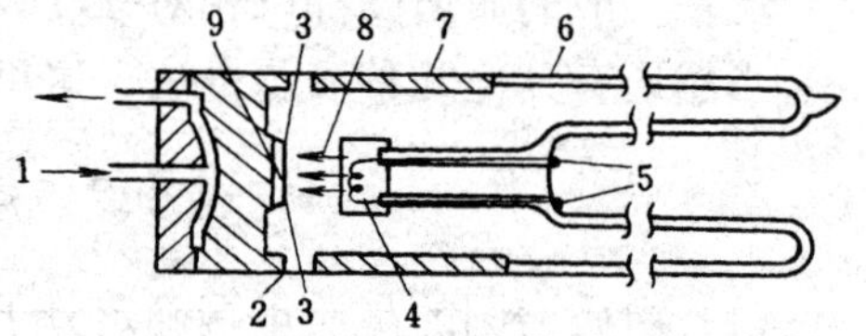

图 7-1　密封式 X 射线管示意图
1—冷却水　2—铍窗口　3—X 射线
4—灯丝　5—插口　6—玻璃　7—铅罩
8—电子束　9—靶极（阳极）

X 射线是一种波长很短（0.05～0.25nm）的电磁波，波长与电压有关：

$$\lambda_K = 12.4/V_K \tag{7-1}$$

式中　V_K——电压，kV。

X 射线可分为两种：一种是具有连续变化波长的 X 射线，称为白色 X 射线；如果电压达到临界激发电压以上，就会产生另一种强度很高的具有特定波长的 X 射线，它叠加在连续 X 射线谱上，称为特征 X 射线，其波长由靶决定，但不是唯一的，最终取决于跃迁电子的能级差。

多晶 X 射线衍射需要用单色 X 射线。故实际中必须用滤波等方法使 X 射线管发出的 X 射线单色化，即选用某一特征 X 射线进行实验。如铜钯所发出的 X 射线经一定厚度的镍片滤波后，透射出来的 X 射线基本上只剩下波长为 0.1544～0.1540nm 的特征 X 射线。在 X 射线分析中，有机高分子多用铜靶。

记录 X 射线的方法有照相法和计数器法。

（1）照相法

X射线能透过黑纸而使底片感光，因而比光学照相法更易于操作。

(2) 计数器法

用于记录X射线强度的计数器有三种类型：

a. 正比计数器　X射线使气体电离，从而使气体能导电，电离电流与X射线强度成正比。

b. 闪烁计数器　由用1%铊活化的碘化钠构成的荧光晶体和光电倍增管组成。X射线打击晶体后产生一定量的荧光，由光电管进行光电转换而记录。

c. 盖革-弥勒（Geiger-Müller）计数器　在SAXS中该计数器用于测定弱的X射线。

7.1.1.2　X射线在晶体中衍射的基本原理及测定方法

射入晶体的X射线使晶体内原子中的电子发生频率相同的强制振动，因此每个原子即又可作为一个新的X射线源向四周发射波长和入射线相同的次生X射线。它们的波长相同，但强度却非常弱。单个原子的次生X射线是微不足道的，但在晶体中由于存在按一定周期重复的大量原子，这些原子所产生的次级X射线会发生干涉现象。干涉是由于从不同次生光源射出的光线间存在光程差引起的，只有当光程差等于波长的整数倍时光波才能互相叠加，在其余情况下则减弱，甚至相互抵消，如图7-2所示。

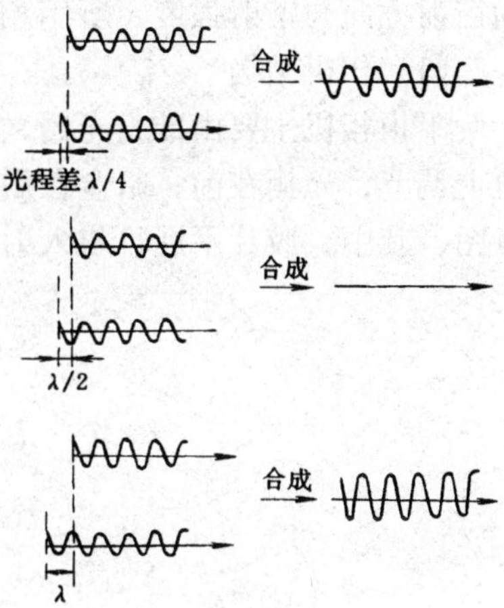

图7-2　不同光程差的两光波的加成

只有相互叠加的光波才能有足够的强度被观察到，而晶体满足这一情况的条件是布拉格导出的，称为布拉格公式。设晶体为一组间距为 d 的晶面（格子面），各点代表晶格中的原子，如图7-3所示。以 θ 角入射的X射线在点上产生的衍射可以看成是对于晶面的“反射”，就像可见光在镜面的反射那样。图7-3A和B两束光经晶面1和2反射后有相同的方向，但根据衍射几何，B比A多走了 $2b$ 的路程。显然只有当这段光程差等于波长的整数倍时才会产生叠加，因而满足衍射的条件是

$$n\lambda = 2b = 2d\sin\theta$$

即

$$n\lambda = 2d\sin\theta \tag{7-2}$$

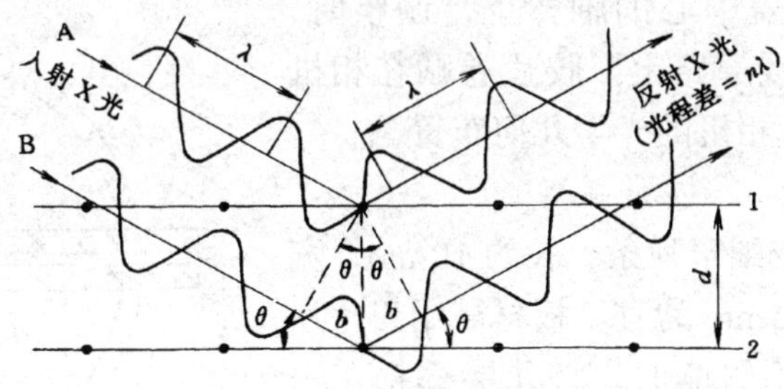

图7-3　晶体产生X射线衍射（布拉格反射）的条件

当用单色X射线测定时，波长是已知的，掠射角 θ 可从实验求出，因此可求得晶面间距 d。式中 n 为正整数，称衍射级数。

7.1.2　多晶X射线衍射实验方法

多晶X射线衍射是指以多晶材料或多晶聚集体为试样的衍射实验。试验中每个被照射

到的小晶粒，在其某族晶面与入射X射线夹角满足Bragg方程时，会产生Bragg反射——衍射，实验所产生的衍射是大量（百万个以上）小晶粒发生衍射的总效果。由于考察非晶态样品的微观结构所用的实验方法与多晶衍射实验相同，故多晶衍射实验通常也广泛地包括非晶试样。

高聚物呈非晶态和半晶态，所以本节仅对X射线衍射法中的多晶衍射法进行介绍。根据记录方式不同，分为多晶照相法和多晶衍射仪法两种，涉及的内容包括以下几个方面：仪器（装置）结构，样品制备，典型聚集态谱图（底片）特征，作用和影响因素。

7.1.2.1　多晶照相法

多晶照相习惯上又称“粉末照相”，利用X射线的感光效应，用特制胶片记录多晶试样的衍射方向与衍射强度，所用相机有两种，即“平板相机”和“Derby相机”。

（1）相机结构

平板相机主要由准直光栅，样品架和平板暗盒构成，它们之间的距离可在相机支架的导轨上调节，光栅在前，暗盒在后，二者之间是样品架。图7-4是平板相机的光学几何布置示意图，其中，胶片平展且与入射线垂直。

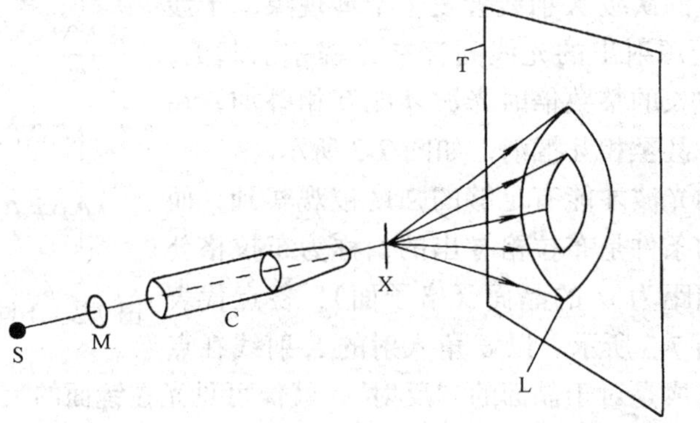

图7-4　平板相机的光学几何布置示意图

S—光源　M—滤波片　C—光栅　X—样品　T—胶片　L—衍射环

Derby机是一直径为57.3mm或114.6mm金属圆柱盒，在盒壁某一高度位置上，沿一直径开有一对穿孔，分别插配入射光栅和接收光栅。图7-5为相机在光栅位置的横截面示意图。样品固定在穿过盒盖中心的轴棒上，调整时，要使样品恰好位于入射线通路上。胶片卷贴在相机的内壁。图7-6是Derby相机的光学几何布置。

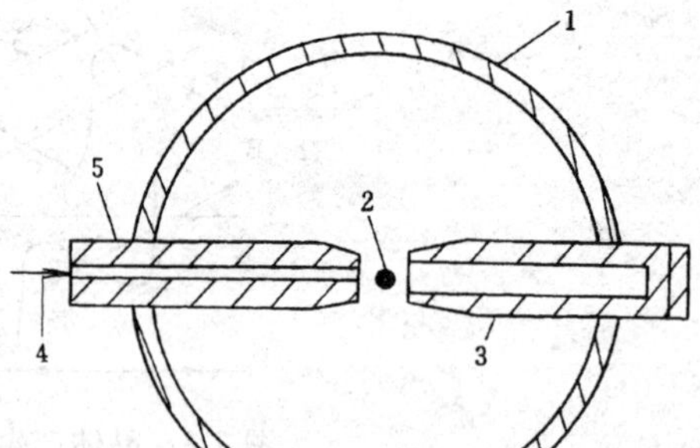

图7-5　Derby相机截面示意图

1—相机壁　2—试样　3—接收光栅

4—入射线　5—入射光栅

（2）制样

平板照相样品要制成细窄片条，长约10mm，宽为2～3mm，厚以0.5～1mm为宜。板材需用刀片片切制样。薄膜可剪制，不够厚时，将几层叠粘在一起，各层保持原拉伸方向一致。纤维样品则要缠绕在适当大小的框子上，或将一束平行纤维直接粘固在框子上，既不能绷松，又要尽量减小张力。

Derby照相试样成细丝状，径向尺寸0.5～1mm，长10～15mm。测试中样品可随样品轴转动，以增加晶面族产生衍射的几率。对高聚物材料，试

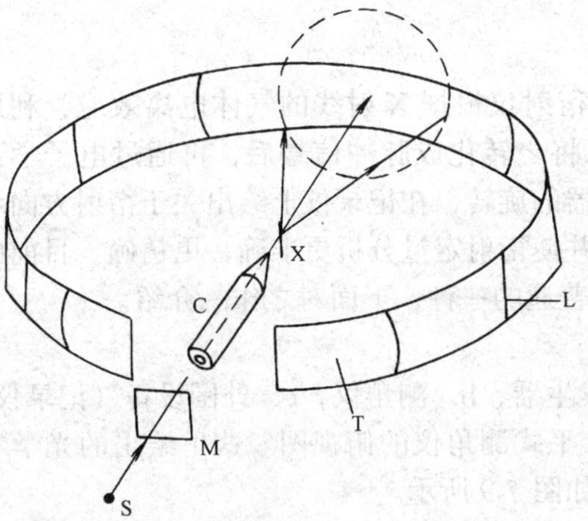

图 7-6 Derby 相机的一种光学几何布置图

S—光源 M—滤波片 T—胶片

C—光栅 X—样品 L—衍射环

样有时制成细窄片条，类似平板照相试样。这种情况下，样品轴在照相过程中要保持不动，以确保样品在光路上。

(3) 典型聚集态的照相底片特征

图 7-7 是四种典型聚集态的平板照相底片的特征示意图。其中 (a) 为无择优取向多晶试样的底片，呈现分明的同心衍射圆环。图 (b) 为部分择优取向多晶试样底片，呈若干对衍射对称弧。图 (c) 为完全取向多晶试样底片，呈若干对称斑。图 (d) 为非晶态试样底片，呈一弥漫散射环。应说明的是，对应不同材料或物质，它们的衍射环，对称弧（斑），或弥散环的黑度和直径都是不同的，即衍射强度和衍射方向均不同。同一底片上，各环、弧或斑的黑度也不同。这里为突出典型聚集态的照相特征，未在图中体现上述差异。另外，对应半结晶试样（如：结晶高聚物），其平板照相底片上既有结晶部分产生的衍射环（或弧，斑），又有非晶部分产生的弥漫散射环。

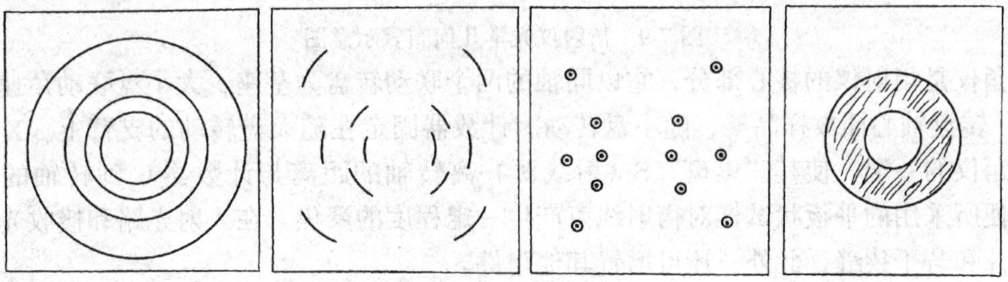

图 7-7 四种典型聚集态平板照相底片的特征示意图

由于 Derby 照相底片衍射特征与平板照相底片基本相同，这里从略。

(4) 作用

从多晶照相可以获知试样中结晶状况。对试样中有无结晶，晶粒是否择优取向，取向程度等进行定性判断。因此，多晶照相底片成为直观定性判断试样结晶状况的简明实证。通过照相底片还可对聚集态结构进行定量分析，但这部分工作已为后来发展起来的衍射取代。

实际中，因 Derby 照相较平板照相简便，灵活，且误差小，所以大都采用 Derby 照相。

(5) 影响因素

一张好的照相底片应当包含尽量多的衍射信息（环、弧、斑），且线条分辨清晰。影响因素有：入射线波长及单色性，空气散射，光栅孔径大小，曝光时间，样品结

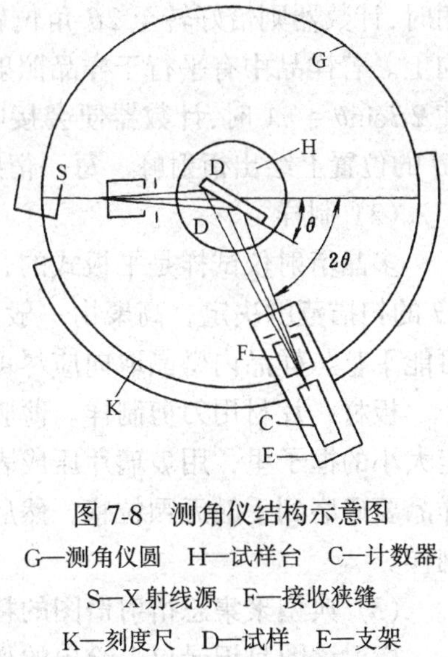

图 7-8 测角仪结构示意图

G—测角仪圆 H—试样台 C—计数器

S—X 射线源 F—接收狭缝

K—刻度尺 D—试样 E—支架

晶状况，湿定影过程等。

7.1.2.2　多晶衍射仪法

与照相法用胶片记录衍射方向和强度不同，衍射仪根据 X 射线的气体电离效应，利用充有惰性气体的记数管，逐个记录 X 射线光子，将之转化成脉冲信号后，再通过电子学系统放大和甄选，把信号传输给记录仪，配合计数器的旋转，在记录仪上绘出关于衍射方向和衍射强度的谱图。衍射仪大大提高了工作效率，并使衍射定量分析更准确，更精确。目前已发展出多种专用 X 射线衍射仪，多晶衍射仪是最普通的一种，下面对之作一介绍。

（1）多晶 X 射线衍射仪结构

多晶 X 射线衍射仪由三部分组成：a. 高压发生器，b. 测角仪，c. 外围设备（记录仪，仪器处理系统，测角仪控制系统等）。图 7-8 是水平式测角仪的俯视图。这里绘出的光学布置是“反射式”（“透射式”略），其简化侧视图如图 7-9 所示。

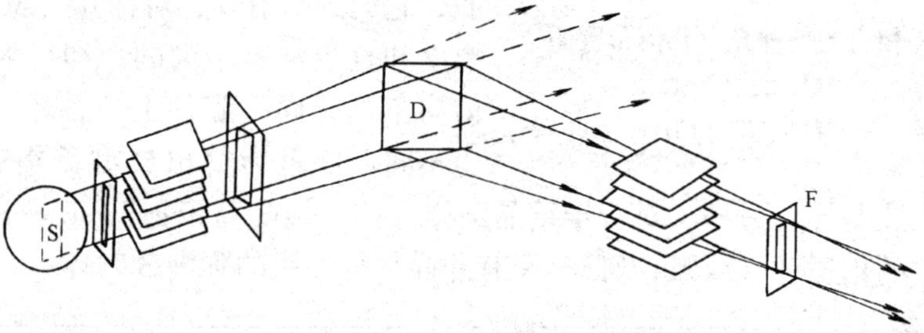

图 7-9　衍射仪光学几何布置示意图

测角仪是衍射仪的核心部分，它以同轴的两个联动转盘为基座，大小盘联动角速度恒比为 2:1。转盘轴心插放样品架，随小盘转动。计数器固定在随大盘转动的支臂上。X 射线管位于测角仪的一端，使其“焦斑”S（射线源）离转轴的距离与计数器 C 到转轴的距离相等，以便所采用的平板状试样对衍射线束产生一定程度的聚焦。在入射光路和接收光路上放有滤液片和若干狭缝，此外，还可增置其他附件。

实验中，光源与入射光路元件不动，样品台与接收支臂同向转动。事先调整好测角仪，使样品台与计数器均在零度时，入射线刚好掠过样品表面进入计数器，从而保证：样品台转到 θ 角时，计数器则恰好转至 2θ 角位置。这样，相对于样品表面，计数器总位于入射线的反射方向上。若样品中有平行于样品照射面的晶面族，设其面间距离为 d，那么，当样品台转到 θ 角，使 $2d\sin\theta = n\lambda$ 时，计数器便会接收到该族晶面产生的 Bragg 反射（衍射）。记录仪将在对应 2θ 的位置上绘出衍射峰。每一衍射峰都是大量符合衍射条件的小晶粒产生衍射的总合。

（2）制样

多晶衍射仪试样是平板式的，长宽 25～35mm，厚度由样品的 X 射线吸收系数和衍射角 2θ 的扫描范围决定，高聚物一般为 0.5～1mm，要求厚度均匀，且入射线照射面一定要尽可能平整。样品内微晶取向应尽可能的小。

板材，片材用刀剪制样。薄膜常需将若干层叠粘成片。纤维需剪成粉末状，然后填入一定大小的框子里，用玻璃片压成表面平整的“毡片”，连同框架插到样品台上。颗粒或粉末样品要研磨到手触无颗粒感，然后填入框槽中，用玻璃轻压抹平。高聚物树脂可用压机冷压制样。

（3）典型聚集态衍射谱图的特征

衍射谱图是记录仪上绘出的衍射强度（I）与衍射角（2θ）的关系图。图 7-10 是几种典型聚集态衍射谱图的特征示意图。其中 a 表示晶态试样衍射，特征是衍射峰尖锐，基线缓平。同一样品，微晶的择优取向只影响峰的相对强度。图 b 为固态非晶试样散射，呈现为一个（或两个）相当宽化的“隆峰”。图 c 与 d 是半晶样品的谱图。c 有尖锐峰，且被隆拱起，表明试样中晶态与非晶态“两相”差别明显；d 呈现为隆峰之上有突出峰，但不尖锐，这表明试样中晶相很不完整。

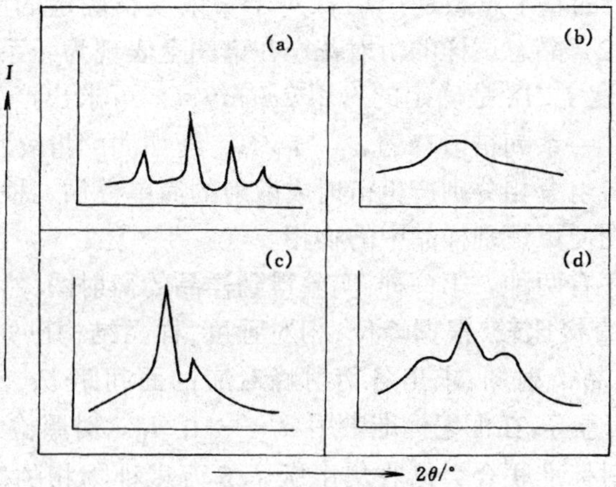

图 7-10　四种典型聚集态衍射谱图的特征示意图

（4）多晶衍射仪的作用

利用多晶衍射仪可以得到材料或物质的衍射谱图。根据衍射图中的峰位、峰形及峰的相对强度，可以进行物相分析、非晶态结构分析等工作。在高聚物中主要用于考察物相、结晶度、晶粒择优取向和晶粒尺寸。

（5）影响因素

多晶衍射仪实验的影响因素来自三个方面：

a. 样品
- 表观（尺寸，平整性）
- 内部（取向，晶粒大小等）

b. 实验参数
- 各狭缝大小
- 信号处理系统各参数
- 入射线波长及其单色性
- 其他

c. 环境
- 空气散射
- 电源稳定性
- 其他

7.1.3　多晶 X 射线衍射在高聚物中的应用

作为一种考察物质微观结构形态的方法，无论在小分子领域，还是在大分子领域，多晶 X 射线衍射所分析和测定的内容基本上是相同的。高聚物在结构形态上有其自身的复杂性和特殊性，因此，用 X 射线衍射考察高聚物时，必须结合具体情况进行分析，以获得对真实情况恰当、准确的理解。

目前，在实际中，多晶照相法的大部分工作已被多晶衍射仪法取代。下面要介绍的四种应用均基于衍射仪法。它们依次是：物相分析；结晶度测定；取向测定；晶粒尺寸测定。

7.1.3.1　物相分析

物相分析不是一般的化学成分分析。一般的化学成分分析是分析组成物质的元素种类及其含量。物相分析不仅能分析化学组成，更重要的是它还能给出元素间化学结合状态和物质聚集态结构。化学组成相同，而化学结合状态或聚集态不同的物质属不同物相。只含硅，氧两种元素的 SiO_2，能以不同聚集态存在，构成不同物相。如无定型硅胶、晶态石英、白硅石、方石英等。

X射线衍射物相分析的基本思想是：（1）对于一束波长确定的单色X射线，同一物相产生确定的衍射花样。（2）晶态试样的衍射花样在谱图上表现为一系列衍射峰。各峰的峰位 $2\theta_i$（衍射角）和相对强度 I_i/I_0 是确定的。用 $2d\sin\theta=\lambda$ 可求出产生各衍射峰的晶面族所具有的面间距 d_i。这样，一系列衍射峰的 d_i-I_i/I_0，便如同“指纹”成为识别物相的标记。（3）混合物相的谱图是各组分相分别产生衍射或散射的简单叠加。根据上述基本思想，参照已知物相标准，由衍射图便可识别样品中的物相。

物相分析的工作程序有两种。第一种:实验得到样品的衍射图,然后将之与已知物相在相同实验条件下的衍射图直接比较,根据峰位,相对强度,样品结构已知信息等判别待定物相。第二种:实验得到待定样品衍射图,求出各衍射峰对应的面间距 d_i,然后结合各峰相对强度 I_i/I_0,及试样结构已知信息等,在汇编标准中用 d_i——I_i/I_0。对照检索,定识物相。

目前，国际粉末衍射标准联合会已收集出版了5万多种物相的标准——PDF卡（Powder Diffraction File），其中包括50多种高聚物。标准中对每一相除列出一套 d_i——I_i/I_0 数据，还给出了该相晶胞参数，实验条件等表格化信息。应说明的是，因非晶相不产生衍射，漫散射峰少，位置又不够确定，所以PDF卡不收非晶相信息。对于PDF卡中未建标准的物相，无法用之确认待定物相。

另外，物相分析并不局限于定性识别。它还可以对多相、特别是两相体系中某相的含量予以定量分析。这里从略。

下面结合高聚物结构形态特点，介绍高聚物定性物相分析。

高聚物衍射图大都伴随出现弥散的“隆峰”，这是短程序非晶态的表现。结晶性高聚物晶粒（区）尺寸小，缺陷大，造成衍射峰的宽化，峰位漂移较大。鉴于上述特点，高聚物物相分析大都采用直接对比法，并要结合整个谱图线形。样品生成条件，加工条件及其他仪器分析，进行综合考虑。

高聚物物相分析的基本内容有三方面：

（1）区分晶态与非晶态（鉴别是否有结晶）

根据上节关于典型聚集态衍射谱图特征的介绍可知：出现弥散“隆峰”说明样品中有非晶态。尖锐峰表明存在结晶。既不尖锐也不弥散的“突出峰”显示有结晶存在，但很不完善，有人称之为“仲晶”或“次晶”，以上判断适用于一般情况。

（2）聚合物鉴定

对于非晶态聚合物，要将其衍射图与已知某种非晶聚合物在同样实验条件下的衍射图比较，看“隆峰”的峰位 2θ 是否吻合，并观察峰形是否相符，若偏差不大，则可初步推断样品用于参比的那种聚合物，但且不能断定，还需结合其他分析结果，相互佐证或映证。

对于结晶性聚合物，通过样品与已知结晶高聚物同样实验条件下的谱图比较，从衍射峰的峰位及整个谱图线形进行分析。若吻合，则认定样品是已知的参比聚合物。比如，现剖析一种国外进口的气体过滤膜。通过元素分析仪分析获知这种膜由C、F、H三种元素组成，由各元素在膜中的含量比，推测这种膜可能是聚偏氟乙烯（PVDF），欲证明这一推测，做X

射线衍射实验，得谱图如图 7-11 所示。经与已知聚偏氟乙烯谱图比较，发现整个线形基本一致，又经计算，$2\theta=20°$附近的两个尖峰对应的面间距 d 分别为 0.481nm 和 0.443nm，它们与已知聚偏氟乙烯相应两峰的 d 值 0.4825nm 和 0.445nm 分别相差 0.0015nm 和 0.002nm。对于同一高聚物，许多因素可造成这种程度的偏差。所以，由 X 射线衍射实验证明所分析的薄膜是 PVDF，此外，这一结论还可用红外光谱等分析来进一步映证。

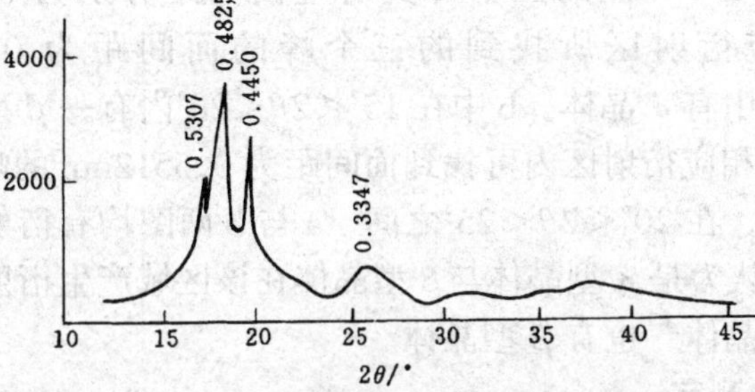

图 7-11　某气体过滤膜的 X 射线衍射谱图

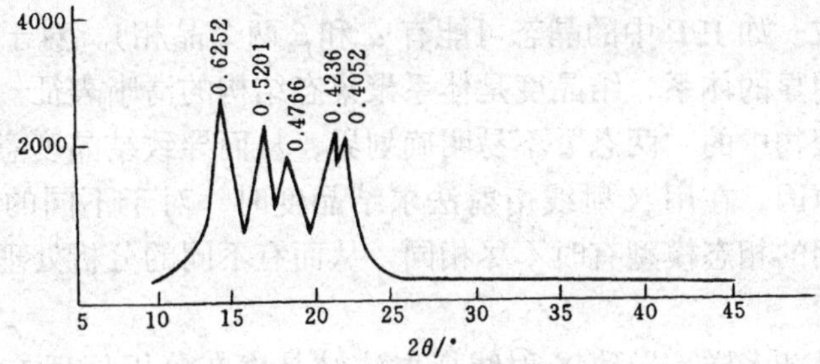

(a)

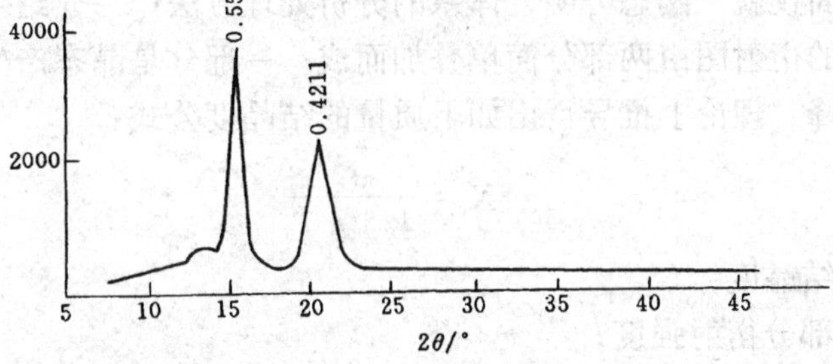

(b)

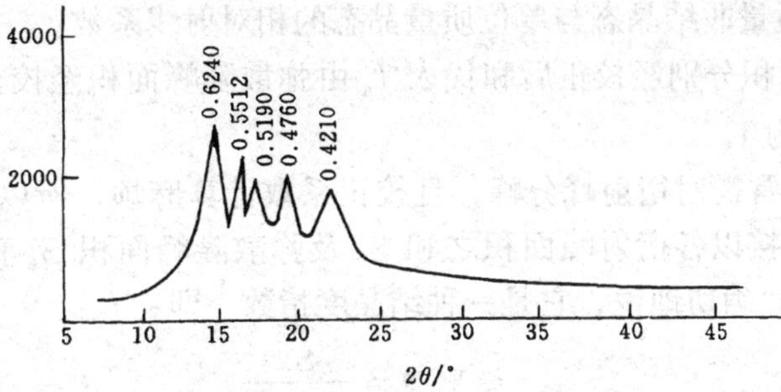

(c)

图 7-12　(a) 含 α 型晶体的 IPP X 射线衍射图

(b) 含 β 型晶体的 IPP X 射线衍射图

(c) 被鉴定的 IPP X 射线衍射图

(3) 识别晶体类型

结晶性聚合物在不同结晶条件下可形成不同晶型。它们所属晶系及晶胞参数不同。如聚丙烯有 α、β、γ 和 δ 四种晶型，它们对聚丙烯材料的性能影响不同。

结晶类型识别办法是：将待定试样谱图与已知晶型谱图比较。看试样谱图中是否出现已知晶型的各衍射峰。图 7-12 中 a 与 b 分别为 α 型和 β 型 IPP 衍射图。c 为一注射 IPP 板材衍射实验图。a 中在 $2\theta < 2\theta°$ 一侧的三个峰其对应面间距分别为 0.6252nm，0.5201nm 和 0.4766nm。c 中在相应衍射区所找到的三个峰的面间距为 0.6240nm，0.5190nm 和 0.4760nm，由此断定 c 中有 α 晶体。b 中在 $15° < 2\theta < 20°$ 内有一 β 型晶体特征峰，其对应面间距为 0.5520nm。c 中相应衍射区内可找到面间距为 0.5512nm 的峰与之相近，由此判定 c 中也有 β 型晶体。另外，在 $20° < 2\theta < 25°$ 之间，a 与 b 两图均有衍射峰，而 c 中在大致相同的位置呈现一个峰，可认为是 α 型晶体与 β 型晶体在该区域产生衍射峰的叠加。综上分析可确认，样品中既有 α 型晶体，也有 β 型晶体。

7.1.3.2　结晶度的测定

结晶度是指物质或材料中晶态部分占总体的质量或体积百分比（材料中的晶态部分可能由不止一个晶相组成。如 IPP 中的晶态可能有 α 和 β 两个晶相）。对于晶态与非晶态两部分在有序程度上差别明显的体系，结晶度是体系聚集态结构的清晰表征。但高聚物结构的复杂性常使得结晶性高聚物中的“两态”不易明确划界，从而导致结晶度意义模糊，以致失去意义。正是由于这种原因，在用 X 射线衍射法求结晶度时，对于不同的高聚物、甚或同一种高聚物，人们所采用的相态模型有时不尽相同，从而有不同的分析处理方法，所得结果也就难以相互比较。

高聚物结构的复杂多样，导致 X 射线衍射法结晶度在分析处理方法上的不统一。这里不再深入讨论。下面仅就“两态分明”体系的分析处理方法作一介绍。

两态分明体系的衍射图由两部分简单叠加而成。一部分是晶态产生的衍射峰，另一部分晶态产生的弥散隆峰。理论上推导得出如下质量的结晶度公式：

$$X_c = \frac{I_c}{I_c + k\,I_a} \tag{7-3}$$

式中　X_c——质量结晶度；

I_c——晶态部分衍射强度；

I_a——非晶态部分衍射强度；

k——单位质量非结晶态与单位质量晶态的相对射线系数。

I_c 由各衍射峰面积分别经校正后和代入 I_a 由弥散隆峰面积经校正后代入。理论上 $k \approx 1$。实际中有时近似为 1。

由于峰面积校正常需对衍射峰分峰，且校正系数计算麻烦，所以在对系列样品比较时，经常省略校正，而直接以各衍射峰面积之和 S_c 及弥散隆峰面积 S_a 直接代入上式右端，得出近似结晶度（X_c）。确切地说，它是一种结晶度指数。即：

$$\langle X_c \rangle = \frac{S_c}{S_c + S_a} \tag{7-4}$$

以等规聚丙烯（IPP）为例，图 7-13（a）中实曲线为样品 IPP 丝的衍射曲线，它由结晶部分的衍射与非晶部分产生的散射叠加而成。要求 X_c，需将结晶衍射与非晶散射分离，这是问题的关键和困难所在。实际中存在不同的处理方法。一种方法是用无规聚丙烯（APP）制备一试样，相同试验条件下得其散射图如（b）所示。假设所有聚丙烯材料中非晶峰的峰形均如（b），且峰位不变。那么，依据（b）曲线的峰位等关键点，以一定作图方式，将（b）曲线成比例地在（a）中绘出，得到图（a）中虚线。这条虚线即可认为是样品 IPP 丝中非晶部分产生的散射线。虚线与实验基线之间的阴影面积为 S_a。实曲线与虚线之间的空白面积为 S_c。将 S_c 和 S_a 代入公式计算，即得样品（IPP）丝的 X_c。

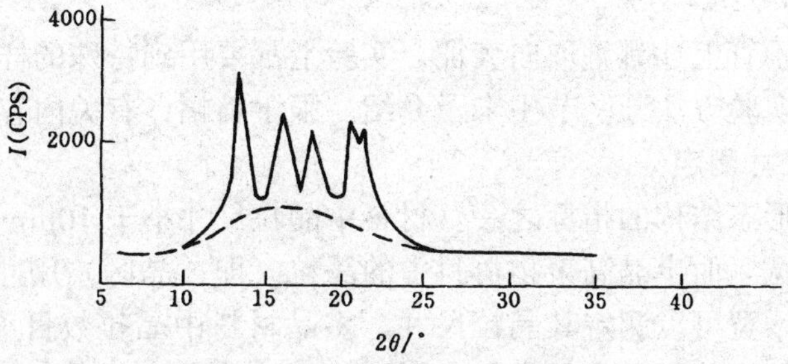

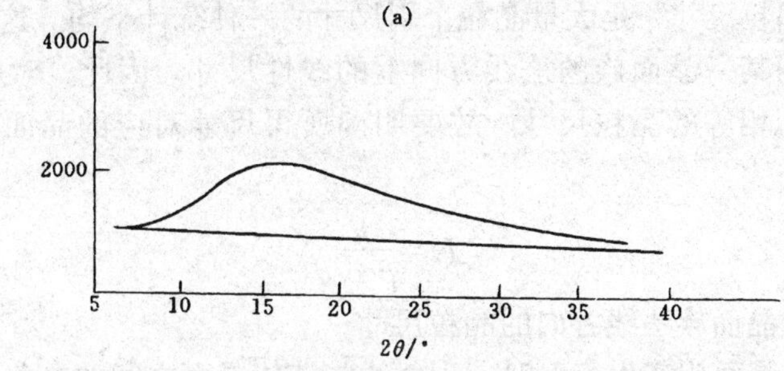

图 7-13 （a）实曲线：某 IPP 丝的衍射图

（b）实曲线：某 APP 样品的散射图

7.1.3.3 取向测定

多晶材料中，微晶的取向是形态结构的一个方面，也是影响材料物理性能的重要因素。微晶取向通常指大量晶粒的待定晶轴或晶面相对于某个参考方向或平面的平行程度。半结晶高聚物材料也属多晶材料，用 X 射线衍射法可以测定其晶粒（区）的取向。

高聚物材料总伴生非晶态，而且许多高聚物只以非晶态存在，因此，在高聚物材料科学中，取向常常指分子链与某个参考方向或平面平行的程度。依不同分类有：晶区链取向，非晶区链取向；折叠链取向，伸直链取向等。

由于晶区分子链方向一般被定为晶体 c 轴方向，而一些主要晶面总为分子链排列平面。所以，用 X 射线衍射法测得结晶高聚物晶区 c 轴，或特定晶面的取向，实际上也就直接或间接地表明了晶区分子链取向。而非晶区、或非晶态高聚物材料中的分子链取向则需用其他手段测定。

X 射线衍射法测定微晶取向有三种表征：（1）极图，（2）Hermans 因子 f，（3）轴取向指数 R。它们在实验方法、数据处理和适用性等方面各不相同，各有特点。

在实验方法和数据分析处理上，极图法很繁复，Hermans 因子法次之，取向指数法最简。极图法用平面投影反映微晶在空间的取向分布状况，信息全面，但要看懂却需足够的晶体几何学与空间投影知识。因此，极图一般只用于特制部件中取向状况的剖析。Hermans 因子与取向指数最终都是用一数值反映材料的轴取向程度。不同的是 Hermans 因子表征性更好，取向指数较为粗略。尽管如此，取向指数由于在实验方法与数据处理上简便迅速，实际中，对于系列样品轴取向程度比较时，人们大都采用取向指数 R。R 反映样品中所有晶粒的某族晶面与取向轴（如：纤维样品的纤维轴）的平行程度。定义：

$$R=\frac{180^\circ-H}{180^\circ}\times 100\% \qquad (7\text{-}5)$$

式中 H 由实验容易获得，其单位为角度。完全取向时，可以认为 $H=0^\circ$，$R=100\%$；无规取向时，$H=180^\circ$，$R=0\%$。

需要说明的是，不管上述哪种取向表征，实验上都要用到特殊的样品架和专门的实验方法，而这些内容在“实验方法”一节中未予介绍。限于篇幅，有关内容详见参考书。

7.1.3.4 晶粒尺寸测定

晶粒尺寸是材料形态结构的指标之一。材料中晶粒尺寸小于 10μm 时，将导致多晶衍射实验的衍射峰显著增宽。而半晶高聚物材料中的晶粒（即：晶区）尺寸大致在 50～500Å 之内。故根据衍射峰的增宽可以测定其晶粒尺寸。多晶材料中晶粒数目庞大，且形状不规则。衍射法所测得的“晶粒尺寸”是大量晶粒个别尺寸的一种统计平均。这里所谓“个别”尺寸是指各晶粒在规定的某一晶面族的法线方向上的线性尺寸。因此，对应所规定的不同晶面族，同一样品会有不相等的晶粒尺寸。故要明确所得尺寸对应的晶面族。谢乐（Scherrer）给出晶粒尺寸计算公式：

$$D=\frac{k\lambda}{\beta\cos\theta} \qquad (7\text{-}6)$$

式中 D——所规定晶面族法线方向的晶粒尺寸；

θ——所规定晶面族产生衍射时，入射线与该族晶面之间的夹角；

β——因晶粒尺寸减小造成的衍射峰增宽量；

λ——单色入射 X 射线波长。

当 β 为衍射峰半高宽增量时，$k=0.9$。式中 λ 和 β 由实际所用波长和实验峰宽经校正后得到。由于影响峰宽的因素较多，且不易分离，所求得的晶粒尺寸有时不够可靠。

最后应明确：多晶 X 射线衍射在高聚物中的应用不限于本节所介绍的四个方面。另外，由于共混物和共聚物的情况较复杂，上面对各种应用的讨论只涉及到均聚物。

7.2 小角 X 射线散射法

7.2.1 基 本 原 理

根据布拉格公式进行简单计算就可以看出（表 7-1），在大角衍射的角度范围内能测定的晶格间距为零点几纳米到几纳米。可是在结晶聚合物中，常常要求测定几纳米到几十纳米的长周期，这就要求将测定角度缩小到小角范围。也就是说要在 1～2°以内测定衍射强度或记录衍射花样，在这样的角度范围内测定，在实验上是很困难的。

表 7-1 衍射角与晶格间距的关系

2θ	d/nm
30°	0.3
3°32′	2.5
1°40′	5
13′15″	40
5′20″	100

因为一般 X 射线管射出的 X 射线束宽 1～2°，所以小角散射在普通大角衍射图中，被掩没在透射束内而观察不到。若要观察小角散射，则对整个准直系统有特别的要求。首先准直

系统要长，而且光栅或狭缝要小，才能使焦点变细，但焦点太细、光强太弱，将导致记录时间过长，因而又要求X射线源要强。其次在准直系统和很长的工作距离内，空气对X射线有强烈的散射作用，因而整个系统要置于真空中。大角衍射与小角散射的工作距离的比较见图7-14。

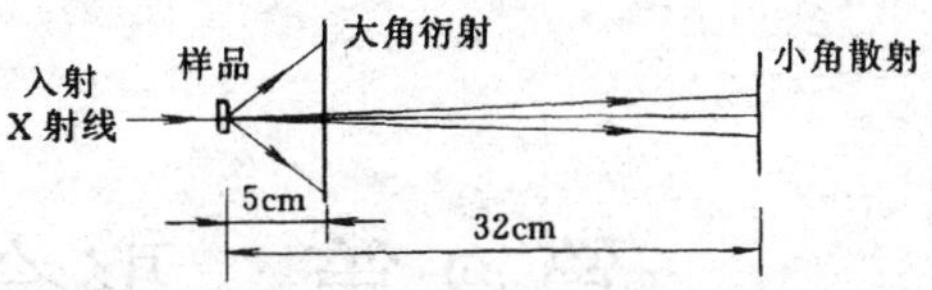

图7-14 大角衍射与小角散射的工作距离（样品到记录面的距离）的比较

小角散射装置有两种准直系统，即针孔准直系统和狭缝准直系统。

7.2.1.1 针孔准直系统

1948年纪尼叶（Guinier）首先用弯曲晶体将射线集束（图7-15），然后经过针孔光栅。针孔准直系统结合照相法能获得畸变小的完全的小角散射花样，这对研究取向样品特别有用，但主要缺点是散射强度非常弱，曝光时间长达几天。

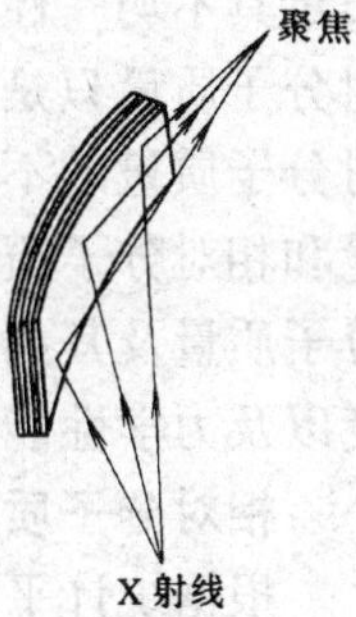

图7-15 用弯晶集束的示意图

7.2.1.2 狭缝准直系统

与针孔准直系统相比，通过狭缝的光束是线性的，增加了入射面积，从而提高了散射强度，减少了曝光时间。然而用狭缝准直系统会使理论散射强度产生畸变，造成准直误差。对这种因狭缝引起的“失真”或“模糊”的数据进行校正，通用有两种方法，一是数学校准；另一种方法是使用足够长的狭缝，再用无限长狭缝理论作分析，后一种方法较为常用。

克拉特凯（Kratky）相机是常见的小角散射相机，基本原理如图7-16所示。该相机的设计可有效防止在狭缝处产生的次级X射线源的照射，2θ分辨率可达0.05′。

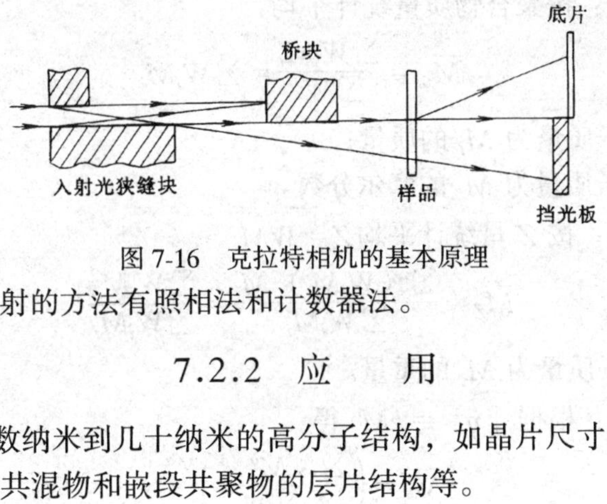

图7-16 克拉特相机的基本原理

常用来记录小角散射的方法有照相法和计数器法。

7.2.2 应 用

SAXS能用于研究数纳米到几十纳米的高分子结构，如晶片尺寸、长周期、溶液中聚合物分子间的回转半径、共混物和嵌段共聚物的层片结构等。

第2篇　聚合物相对分子质量及相对分子质量分布

聚合物的相对分子质量较一般有机化合物的相对分子质量要大的多，且聚合物相对分子质量具不均一性（多分散），即单个聚合物分子间的相对分子质量不相同。宏观的聚合物相对分子质量只是所有单个聚合物分子不同相对分子质量的一个平均值，单个聚合物分子间相对分子质量的不均一（分散）程度由相对分子质量分布来表达和描述。聚合物的相对分子质量和相对分子质量分布是聚合物材料的基本特性之一。聚合物的许多独特性质都是与其相对分子质量及其相对分子质量分布有关。如分子链的柔顺性、聚合物的熔点、玻璃化温度、粘度以及力学性能等。

相对分子质量及相对分子质量分布的定义

根据统计平均方法的不同，有多种统计平均相对分子质量。

数均相对分子质量：按聚合物分子数统计平均，

$$\overline{M_n}=\frac{\sum N_iM_i}{\sum N_i}=\sum n_iM_i \tag{Ⅰ}$$

式中　N_i——相对分子质量为 M_i 的物质的量；

n_i——相对分子质量为 M_i 的摩尔分数。

质均相对分子质量：按聚合物质量统计平均，

$$\overline{M_w}=\frac{\sum W_iM_i}{\sum W_i}=\sum W_iM_i \tag{Ⅱ}$$

式中　W_i——相对分子质量为 M_i 的质量；

w_i——相对分子质量为 M_i 的摩尔分数。

Z 均相对分子质量：按 Z 量统计平均 $Z=WM$

$$\overline{M_Z}=\frac{\sum (W_iM_i)\ M_i}{\sum W_iM_i}=\frac{\sum W_iM_i^2}{\sum W_iM_i} \tag{Ⅲ}$$

式中　W_i——相对分子质量为 M_i 的重量。

粘均相对分子质量：根据 $[\eta]=kM^\alpha$ 得

$$\overline{M_\eta}=\left(\frac{\sum N_iM_i^{\alpha+1}}{\sum N_iM_i}\right)^{1/\alpha} \tag{Ⅳ}$$

式中，α 为常数，取值在 0.5～0.8 之间，取决于温度和具体的聚合物与溶剂的组合，即聚合物链段和溶剂分子间热力学的相互作用。

四种平均相对分子质量表达方法中，数均相对分子质量和质均相对分子质量最常使用，Z 均相对分子质量与粘均相对分子质量由于物理意义不太明确，应用较少。

由于聚合物相对分子质量的多分散特性，仅用相对分子质量的平均值尚不能完全反映聚合物相对分子质量的真实情况，尚需相对分子质量分布描述聚合物相对分子质量的分散情况。

聚合物的相对分子质量分布有多种表达方法，最简便，也是常用的表达方法是质均相对分子质量与数均相对分子质量的比值：

$$D = M_W / M_n \quad (\text{V})$$

聚合物相对分子质量及相对分子质量分布的测定方法

测定聚合物相对分子质量及相对分子质量分布的方法有许多种，常用的方法有：端基滴定法、冰点降低法、蒸汽压渗透法、膜渗透压法、光散射法、粘度法和色谱法。

相对分子质量测定方法

测 试 方 法	相对分子质量范围	相对分子质量
端基滴定	3×10^4 以下	数均
冰点降低法	3×10^3 以下	数均
蒸汽压渗透法	3×10^4 以下	数均
膜渗透压法	$3\times10^4\sim1.5\times10^6$	数均
光散射法	$1\times10^4\sim1\times10^7$	质均
粘度法	$1\times10^4\sim1\times10^7$	粘均
凝胶色谱	$1\times10^2\sim1\times10^7$	各种

端基滴定法是化学方法，通过聚合物端基的与滴定试剂的化学反应完成测试；冰点降低法、蒸汽压渗透法、膜渗透压法根据聚合物稀溶液的热力学性质确定聚合物相对分子质量；光散射法的基本原理是利用光线在聚合物溶液中的散射实验来进行测定的；粘度法测定相对分子质量所依据的是聚合物和溶液小分子化合物之间的粘度差别。凝胶色谱法可得到聚合物的相对分子质量分布，由Ⅰ，Ⅱ，Ⅲ，Ⅳ式可得到各种平均相对分子质量。

由上述各种方法，根据不同的测定原理，可以得到数均、质均、粘均相对分子质量。

测试方法又有绝对法和相对法之分。如果测定的物理量与相对分子质量有直接的理论关系，通过测定这个物理量就得到了绝对分子质量，则为绝对法；如果测定的物理量与相对分子质量的关系需要进一步校正，为相对法，得到的就是相对分子质量。

聚合物的相对分子质量分布的测定，目前几乎完全采用凝胶色谱法，可直接给出多种聚合物相对分子质量分布的表达形式。

本篇介绍几种常用的测试方法以及相应的测试仪器。

第 8 章　数均相对分子质量的测定

数均相对分子质量的测定方法分两类：化学法和热力学方法。化学法基于化学反应，常用的有端基滴定法。热力学方法基于聚合物稀溶液的热力学性质，通过测定某些物理量的变化而求得聚合物的相对分子质量。常见的测试方法有：冰点降低法、蒸汽压下降法和渗透压法。

8.1　端基滴定法

8.1.1　测 试 原 理

在端基滴定法中，被测聚合物的末端必须带有能够进行定量化学反应基团。端基滴定法就是通过化学滴定的方法测定这些端基的量。每个聚合物链上的端基数目一定，测定一定重量的聚合物的端基数目，即可求出其分子数，从而求出聚合物的相对分子质量。

$$\overline{M}_n = \frac{W}{N} \tag{8-1}$$

式中　W——试样质量，g；

N——物质的量。

8.1.2　测 试 方 法

称取一定量的聚合物，溶于该聚合物的良溶剂中。然后用标准的能与该聚合物的端基进行反应的化合物溶液滴定，记录反应终点时所消耗的体积。根据下式可求得被测物的相对分子质量。

$$\overline{M}_n = \frac{1000WZ}{NV} \tag{8-2}$$

式中　W——试样质量，g；

N——标准溶液物质的量浓度；

V——标准溶液消耗体积，mL；

Z——每个分子中所含端基数。

因聚合物的端基不相同，所用标准溶液也不一样。

8.1.3　影 响 因 素

（1）适用性　端基滴定法只适用于那些结构明确的聚合物。能够确切知道聚合物链上有确定的可进行化学滴定的基团数。如果基团数不明确或含有未知的可反应基团，测试结果偏差将非常大。

（2）相对分子质量　聚合物相对分子质量不可太大，否则误差较大。因为，聚合物相对分子质量大时，一方面端基的含量会减小，试验误差加大；另一方面大分子反应较困难，使得测试数据不真实。适用的相对分子质量范围在 3×10^4 以下。

(3) 试样的纯度　试样要提纯，不可含有与滴定标准液可反应的杂质。

8.2　冰点降低法

8.2.1　测 试 原 理

冰点降低法是基于溶液与纯溶剂的冰点不同的原理。

所谓冰点，是指在一个大气压下，一种物质的固相和液相达到平衡时的温度，溶液的冰点是指溶液与固体溶剂达到平衡时的温度。溶液的冰点较纯溶剂的冰点要低，冰点的降低值有依数性，即：与溶质的分子数有关，如式 8-3 所示。

$$\Delta T_f = k_f \ (c / M_n) \tag{8-3}$$

式中　c——溶液浓度，mg/g；

M_n——溶质的数均相对分子质量；

k_f——冰点降低常数。

$$k_f = RT_f^2 / (1000 L_\theta) \tag{8-4}$$

式中　T_f——纯溶剂冰点，℃；

L_θ——每克溶剂的熔融潜热，J /(mol·K)。

式 8-3 中，溶质的分子数表达为 c / M_n，溶液的冰点降低值 ΔT_f 就正比于溶液的浓度，而与溶质的相对分子质量成反比。式中，k_f 是为冰点降低常数，与溶剂有关，见式 8-4。k_f 值因溶剂种类而异，与溶质种类无关。事先测得溶剂的冰点降低常数 k_f，已知溶液的浓度，测量出溶液的冰点降低值 Δk_f，即可由 8-3 式求得溶质相对分子质量。但是依数性只适用于理想溶液，聚合物溶液的热力学性质与理想溶液有很大差别，只有在无限稀释的情况下才符合理想溶液的规律。因此必须在各个浓度下测定冰点的降低值，然后以 $\Delta T / c$ 对 c 作图，并外推至浓度为零，从 $(\Delta T / c)_{c \to 0}$ 的值计算相对分子质量。

$$(\Delta T / c)_{c \to 0} = k_f / M_n \tag{8-5}$$

8.2.2　实验仪器及测试

冰点降低法使用的仪器是冰点降低池，它的主要部分是一个带有空气夹套的玻璃管。冰点降低池的下部浸在一个比溶剂的冰点约低 1.5K 的恒温槽中。用电磁搅拌器搅拌池中的液体。用热敏电阻测定微小的温度变化（1×10^{-4}℃）。

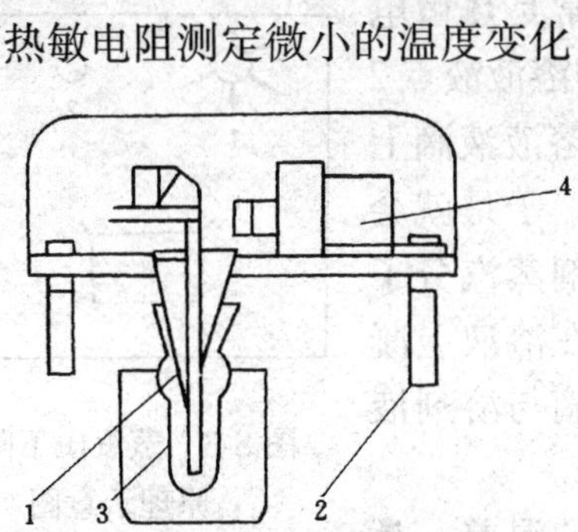

图 8-1　冰点测定仪的结构示意图

1—测量容器　2—热控管

3—搅拌马达　4—制冷器

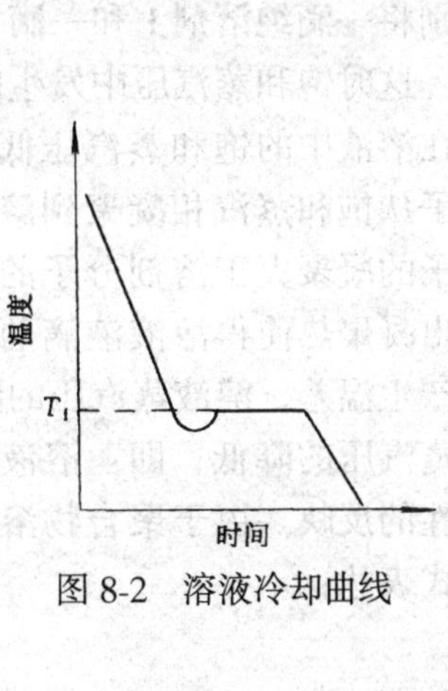

图 8-2　溶液冷却曲线

测定溶液冰点的方法通常采用过冷法。即溶液温度逐渐冷却至冰点以下，仍不使析出固体物质而温度却还在随时间下降，这就是过冷现象。在过冷情况下，当一旦凝固现象发生，结冰即迅速完成，并释放出凝固热，使温度上升，直至与通过冷冻的散失热量迅速达到平衡之后，温度不再改变，这就是溶液的冰点，见图 8-2。

分别测定溶剂和不同浓度的溶液的冰点，然后以 $\Delta T/c$ 对 c 作图，并外推至浓度为零，求得（$\Delta T/c_{c\to 0}$），根据式 8-5 得聚合物的数均相对分子质量。

8.2.3 影响因素

8.2.3.1 溶剂选择

采用冰点降低法测试聚合物相对分子质量的溶剂选择所遵循的原则如下。

（1）溶液冰冻过程中，不发生聚合物析出和与溶剂同时析出的现象；

（2）溶剂与聚合物不发生化学反应。

8.2.3.2 减轻过冷现象

溶液中析出固相的纯溶剂之后，剩余的溶液浓度增加，而在计算中使用的却是原始浓度，引入了误差，所以要避免过度的过冷现象。避免过度的过冷现象有两种方法：一是加入少量的晶种作为晶核；二是增加搅拌速度。

在实验过程中，如果过冷程度不高析出的固态溶剂的量对浓度影响不大，那就可以用过冷回升的温度作为过冷溶液的冰点。这样所得的结果对相对分子质量的计算无显著影响。如果析出的固态溶剂的量较多，影响了原来溶液的浓度，因而导致剩余溶液与固相溶剂的平衡温度下降。如果体系严重过冷，则所测得的冰点将偏低。从而影响了相对分子质量的测定结果。

搅拌器的大小必须合适，否则过冷很难控制。搅拌速度的快慢能影响散热的快慢，所以要选择适当的搅拌速度。

8.3 蒸汽压下降法（VPO）

8.3.1 测试原理

根据拉乌尔定律，溶液的蒸汽压要低于溶剂的蒸汽压。当一个与外界绝热的密闭的恒温室中充有某种溶剂的饱和蒸汽，若在两个支持体（通常是热敏电阻）上分别将一滴纯溶剂 1 和一滴含有不挥发性溶质的溶液液点 2 置于其上。这时饱和蒸汽压中发生的情况如图 8-3。在溶液液滴上由于溶剂在溶液中的饱和蒸汽压低于纯溶剂的蒸汽压。于是就会有溶剂分子从饱和蒸汽相凝聚到溶液点上，或者说溶剂蒸汽分子在溶液分子的凝聚大于溶剂分子的蒸发。当溶剂分子在溶液上凝聚时并放出凝聚热使得溶液液滴的温度升高，溶液液滴与溶剂液滴间就会产生温差，溶液蒸汽压的降低由温差表现出来。

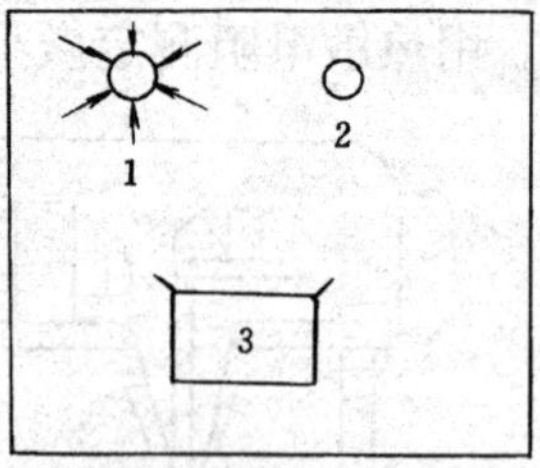

图 8-3　蒸汽压下降法原理示意图

1—溶液滴　2—溶剂滴　3—溶剂

溶液蒸汽压的降低，即：溶液液滴与溶剂液滴间的温差，是溶质依数性的反映。由于聚合物溶液为非理想溶液，其依数性由维利展开式表达：

$$\Delta T/c = A/M_n + A_2c + A_3c^2 + \cdots \tag{8-6}$$

式中　A——与溶剂、温度有关的常数；

A_2——第二维利系数；

c——溶液的浓度，mg/g；

A_3——第三维利系数；

ΔT——由热敏电阻或热电堆测定的温度差，℃。

测定不同的浓度下的温度差 ΔT，然后以 $\Delta T/c$ 对 c 作图，并外推至浓度为零，从 $(\Delta T/c)_{c\to 0}$ 的值计算相对分子质量。

$$(\Delta T/c)_{c\to 0} = A/M_n \tag{8-7}$$

8.3.2 仪器结构及测试

蒸汽压下降法的装置如图 8-4，它包括恒温室、热敏元件和电测量系统。恒温室要求一般恒温在 10^{-3}℃以内，热敏元件目前多采用热敏电阻，要求溶剂滴和溶液滴的两个热敏电阻很好地匹配。电讯号的测量使用直流电桥。即两只热敏电阻 R_1 和 R_2 组成惠斯顿电桥的两个桥臂，由于温差引起热敏电阻阻值变化从而导致电桥失去平衡，输出的信号即表示检测器的偏转格数 ΔG。由 ΔG 表示 ΔT，式 8-7 变为下式：

$$(\Delta G/c)_{c\to 0} = k/M_n \tag{8-8}$$

式中　k——仪器常数，其值与电压、溶剂、温度等有关。

如果已知 k 和溶液浓度，可以通过测定 ΔG 而求得溶质的相对分子质量。通常是测定几个不同浓度的 ΔG，然后外推 $c\to 0$，得到 $(\Delta G/c)_{c\to 0}$，用此值计算出高聚物的数均相对分子质量。

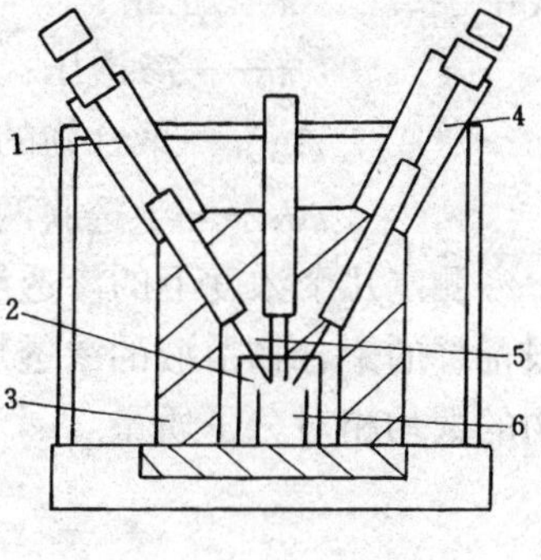

图 8-4　蒸汽压下降仪的结构示意图
1—溶液注射器　2—汽压室　3—加热块　4—溶剂注射器　5—热敏电阻　6—溶剂杯

k 值由已知相对分子质量的"基准物"进行 VPO 测定求得。

8.3.3 影响因素

（1）溶剂选择　要选择蒸汽压大、蒸发潜热小的溶剂体系。溶剂的蒸汽压越大，VPO 测定的灵敏度越高。

（2）恒定状态的 ΔG 确定　由于体系只是达到定态而不是达到完全的热力学平衡，所以使得检测器所测得值是时间的函数，经过一段时间成为一个恒定值。通常试验中用固定时间下读取各浓度下的 ΔG 值。

（3）k 值的相对分子质量依赖性　只有在 k 值没有溶质相对分子质量的依赖性的情况下，用低相对分子质量的标准样品标定仪器常数 k 来测定高聚物的相对分子质量时，才不会带来很大误差。在 k 值是否有溶质相对分子质量的依赖性的问题上，有不同的观点。

（4）操作　蒸汽压下降法中每个浓度的溶液所产生的讯号是彼此独立的。因此不能采取逐步加浓或逐步加稀的方法。应先配好 4～5 个不同浓度的溶液。为了减小零点漂移的影响，应测试一个浓度，测定一次零点。

8.4 膜渗透压法

8.4.1 实验原理

当用半透膜将高聚物溶液与溶剂隔开时，由于纯溶剂的化学势较溶液中溶剂的化学势要大，因此就会有溶剂从纯溶剂池通过半透膜而进入溶液池，从而产生溶液池与溶剂池的液面之差来达到渗透平衡，该液柱压力差称为渗透压 π。如图 8-5 所示。

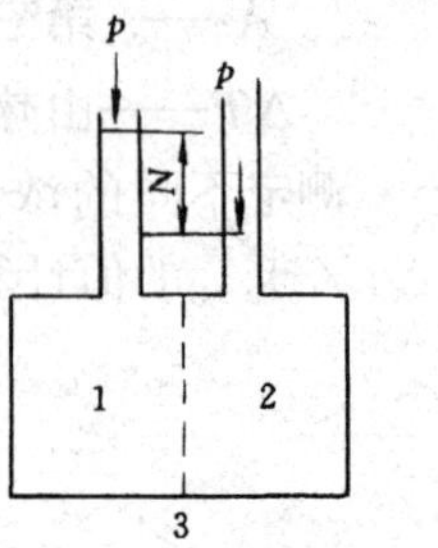

图 8-5 高聚物溶液渗透压原理图

1—溶剂池 2—溶液池 3—半透膜

聚合物溶液是非理想溶液，渗透压 π 与溶液浓度和聚合物数均相对分子质量 M_n 之间的关系如下式：

$$\pi / c = RT / M_n + RTA_2 c + RTA_3 c^2 + \cdots \quad (8\text{-}9)$$

式中 $\pi = \rho g \Delta h$；

π——渗透压；

A_2，A_3——聚合物的第二、第三维利系数；

Δh——半透膜两边的液面高度差。

测定几个浓度下的渗透压，然后用 π / c 对 c 作图，得一直线并外推至 $c \to 0$，该值为无限稀释的聚合物溶液的渗透压，可认为是理想溶液的渗透压，从而可以由式 8-10 求出聚合物的数均相对分子质量。

$$(\pi / c)_{c \to 0} = RT / M_n \quad (8\text{-}10)$$

8.4.2 实验仪器

图 8-6 是 KNAUER 型膜渗透压计结构示意图，半透膜 1 将不锈钢池分成上下两个部分，上部为溶液池，下部为溶剂池。溶液池的体积为 0.2ml，溶剂池通过一根毛细管与金属感压膜连接，当溶剂向溶剂池中渗透时，带动金属感压膜向上偏移，并带动活动电极位移至使电容器电容改变，此电容变化信号与渗透压成正比，并由电容感应检测器检知，再经放大器放大后，输入记录仪中。实验完成后，溶液从溶液排出口排出。

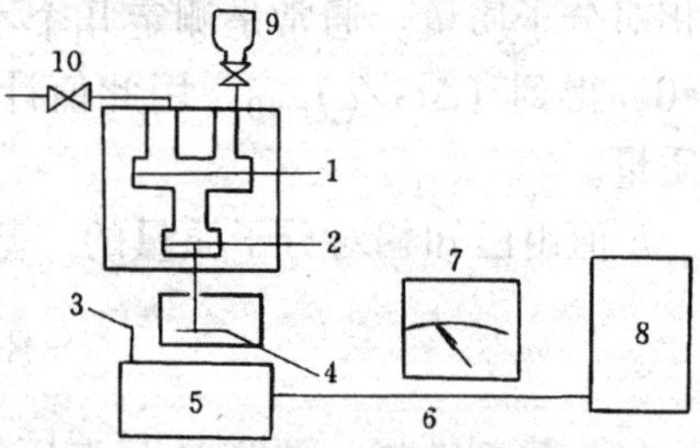

图 8-6 膜渗透压计结构示意图

1—半透膜 2—金属感压器 3—固定电极 4—可动电极 5—电容感应检测器 6—放大器 7—表头 8—记录仪 9—溶液槽 10—溶液出口

8.4.3 影响因素

用渗透压法测定相对分子质量的一个关键问题在于半透膜的选择。半透膜应该使待测高聚物分子不能通过，且与该高聚物和溶剂不发生反应，不被溶解。另外半透膜对溶剂的透过速率要足够大，以便能在一个尽量短的时间内达到渗透平衡。常用的半透膜材料有硝化纤维素（火胶棉膜）、再生纤维素（玻璃纸膜）等。半透膜的渗透性决定了用渗透压法测定相对分子质量之下限。另外，半透膜的状态也是渗透压测定的关键，半透膜应该始终处于溶剂中保存与使用，防止膜的干燥和老化。

溶剂在使用前必须经过严格的过滤并且要用加热的方法进行脱气，将溶剂中溶解的气体排除，否则会使测定池内产生起泡效应，影响测定结果。

上池阀件的密封性以及液柱造成的静压差对数据的重复性也有一定的影响。

这三种热力学方法所使用的仪器普遍的特点是体积小，易操作，容易更换溶剂体系，所以在使用中较为灵活。但是每种仪器都有一定的相对分子质量测试范围，而且测试范围也较小，这就限制了其使用范围，必须是相对分子质量值在这个范围内测试结果才有效，相对分子质量位于测试范围边缘和测试范围之外的其结果误差非常大。在使用这些仪器时首先要根据聚合物的相对分子质量大概在哪个范围内来选择相应的仪器。

第 9 章　光散射法测定质均相对分子质量

1944 年，德拜（Debye）将光散射技术用于聚合物溶液，提出 Debye Plot，求得聚合物的质均相对分子质量。1948 年，Zimm 在一张图上同时将角度和浓度外推到零，提出了著名的 Zimm 作图法。从此，光散射成为测定高分子相对分子质量的一种经典方法。六十年代以后，随着激光技术的日趋成熟和计算机技术的飞速发展，激光光散射技术以成为高分子实验室里的常规测试手段。

通过光散射法，可而得到聚合物的质均相对分子质量 M_w、均方末端距 h^2、表征高分子链段间和链段与溶剂分子间相互作用的第二维利系数 A_2。

9.1　基 本 原 理

当一束光通过一不均匀介质时，不仅可以在沿着入射光方向观察到透射光强，在入射方向以外的各个方向也能观察到光强，这种现象称为光散射现象。这种光称为散射光，散射光的产生是由于光作为一种电磁波，具有振动方向相互垂直的电场和磁场，在光电场的作用下，介质中的带电质点被极化，成为偶极子，并随之产生了同频率的受迫振动，而成为二次光波源。向各个方向发射的电磁波，即散射光波。根据溶液光散射理论，散射光的强度可表示为式 9-1。

$$I\ (r,\theta)\ =\ (4\pi^2/\lambda_0^4 N_0 r^2)\ n^2\left(\frac{\mathrm{d}n}{\mathrm{d}c}\right)^2 \frac{c}{\frac{1}{M}+2A_2c} I_0 \tag{9-1}$$

式中　θ——观察角；

M——溶质相对分子质量；

A_2——二阶维利系数；

n——溶剂折射率；

$\mathrm{d}n/\mathrm{d}c$——溶液折射率与浓度变化比值；

N_0——阿伏加德罗常数；

λ_0——入射光波长；

r——观察点与散射点之间的距离；

I_0——入射光的强度；

I——散射光的强度。

将式 9-1 整理得：

$$\frac{I\ (r,\theta)}{I_0} r^2 = \frac{4\pi^2}{N_0\lambda_0^4} n^2 \left(\frac{\mathrm{d}_n}{\mathrm{d}_c}\right)^2 \frac{c}{\frac{1}{M}+2A_2c} \tag{9-2}$$

定义 $R_\theta = \frac{I\ (r,\theta)}{I_0} r^2$，称为 Relay 因子；

式中的常数 $4\pi^2\ (\mathrm{d}_n/\mathrm{d}_c)^2 n^2\ /(N_0\lambda_0^4)$ 计作 k。

整理得式 9-3：

$$kc/R_\theta = 1/M + 2A_2c + \cdots \tag{9-3}$$

聚合物溶液中的光散射,因分子链尺寸与入射光的波长在同一个数量级,每个大分子的各个部分都可以作为散射中心,同一个分子上的不同部分的散射光会产生干涉,使散射光强度减小。干涉程度与光程差有关,而光程差又与观察角 θ 有关,因此散射光强度与观察角有关。在角处散射光强度因干涉而减弱的程度由散射因子(或散射函数)P_θ 表示。θ 为零时,P_θ 为 1。

$$P_\theta = \frac{\text{大分子的散射强度}}{\text{无干涉时的散射强度}} \tag{9-4}$$

在聚合物溶液中，式 9-3 矫正为：

$$kc/R_\theta = 1/(MP_\theta) + 2A_2c + \cdots \tag{9-5}$$

P_θ 的值与大分子的形状、大小及光波的波长有关。对与分子大小为均方末端距 $\overline{h}^2$，分子形状为无规线团，光波为 λ 的聚合物稀溶液，$1/P^\theta$ 值为：

$$\frac{1}{P_\theta} = 1 + \frac{1}{3}\ \frac{8\pi^2}{3} \cdot \frac{\overline{h}^2}{\lambda^2} \sin^2\frac{\theta}{2} + \cdots \tag{9-6}$$

带入式 9-5，得：

$$kc/R_\theta = 1/M\left(1 + \frac{1}{3}\ \frac{8\pi^2}{3} \cdot \frac{\overline{h}^2}{\lambda^2} \sin^2\frac{\theta}{2}\right) + 2A_2c + \cdots \tag{9-7}$$

式 9-7 为光散射计算的基本公式。有两种极限情况，即：$\theta \to 0$，$c \to 0$ 时，

$$\left(\frac{kc}{R_\theta}\right)_{\theta \to 0} = \frac{1}{M} + 2A_2c \tag{9-8}$$

$$\left(\frac{kc}{R_\theta}\right)_{c \to 0} = \frac{1}{M}\left(1 + \frac{1}{3}\ \frac{8\pi^2}{3} \cdot \frac{\overline{h}^2}{\lambda^2} \sin^2\frac{\theta}{2}\right) \tag{9-9}$$

在聚合物溶液中，大分子的相对分子质量不相同，光散射强度是各个分子的散射的和。在无限稀释时：

$$\sum\ (R_\theta)_{\substack{c \to 0 \\ \theta \to 0}} = k\sum c_iM_i = kc\ \frac{\sum c_iM_i}{\sum c_i} \tag{9-10}$$

即：

$$\left(\frac{kc}{R_\theta}\right)_{\substack{c \to 0 \\ \theta \to 0}} = \frac{1}{M_w}$$

光散射测得的聚合物相对分子质量是质均相对分子质量。

测试中只需测定几个不同溶液浓度，不同散射角处的散射强度，以 kc/R_θ 对 $\sin^2\theta/2 + kc$ 作图，外推 $\theta \to 0$，$c \to 0$，根据式 9-8，其截距为 $1/M_w$，可求得聚合物的质均相对分子质量，见图 9-1。

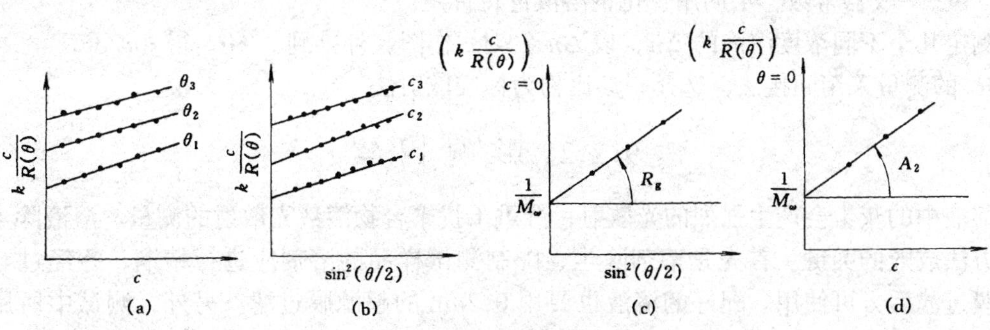

图 9-1　光散射数据处理

在低角度的时候（2～7°），可以省去角度外推，只进行浓度外推。这就是小角激光光散射（LALLS Low-Angle Laser Light Scattering）的原理。

9.2 仪器结构及影响因素

在这里介绍激光散射仪。激光散射仪光源强，单色性好，准确性高；数据的准确性较好，测定方便，所需时间短。

9.2.1 仪器结构及测试方法

9.2.1.1 小角激光光散射仪的基本结构

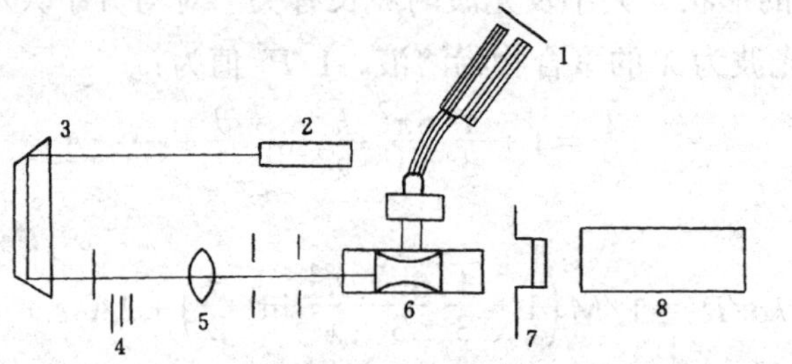

图 9-2 小角激光光散射基本结构示意图

1—注射器 2—激光器 3—倒向镜 4—衰减器

5—透镜 6—试样池 7—固定衰减器 8—光电倍增管

9.2.1.2 浓度示差折光指数仪的结构

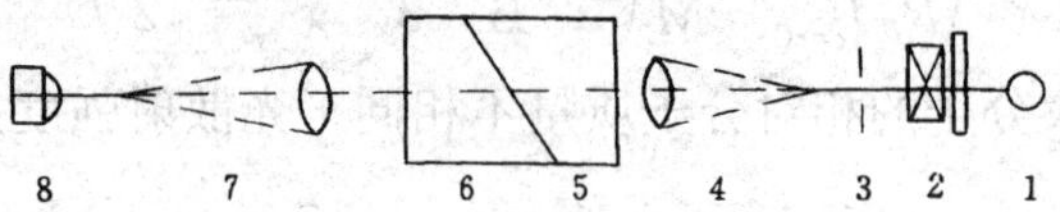

图 9-3 示差折光指数仪结构示意图

1—光源 2—透镜 3—光栅 4—准直镜 5—溶液

6—溶剂 7—成相镜 8—读数显微镜

9.2.1.3 测试方法

光散射法主要测定瑞利比 R_θ 和折射率与浓度变化比值 $\mathrm{d}n/\mathrm{d}c$。由 $\mathrm{d}_n/\mathrm{d}_c$ 求出 k 值。$\mathrm{d}n/\mathrm{d}c$ 可在手册中查出或在折光指数浓度增量仪上测出。折光指数浓度增量仪利用光线在两液体界面的折射原理而制成的。测出入射光和折射光的位移 ΔX，则

$$\Delta n = \Delta X \cdot k \tag{9-11}$$

式中 k——仪器常数，定期用氯化钠溶液进行标定。

测定几个不同浓度溶液的 Δn，以 $\Delta n/c$ 对 c 作图，外推到 $c \to 0$，得 $\mathrm{d}n/\mathrm{d}c$。

R_θ 的测量采用间接法，选择一参比物为标准散射法

9.2.2 影 响 因 素

溶液中的灰尘会产生强烈的光散射，严重干扰聚合物溶液光散射的测量。溶液除尘是光散射方法成败的关键。首先是溶剂除尘，配制测试样品的溶剂应进行精馏，并经过 0.2μm 超滤膜过滤后方可使用。配好的溶液也要用 0.2μm 的超滤膜过滤。另外，测试中所用的器械，如：注射器等，使用前要用洗液浸泡，清水强力冲洗。

9.3 光散射法的应用

9.3.1 测定绝对质均相对分子质量和第二维利系数

目前可以测定聚合物绝对质均相对分子质量的方法就是光散射法。

使用小角激光光散射仪，测定纯溶剂和 4～5 个浓度精确的聚合物溶液的 R_θ。根据公式 9-8：

以 kc/R_θ 对 c 作图，截距为 $1/M_w$，斜率为 $2A_2$。

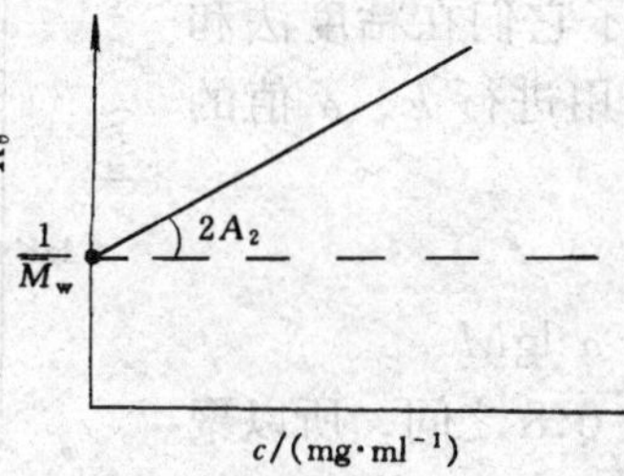

图 9-4 光散射法测定聚合物的 $\overline{M}_w$ 和 A_2

9.3.2 测定聚合物的均方末端距

根据式 9-9，当 $c \to 0$ 时，kc/R_θ，对 $\sin^2 \frac{\theta}{2}$ 作图，外推线的斜率为 $\frac{8\pi^2}{9\lambda^2}\overline{h}^2$，由该斜率得到聚合物的均方末端距。

9.3.3 与 GPC 联机使用

把 GPC 仪与光散射仪连用，由光散射仪连续测定聚合物样品中各个级分的相对分子质量，由 GPC 仪中的浓度示差检测器检测各个级分的浓度，就可以得到聚合物的各种平均相对分子质量。可以省去 GPC 法中必须由标准样品作校正曲线来进行对比才能得到相对分子质量数值的方法。这样既简便又可获得准确的数据。但在联机中还存在一些实际问题，必须首先得到解决，如机器的相互干扰屏蔽作用会影响一些数均的准确性。另外光散射仪的安装和调试是一个非常精细的过程。入射光和不同角度的散射光必须严格地处在同一个平面。同时入射光要垂直地入射散射池并且通过样品池和检测器的旋转中心。另一个重要步骤就是：激光光散射实验中必须对样品严格除尘。制备严格尽可能无尘的样品是得到好的光散射结果的别无选择的先决条件。

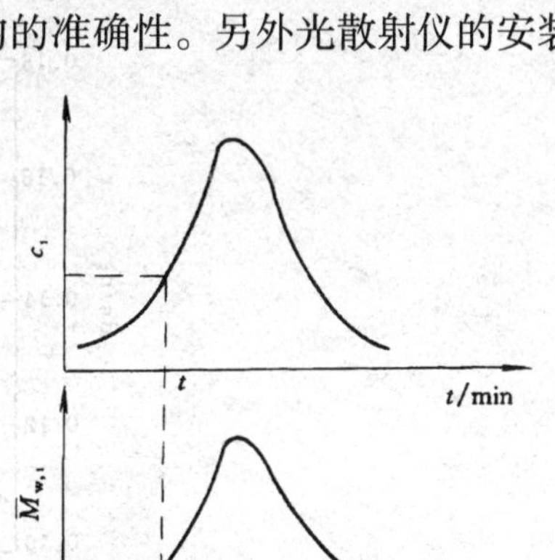

图 9-5 LASSA-GPC 联机测定聚合物的相对分子质量

由 LALLS 静态测试 $\overline{M}_w$ 的公式：

$$\frac{kc}{R_\theta} = \frac{1}{\overline{M}_w} + 2A_2c$$

可转化为动态测定时从色谱柱中流出的每一个级分的关系：

$$\frac{kc_i}{R_{\theta,i}} = \frac{1}{\overline{M}_{w,i}} + 2A_{2,i}c_i$$

由连接的 GPC 测试到各个级分的浓度比例，按照计算公式计算各种平均相对分子质量和相对分子质量分布。

9.3.4 粘度方程中 k、α 的测定

用粘度法测定相对分子质量是一种比较简单的方法，但必须知道试样的 k、α 值。有一些常使用的材料已经有人标定过它们的 k、α 值，可以直接查手册得到，但随着科学技术的发展，出现了越来越多的新型的高性能及功能性材料，各种各样的共聚和共混材料，这些新材料的 k、α 值手册中还查不到，这就限制了它们在粘度法和 GPC 方法中的使用，这时就需要用进行 k、α 值的标定

$$[\eta] = kM^{\alpha}$$

两边取对数　$\lg[\eta] = \lg k + \alpha \lg M$

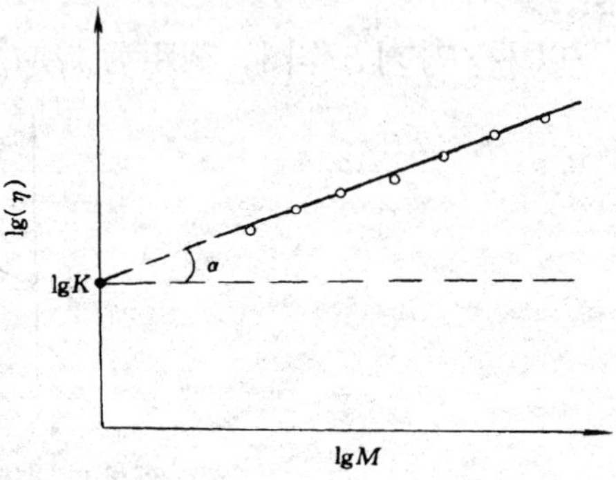

图 9-6　光散射法标定聚合物的 k、α 值

聚合物的 α 值一般都在 0.5～0.8 之间，所以聚合物的质均相对分子质量与粘均相对分子质量比较接近。配置一系列（7 个以上）单分散性的样品，用光散射法依次测定其质均相对分子质量，近似认为是粘均相对分子质量，用粘度法测定其粘度，以 $\lg[\eta]$-$\lg M$ 作图，可以得到一条直线，外推直线得截距 $\lg k$ 和斜率 α，见图 9-6。

9.3.5 测定聚合物的组成

在研究不同组成比的嵌段共聚物和它们的折光指数增量 dn/dc 时发现，dn/dc 相对于不同的组成分数 X 具有很好的加和性。

$$(dn/dc)_0 = X_A\,(dn/dc)_A + (1-X_A)\,(dn/dc)_B$$

例如对于聚苯乙烯和聚异戊二烯的嵌段共聚物，分别测定具有相同组成比的聚苯乙烯和聚异戊二烯的共混物和共聚物的折光指数增量值 dn/dc，发现线性很好。

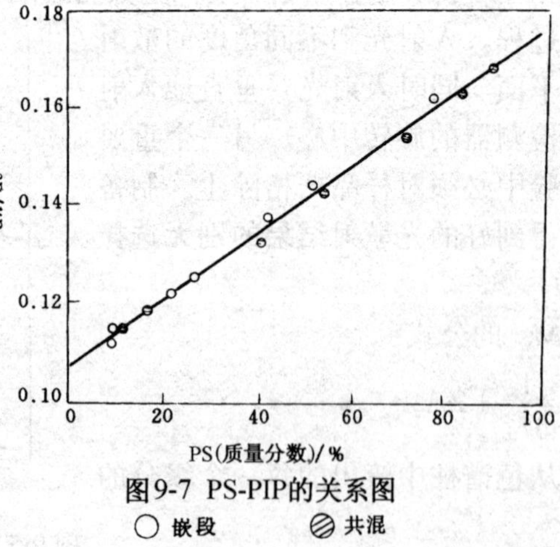

图9-7 PS-PIP的关系图

○ 嵌段　　⊘ 共混

第 10 章 粘度法测定聚合物相对分子质量

聚合物溶液的粘度与聚合物相对分子质量之间有一定的关系，利用这种关系可间接地求出聚合物的相对分子质量。用粘度法得到的是聚合物的粘均相对分子质量。

10.1 基 本 原 理

聚合物分子溶入溶剂中，增大了溶剂的粘度。由于聚合物分子的庞大体积，这种粘度增大的效应比小分子大得多。

粘度法测定聚合物相对分子质量基于 Mark-Houwink 经验公式：

$$[\eta] = kM^{\alpha} \tag{10-1}$$

k、α 称为 Mark-Houwink 常数。常数 α 代表了聚合物/溶剂体系的影响，所以 k、α 值只能在一定的温度、一定的聚合物/溶剂时，一定相对分子质量范围内是常数。$[\eta]$ 称为特性粘度，定义为：

$$[\eta] = (\eta_{sp}/c)_{c\to 0} \tag{10-2}$$

η_{sp}是增比粘度，定义为溶液粘度较溶剂粘度增加的倍数，见式 10-3。η_{sp}虽然无因次，但是聚合物溶液浓度增大，η_{sp}增大。

$$\eta_{sp} = (\eta - \eta_0)/\eta_0 = \eta_r - 1 \tag{10-3}$$

式 10-3 中，η_0 纯溶剂的粘度，η 聚合物溶液的粘度，η_r 称为相对粘度，其值为 η/η_0。

在特性粘度的测定中，对若干个不同浓度溶液进行测定后，以 η_{sp}/c 对 c 和以 $\ln\eta_r/c$ 对 c 作图，得两条直线，将他们进行外推到 $c\to 0$，截距为 $[\eta]$，见图 10-1，式 10-4，10-5。

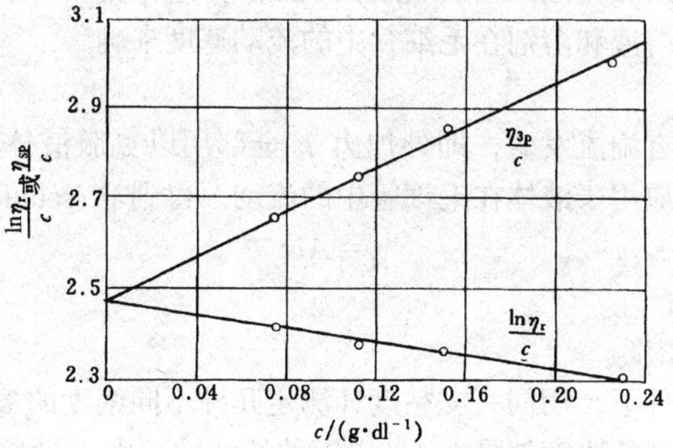

图 10-1 测定特性粘度的数据处理

$$\eta_{sp}/c = [\eta] + k' [\eta]^2 c \tag{10-4}$$

$$\ln\eta_r/c = [\eta] - k'' [\eta]^2 c \tag{10-5}$$

线型柔性聚合物在良溶剂中，式 10-4，10-5 中的 k'，k''满足$k' + k'' = 0.5$ 的条件，由此可以得到一个一点法公式：

$$[\eta] = \frac{\sqrt{2(\eta_{sp} - \ln \eta_r)}}{c} \tag{10-6}$$

在不要求精度的情况下，利用此公式，不需要外推，便可以得到特性粘度。

在手册中查阅各种聚合物对应的 k、α 值，或者用光散射的方法测定聚合物的 k、α 值，带入式 10-1，即可得到聚合物的相对分子质量。

10.2 粘度计的基本结构及影响因素

10.2.1 粘度计的基本结构及测量

常用的粘度计有两种。

(1) 奥氏粘度计

奥氏粘度计由两根管组成，在此粘度计中驱动压力正比于U型管中两个水平高度之差值 (h)，要取得重复性好的结果，必须在每次测量中取相同体积的液体。

(2) 乌氏粘度计

乌氏粘度计由三根管组成。具有一根内径为 R、长度为 L 的毛细管，毛细管上端有一根体积为 V 的小球，小球的上部和下部各有刻线 a 和 b。待测的液体从 A 管加入，经 B 管将液体吸至 a 线以上，使 B 管通大气，任其自然流下，记录液面流经 a 线和 b 线的时间 t。这样外加的力就是高度为 h 的液体自身的重力 P。

一般使用的粘度计都装有玻璃恒温水夹套。

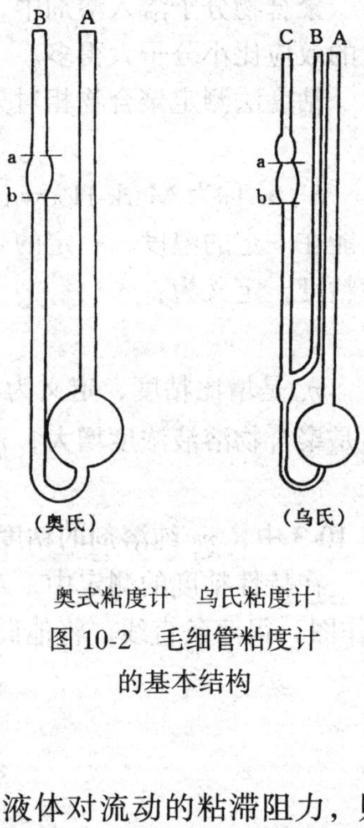

奥式粘度计　乌氏粘度计

图 10-2　毛细管粘度计的基本结构

液体的绝对粘度测定困难而繁琐。但就使用粘度法测定聚合物的相对分子质量而言，并不需要测定溶液的绝对粘度，只需测定溶液和溶剂的相对粘度 η_r 即可。使用乌氏粘度计和奥氏粘度计就是通过测定溶液和溶剂在毛细管中的流动速度来确定溶液的相对粘度。

假定液体流动时没有湍流发生，即外加力 p 全部用以克服液体对流动的粘滞阻力，则可将牛顿粘性流动定律应用于液体在毛细管中的流动。得到 Poiseuille 定律。

$$\eta = A\rho t \tag{10-7}$$

式中　A——仪器常数；

ρ——聚合物的密度。

实验时，在恒定条件下，用同一支粘度计测定几种不同浓度的溶液和纯溶剂流出的流出时间 t 和 t_0，使用的溶液的浓度都是在 1% 以下的稀溶液，由于极稀溶液中溶液和溶剂的密度近似相等，$\rho = \rho_0$，所以

$$\eta_r = A\rho t / A\rho_0 t_0 = t / t_0 \tag{10-8}$$

即根据在同一段毛细管中纯溶剂的流出时间 t_0 和溶液的流出时间 t 就可以求出溶液的相对粘度 η_r。测定几个不同浓度的 η_{sp}，以 η_{sp}/c 对 c 和以 $\ln\eta_r/c$ 对 c 作图，将他们进行外推到 $c \to 0$，得 $[\eta]$。根据式 10-1，即而求出粘均相对分子质量。

10.2.2 影响因素

（1）毛细管粘度计的选择　为了避免液体在毛细管内流动由于湍流造成的误差，一般选用的粘度计溶剂的流经时间大于100s。

（2）溶液浓度　溶液浓度增加，分子间作用力加强。当浓度超过一定限度时，公式的线形关系遭到破坏。大量试验证明，溶液的浓度在 η_r 为1.2～2.0时较为合适。

（3）测试温度恒定　溶液的粘度受温度影响较大，测试温度的波动直接影响到粘度测试的准确度。测定时，一般将温度控制在±0.02℃内。

10.3 粘度法的应用

聚合物的分子形状对聚合物溶液的粘度有很大的影响，所以粘度法除可以测定聚合物的粘均相对分子质量外，还可以表征聚合物的分子形态。

10.3.1 测定聚合物的支化度

线型聚合物和支化聚合物在溶液中的流体力学体积不同，对溶液粘度的贡献的大小也不同，即溶液的特性粘度不同。相同平均相对分子质量下，支化聚合物的流体力学体积较小，其溶液的特性粘数也较小。随着大分子链的支化程度的增加，溶液的特性粘度值降低，降低值越大，聚合物的支化程度越大。因此，求出支化聚合物和其线型聚合物的特性粘数，由下式即可得聚合物的支化度。

$$G=[\eta]_{支化}/[\eta]_{线型} \tag{10-9}$$

10.3.2 研究聚合物的分子链尺寸

在 θ 体系中，聚合物溶液的特性粘数 $[\eta]_\theta$、相对分子质量和分子无绕尺寸（末端距 h_0，旋转半径 R_0）存在如下关系：

$$R_0=0.62\ (M\ [\eta]_\theta)^{1/3} \tag{10-10}$$

在非 θ 体系中，聚合物链的有绕尺寸和无绕尺寸存在如下转换关系：

$$R=R_0\ ([\eta]/[\eta]_\theta)^{0.45} \tag{10-11}$$

因此，只要知道聚合物的相对分子质量，测定体系和一般体系中的特性粘数，由式可求得聚合物链的有绕和无绕尺寸。

第 11 章　凝胶渗透色谱（GPC）

凝胶渗透色谱（GPC）是 20 世纪 60 年代发展起来的一种新型液相色谱，可直接测定出聚合物的相对分子质量分布，并计算出聚合物的各种平均相对分子质量。凝胶渗透色谱法应用范围非常广泛，可用于合成高分子和天然高分子、高分子和低分子、均聚物和共聚物，不仅可给出聚合物的相对分子质量和相对分子质量分布，还可给出聚合物组成、形态、构型等多方面的信息，现已成为聚合物研究的重要工具和手段。三十多年来，凝胶渗透色谱仪已经发展成为体积小、效率高、速度快、全自动和连续化的测定仪器。

11.1　基本原理

凝胶渗透色谱与大多数的液相色谱有所不同。聚合物在分离柱上按分子流体力学体积大小被分离开，不同淋洗时间下（相当于保留时间）所流出的聚合物分子的相对分子质量不同。配以浓度检测器，即可测定出不同淋洗时间下聚合物的浓度的变化，也就是试样中不同相对分子质量聚合物的含量，即：聚合物的相对分子质量分布。将不同相对分子质量聚合物的含量以式Ⅰ，Ⅱ，Ⅲ，Ⅴ计算，即可得到试样各种不同的平均相对分子质量。

11.1.1　分离原理

凝胶渗透色谱对分子链分级的原理就是体积排除理论。让被测量的高聚物溶液通过一根内装不同孔径凝胶的色谱柱，柱中可供分子通行的路径有粒子间的间隙（较大）和粒子内的通孔（较小）。当聚合物溶液流经色谱柱时，较大的分子被排除在粒子的小孔之外，只能从粒子间的间隙通过，速率较快；而较小的分子可以进入粒子中的小孔，通过的速率要慢的多。经过一定长度的色谱柱后，分子根据相对分子质量被分开，相对分子质量大的在前面（即淋洗时间短），相对分子质量小的在后面（即淋洗时间长）。如图 11-1 所示，由检测器记录这个过程，得到 GPC 谱图。

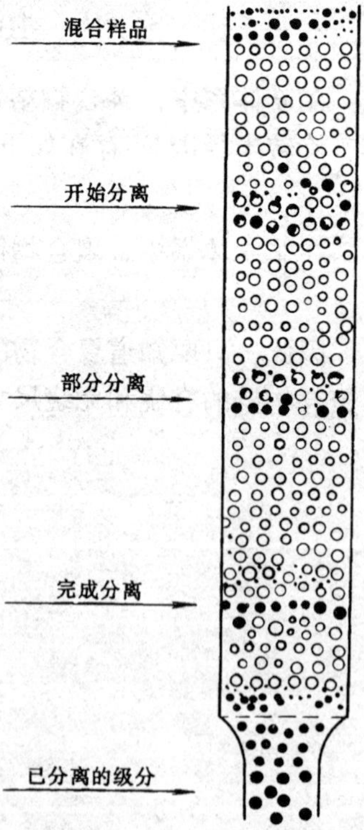

图 11-1　GPC 分离过程

11.1.2　校正原理

GPC 方法同其他类型的色谱校正方法类似。GPC 方法中，淋洗体积或淋洗时间代表分子的尺寸的大小，要确定淋洗体积或淋洗时间将与相对分子质量的对应关系，就需要用已知相对分子质量的单分散标准聚合物预先做一条淋洗体积或淋洗时间和相对分子质量对应关系曲线，该线称为校正曲线，如图 11-2。聚合物中几乎找不到单分散的标准样，一般用窄分布的试样代替。例如：用 GPC 测定聚苯乙烯时，用阴

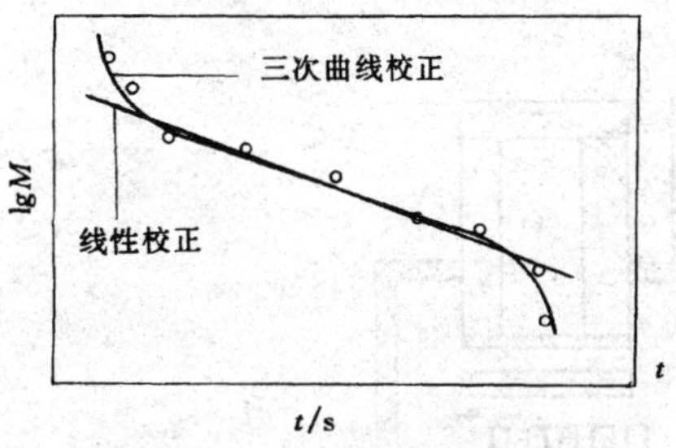

图 11-2　校正曲线

离子聚合得到的聚苯乙烯（PS），其分散度小于 1. 05 为标准样，在相同的测试条件下，作一系列的 GPC 标准谱图，对应不同相对分子质量样品的保留时间。以 lg$M$ 对 t 作图，所得曲线即为“校正曲线”。校正曲线可精确表示为：

$$\lg M = b_0 + b_1 t + b_2 t^2 + b_3 t^3 \tag{11-1}$$

用最小二乘法的方法拟合出校正曲线，确定出 b_0、b_1、b_2 及 b_3 的值。

通过校正曲线，就能从 GPC 谱图上计算各种所需相对分子质量与相对分子质量分布的信息。

但是，聚合物中能够制得标准样的聚合物种类并不多，没有标准样的聚合物就不可能有校正曲线，使用 GPC 方法也不可能得到聚合物的相对分子质量和相对分子质量分布。所幸的是在 GPC 方法中可以使用普适校正。

11.1.3　普适校正原理

由于 GPC 对聚合物分子的分离是基于分子流体力学体积，即对于相同的分子流体力学体积，在同一个保留时间同时流出，即流体力学体积相同。

两种柔性链的流体力学体积相同：

$$[\eta]_1 M_1 = [\eta]_2 M_2 \tag{11-2}$$

$$k_1 M_1^{\alpha_1 + 1} = k_2 M_2^{\alpha_2 + 1} \tag{11-3}$$

两边取对数：$\lg k_1 + (\alpha_1 + 1)\lg M_1 = \lg k_2 + (\alpha_2 + 1)\lg M_2$　(11-4)

即如果已知标准物和被测高聚物的 k、α 值，就可以由已知相对分子质量的标准样品 M_1 标定待测样品的相对分子质量 M_2。

11.2　凝胶渗透色谱仪

11.2.1　凝胶渗透色谱仪的结构

GPC 仪大体结构基本相同，一般由泵系统、进样系统、凝胶色谱柱、检测系统和数据采集与处理系统组成。只是因为不同试样对工作压力、温度等条件的要求有所不同，而附加一些装置。如加热系统等。该仪器现已达到较高的自动化程度，从进样、过滤、样品分离、检测一直到数据处理均已达到机器控制完成，无需人工操作。而且也出现了多种检测器，如激光光散射、粘度、紫外检测器等。

凝胶渗透色谱仪一般由五个主要的系统组成。

11.2.1.1　泵系统

包括一个溶剂贮存器、一套脱气装置和一个高压泵。它的工作是使流动相（溶剂）以恒定的流速流入色谱柱。泵的工作状况好坏直接影响着最终数据的准确性。越是精密的仪器，要求泵的工作状态越稳定。要求流量的误差应该低于 0.01ml/min。

11.2.1.2　自动进样系统

由机械装置控制的一组注射器，从配置好的溶液中取固定量的样品，注入色谱柱中。自动进样系统的优点就是每次取样量精确。

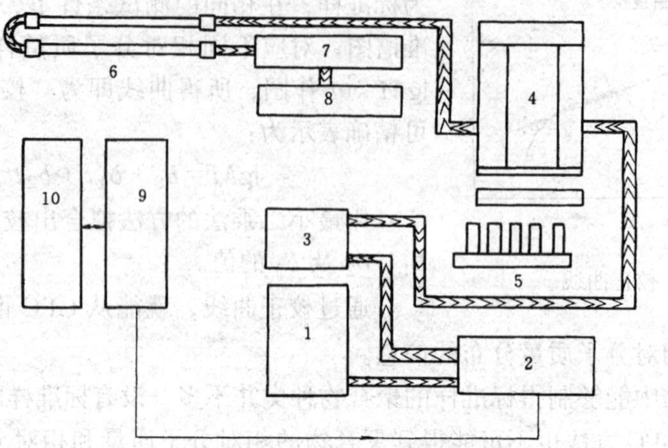

图 11-3　凝胶渗透色谱仪示意图

1—溶剂　2—预泵　3—泵　4—注射器　5—样品盘　6—分离柱

7—示差检测器　8—废液　9—微处理器　10—电子控制

11.2.1.3　加热恒温系统

因为在不同的测试温度下所得到的相对分子质量数据是不同的，所以 GPC 仪都应该有较好的控温系统。对于有些特殊的试样，如许多高分子材料，溶解过程是先溶胀后溶解，溶解速度慢，如果材料本身有一定的结晶度，在常温下晶格结构不易破坏，很难溶解；温度升高到一定温度，晶格结构被破坏，才能溶解在相应的溶剂中。所以有些 GPC 仪中有加热系统，用于测试高温下溶解的材料。

11.2.1.4　分离系统

即色谱柱。这是 GPC 仪的核心部分。色谱柱就是在一根不锈钢空心细管中加入孔径不同的微粒作为填料，色谱柱的装填是一项技术性较强的工作，一般由有经验的人员来完成。装填时要逐步加入填料，并压实，再加，不能有死体积，色谱柱的装填效果直接影响到色谱柱的分离效果。目前国内最新的技术是直接在柱中聚合，得到交联凝胶，作出色谱柱。

色谱柱有几种类型，主要是根据所使用的溶剂选择填料。对填料最基本的要求是填料不能被溶剂溶解。

（1）PS 凝胶：苯乙烯和二乙烯交联共聚得到，适用于有机溶剂，可耐高温。

（2）无机硅胶：将中和了的硅酸钠和硫酸反应液喷雾，在油相成球，或用悬浮聚合的方法使硅酸乙酯水解聚合。获得细颗粒硅球，再经掺盐高温熔烧扩孔和表面处理。适用于水和有机溶剂。

（3）交联聚乙酸乙烯酯凝胶（乙酸乙烯酯和二元羧酸二乙烯酯共聚）：软、最高 100℃，适用于乙醇、丙酮一类极性溶剂。

（4）多孔玻璃、多孔氧化铝：适用于水和有机溶剂。

11.2.1.5　检测系统

用于 GPC 的检测器很多，通常分为两类：

（1）通用型检测器

适用于所有高聚物和有机化合物的检测。有示差折光检测器、粘度检测器和光散射检测器等。另外还可根据需要连用其他检测器。示差检测器应用最广。

各种不同相对分子质量在聚合物中所占的百分比是多少呢？即各级分的浓度检测，这个过程由示差折光检测仪（Differential Refractometer）检测并记录。示差折光检测仪是一种浓度检测仪，它是通过浓度不同折光指数不同的原理，通过连续测定样品流路和参比流路间的液体的折光指数（RI Refractometer Indicator）的差值来检测从色谱柱流出的液体中样品的浓度。

不同的物质具有不同的折光指数 n，高聚物的折光指数为

$$n_{溶液}=c_1n_1+c_2n_2 \tag{11-5}$$

式中　c_1、c_2——分别为溶剂和溶质的物质的量浓度；

n_1、n_1——分别为溶剂和溶质的折光指数。

$$c_1+c_1=1 \tag{11-6}$$

$$\Delta n=n_{溶液}-n_1=c_2\ (n_2-n_1) \tag{11-7}$$

即 Δn 与 c_2 成正比，由 Δn 可以检测溶质的浓度。

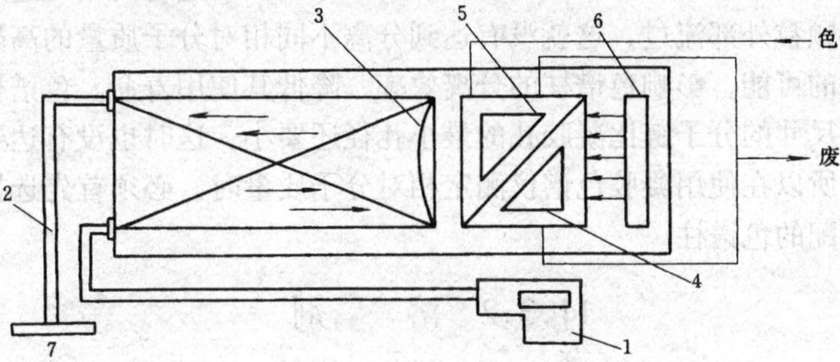

图 11-4　浓度示差检测器

1—检测器光源　2—光导纤维　3—准直透镜

4—参比池　5—样品池　6—反光镜　7—光电探测器

由卤化石英灯发出的光源，通过光导纤维导向光学镜头，即导入 10μL 的流动池，该池由二个隔开的小池组成，一侧为静止的参比池（内充满流动相），另一侧为检测池（内流经从色谱柱中流出的淋洗液）。光束通过流动池并被流动池后面的反射镜反射，反射光再通过流动池并聚焦在光电探测器（光电管）上，这样就形成了输出电压值，被计算机和记录仪接收。当处于参比池和检测池中的二种流体的折光指数存在一定差异时，透过池的光束就被反射到不同的位置，这就会引起光电探测器输出电压的变化，这种变化反应了从色谱柱中所分离的样品的浓度变化，即而得到随淋洗时间延长样品中不同级分的含量变化。从而得到被测样品的相对分子质量和相对分子质量分布等信息。

（2）选择型检测器

适用于对该检测器有特殊响应的高聚物和有机化合物。有紫外、红外、荧光、电导检测器等。

选用不同的检测器，可以得到聚合物的不同信息，采用多检测器连用可同时得到多种信息。

11.2.2　测试数据处理

从上面的校正原理中可以得到每一个级分的相对分子质量 M_i，从检测原理中可以得到每个级分的浓度 n_i，根据数均相对分子质量、质均相对分子质量以及 Z 均相对分子质量的

计算公式就可以得到各种相对分子质量的数值。

凝胶渗透色谱图是检测器的响应对保留体积（V_R）作的图，但通常是测量超过基线的高度（H_i）和时间计数来分别代替检测器的响应和保留时间（V_R）。可以将 GPC 色谱图归一化后，所得到的数值代表在某淋洗体积洗脱出来的聚合物分子的重量分数。由该数据以及淋洗体积对应的相对分子质量即可求得聚合物的各种平均相对分子质量。这些工作都是由仪器上的计算机自动完成。

11.3 影响因素

11.3.1 色谱柱

被测样品的分离效果主要取决于色谱柱的匹配及其分离效果，每根色谱柱都有一定的相对分子质量分离范围和渗透极限，色谱柱有使用的上限和下限。色谱柱的使用上限是当聚合物最小的分子的尺寸比色谱柱中最大的凝胶颗粒的尺寸还大，这时高聚物进入不了凝胶颗粒孔径，全部从凝胶颗粒外部流过，这就没有达到分离不同相对分子质量的高聚物的目的。而且还有堵塞凝胶孔的可能，影响色谱柱的分离效率，降低其使用寿命。色谱柱的使用下限就是当聚合物中最大尺寸的分子链比凝胶孔的最小孔径还要小，这时也没有达到分离不同相对分子质量的目的。所以在使用凝胶色谱仪测定相对分子质量时，必须首先选择好与聚合物相对分子质量范围相配的色谱柱。

11.3.2 溶剂

溶剂的选择由三个条件决定：聚合物类型、色谱柱类型、试样浓度检测器类型。

11.3.2.1 聚合物类型

聚合物试样必须完全溶解于所选择的溶剂中。部分溶解不能得到真实的分布曲线，因为试样存在预分级。在注入色谱柱之前，必须将溶液在压力下通过微孔过滤器进行过滤。

11.3.2.2 色谱柱类型

上面色谱柱中已经讲到，哪种填料适合有机溶剂，哪种填料适合无机溶剂。在选择溶剂时应该考虑到。

11.3.2.3 试样浓度检测器的类型

如果使用示差折光检测器，只有在溶剂的折光指数与被测样品的折光指数有显著差值时，才能保证检测的灵敏度。

使用紫外分光计检测器时要求使用光谱级溶剂。这是因为紫外光度计对商品聚合物中的痕量添加剂是十分敏感的。

使用红外分光光度计检测器时要求使用氯化溶剂。

11.4 GPC仪的应用

11.4.1 聚合物中助剂的测定

一般实际中使用的高分子材料都不是单纯的聚合物，而是添加了各种助剂的材料。助剂的性能和用量在很大程度上决定了高聚物材料的价值和寿命。助剂的种类很多，有增塑剂、稳定剂、抗氧化剂、橡胶的硫化促进剂以及各种填充物等。这些助剂都是小分子化合物，在

GPC 谱图上的小相对分子质量段出峰，常与聚合物的峰分开。如使用示差折光、紫外检测器，可求得这些助剂的大致相对分子质量和含量。如使用二极管阵列检测器，可确定这些助剂的种类。

研究聚酯中的增塑剂和环氧化物。

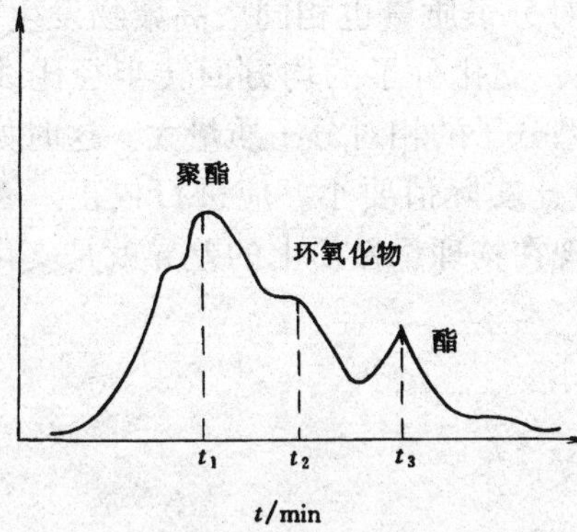

图 11-5　聚酯、酯和环氧化合物的混合物的 GPC 图

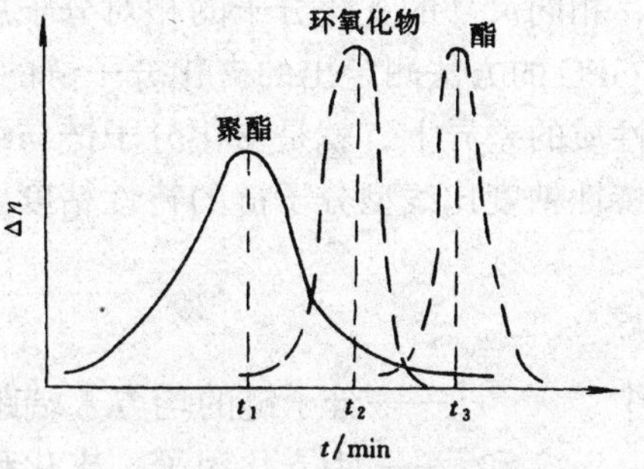

图 11-6　各纯物质的 GPC 图

含有增塑剂和环氧化物的聚酯作的 GPC 谱图有三个峰，再分别拿这三种纯物质作 GPC 谱图，对照第一张图，会发现三个峰出峰在基本相同的位置。

11.4.2　弹性体双键分布的测定

通过测定弹性体中双键的分布可以研究共聚物的微观序列分布及对物理加工性能的影响。例如，测定异丁烯-异戊二烯共聚物的双键分布，根据 Anderson 的工作，先采用 2,4-二硝基苯磺酰基氯与弹性体中的双键起反应，继之将衍生物加以分离，最后使用紫外和示差检测器进行 GPC 测定，并由 ΔR_T 淋出曲线的峰高计算聚合物的质量分数 $F_i^c=\dfrac{h_i}{\sum h_i}$，再由紫外淋出曲线的面积计算出弹性体双键的重量分数 $F_i^0=\dfrac{A_i}{\sum A_i}$，而双键的质量分数与共聚物的质量分数之比，对于那些双键分布为均一分布的高聚物来说，在整个 GPC 谱图中应是一个常数，并且以 F_i^0/F_i^c 的比值表示弹性体双键的相对浓度，如图 11-7 表示异丁烯-异戊二烯共聚物的相对分子质量分布与不饱和双键的分布。

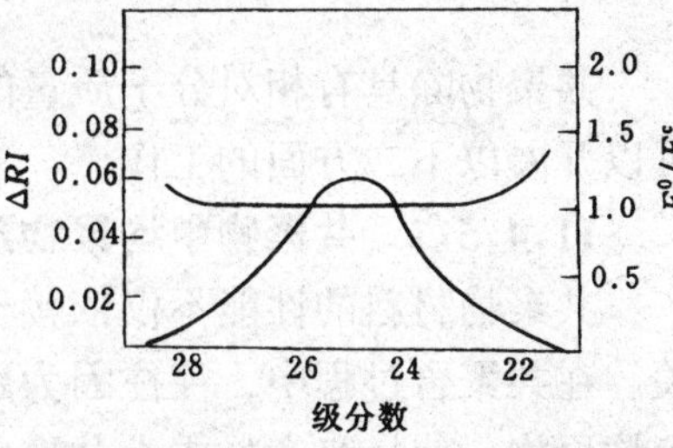

图 11-7　异丁烯-异戊二烯共聚物的相对分子质量分布及不饱和双键的分布图

11.4.3　制备窄分布的聚合物

这里指的窄分布聚合物的制备与前面所讲的活性聚合方法得到的窄分布聚合物不同，是指通过物理方法分离原本相对分子质量分布较宽的样品。这需要使用制备型的 GPC，制备型 GPC 仪是分析型 GPC 仪的放大。与测试用的 GPC 原理相同，填料、溶剂及检测器都是相同的。但使用方法有所区别，试样的注入、溶剂的处理以及级分的收集不同。注入系统是一个按时间控制的自动化系统。级分的收集通常用选择程序来进行。淋洗液流经一个自动的多通道阀门，此处的电子开关把淋洗液分送到选择收集瓶中。通过这种方法，可以得到无限

窄分布的聚合物样品。

11.4.4 研究支化高分子

GPC方法对不同相对分子质量的组分进行分离，其实是按照分离不同尺寸的分子进行的。所以其基本条件是都是线型分子，尺寸相同相对分子质量也相同。高聚物发生支化后，支化分子在溶剂中的构型较线型分子更致密，因此，支化分子的均方回转半径比线型分子小，相同尺寸的支化分子的相对分子质量应该比线型分子的相对分子质量大。这时如果还使用GPC的方法测定出的支化分子链的相对分子质量比实际值要小。应进行校正。表现在物理性质的差异上，就是支化分子链与线型分子链表现在物理量性质上的差异就是支化分子链的特性粘度比线型分子链的特性粘度要小。

$$G=[\eta]_g/[\eta]_L \tag{11-8}$$

$$g=<r_g^2>_g/<r_g^2>_L \tag{11-9}$$

式中　　r_g^2——分子链的均方末端距；

G 和 g——为支化因子，支化程度越高，G 和 g 越小。

下标g代表支化分子，L代表线型分子。

利用GPC研究支化度，也是根据普适校正中提出的GPC是通过对不同尺寸的分子体积排除来实现的。即流体力学体积相同时，

$$[\eta]_g M_g = [\eta]_L M_L \tag{11-10}$$

具体的实验方法是分别测定同种高聚物线型聚合物和支化聚合物的特性粘度，然后使用GPC仪测定线型聚合物的相对分子质量，通过上式得到支化聚合物的相对分子质量。

11.4.5 共聚物组成的测定

共聚物除具有相对分子质量的多分散性以外，还具有组成的多分散性，利用GPC分析可以开展以下二方面的工作。

11.4.5.1 共聚物中均聚物及杂质的分析

共聚物材料的性能不仅依赖于共聚物的相对分子质量和组成，而且也与共聚物的纯度有关。在共聚合过程中，往往因为聚合条件的变化，单体纯度的差异以及其他杂质的影响而产生均聚物，使最终产物成为共聚物与均聚物的混合物，从而影响产品质量。例如，苯乙烯-丁二烯嵌段共聚物SBS，两批聚合产物的GPC谱图有很大差异。图11-8为单峰，图11-9为

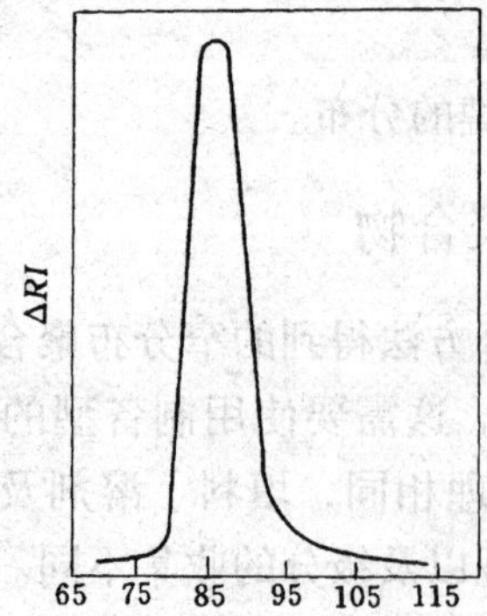

图11-8　SBS-1嵌段共聚物GPC谱图

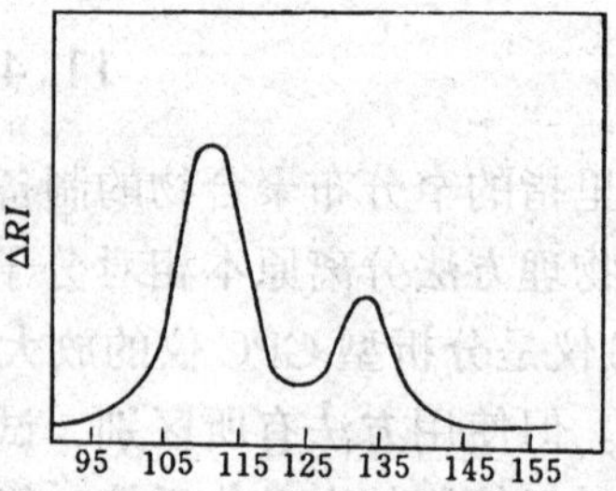

图11-9　SBS-2嵌段共聚物GPC谱图

双峰。双峰表示在低相对分子质量部分共聚物中有聚苯乙烯均聚物存在，经过分析发现是丁二烯原料中有微量杂质存在使聚苯乙烯基锂阴离子终止而产生均聚物聚苯乙烯。

11.4.5.2 测定共聚物的组成分布

共聚物的结构和组成对其物理和加工性能有显著的影响，研究共聚物的组成分布尤为重要。在许多情况下，共聚物的组成是随相对分子质量变化的，因此，必须使用与组份数相同的多个检测器才能测定我们曾用紫外-示差检测器联用测定 SBR 的组成分布及共聚物组成，得到了较好的结果。

首先，假定样品的浓度与其在 *RI* 或 *UV* 检测器的响应信号存在以下关系：

$$A_{RIS}=k_{RIS}\cdot c_S \tag{11-11}$$

$$A_{RIB}=k_{RIB}\cdot c_B \tag{11-12}$$

$$A_{RIC}=k_{RIC}\cdot c_C \tag{11-13}$$

$$A_{UVS}=k_{UVS}\cdot c_S \tag{11-14}$$

式中　c_S、c_B、c_C——分别为 PS、PB、丁苯共聚物样品的浓度。

共聚物的比例常数 k_c 与 PS、PB 的比例常数 k_S、k_B 呈线性关系，即

$$k_c=(1-W_S)k_B+W_Sk_S \tag{11-15}$$

式中 W_S 为 PS 链段在丁苯共聚物中的质量分数，即

$$W_S=c_S/c_C \tag{11-16}$$

那么，$(W_s)_i=(c_S/c_C)_i$　(11-17)

故由（11-15）、(11-17）式可得

$$\left(\frac{A_{UV}}{A_{RIC}}\right)_i=\frac{k_{UV}}{k_{RIC}}\cdot(W_S)_i \tag{11-18}$$

将（11-15）式代入，得：

$$(W_S)_i=\left(\frac{A_{UV}}{A_{RIC}}\right)_i\frac{k_B}{k_{UVS}-(k_S-k_B)\cdot\left(\frac{A_{UV}}{A_{RIC}}\right)_i} \tag{11-19}$$

用 GPC 测定 PS、PB 样品，其检测响应信号与样品浓度存在很好的线性关系，即符合式（11-11)、(11-12)、(11-14)，由此，可以求得 k_{RIB}、k_{RIS}、k_{UVS}。

然后分别测定 SBR 的 RI 和 UV 检测器的 GPC 谱图，通过公式（11-19）计算得到 SBR 的组成分布曲线，并且可以用下式算出 SBR 的苯乙烯含量。

$$\overline{W}_S=\frac{\sum W_{Si}}{n} \tag{11-20}$$

式中　n——级分数。

图 11-10 为 SBR 样品的相对分子质量分布及组成分布的 GPC 谱图。

由图中看出：1# 样品的苯乙烯平均含量（$\overline{W}_S$）为 23%，在低相对分子质量部分（保留时间 26min 时），苯乙烯含量突增，这可能是在 SBR 聚合过程中，生成了大量低相对分子质量聚苯乙烯所致。2# 样品的苯乙烯含量为 24.5%，比 1# 高，这是由于在高相对分子质量部分及低相对分子质量部分的苯乙烯含量比较高。3# 样品的组成分布比较均匀，其苯乙烯平均含量为 19.7%。

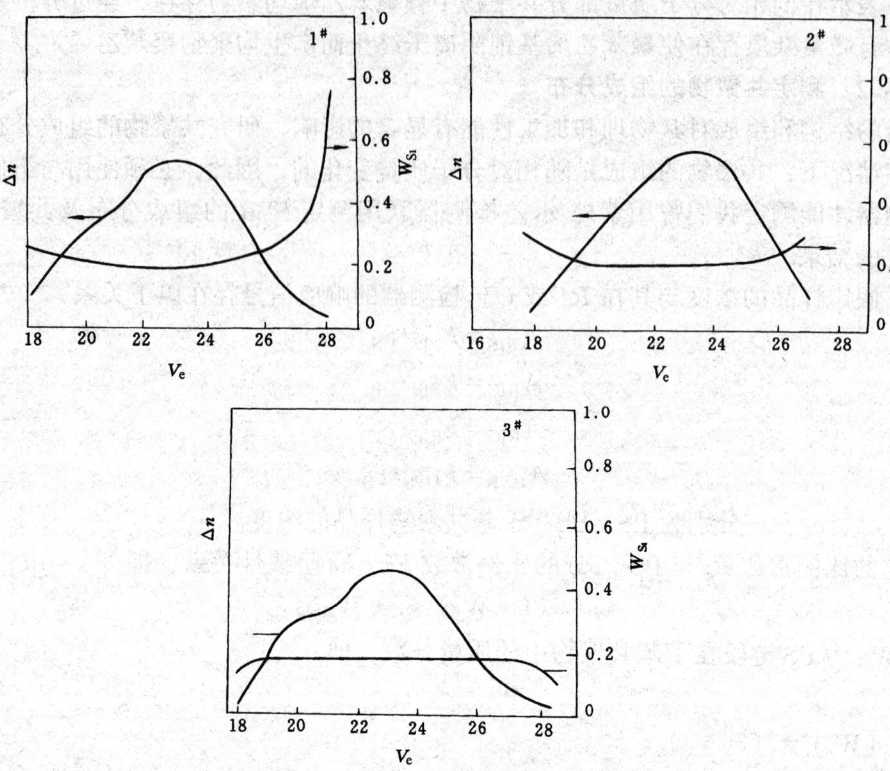

图 11-10　SBR 样品的相对分子质量分布及组成分布图

第 3 篇 热 分 析

热分析是经典的方法，它的起源可追溯到 1887 年 chatelier 开创的差热分析，但热分析技术广泛应用于聚合物材料，仅仅是三十多年前才开始。

现代热分析是指在程序控温下，测量物质的物理性质随温度变化的一类技术。人们通过检测样品本身的热物理性质随温度或时间的变化，来研究物质的分子结构、聚集态结构、分子运动的变化等。

热分析把物质的各种各样的性质变化，温度和热焓的变化、质量的变化、尺寸的变化、声性特性的变化、力学特性的变化、光学特性的变化以及电学、磁学特性变化等，广义定为“物理性质”。

按照上述热分析定义，国际热分析联合会（ICTA）建议，主要的热分析方法分类如下：

测定样品的物理性质	所用方法名称
热量变化	差示扫描量热法、差热分析法
质量变化	热重法
挥发产物	溢出气分析
尺寸变化	线膨胀法和体膨胀
热-力分析	静态热机械法和动态热机械法
热-电分析	热释电流法
热-光分析	热释光分析
磁学性质	热磁学法

应用最多的热分析仪器是功率补偿型 DSC、热流式 DSC、差热式 DTA、热重 TG、热机械分析 DMA。它们能够测量物质的晶态转变、熔融、蒸发、脱水、升华、吸附、解吸、吸收、玻璃化转变、液晶转变、热容的变化、燃烧、聚合、固化、催化反应、模量、阻尼、热化学常数、纯度等性质的转变与反应，从而获得物质微观结构热变化的根源，寻找出微观与宏观性能内在的联系，为事先指定性能的材料设计，提出所需加工合成的方法及条件的确定，打下可靠的基础。因此该仪器几乎成为从事材料工作实验室必备的仪器。

下面概述所用的各种热分析仪器，国内外主要生产厂家产品的型号和主要性能见下表：

国别厂家	型号名称	主要性能	备注
北京光学仪器厂	WCT-1 热重差热同步机	室温～1000℃，TG 量程 1～500mg DTA 量程 ±10～1000μV，真空度 2.7×10^{-2}Pa 三路气氛　微机控制处理	
	PCR-2 差热仪	室温～1400℃　DTA 量程 ±10～1000μV	
	PRT-2 热天平	室温～1400℃　TG 量程 2～250mg	

续表

国别厂家	型号名称	主要性能	备注
上海天平仪器厂	WRT-1 微量热天平	室温～1000℃　精确度 10μg	
	CRY-1 差热仪	室温～1200℃　DTA 量程 ±10～1000μV	
	CRY-32P 高温差热	室温～1500℃　DTA 量程 ±10～1000μV 升温速率 0.1～40℃/min　温度显示 0.1℃	
美国 Perkin-Elmer	DSC-7 差示扫描量热仪	－170～725℃　DSC 量程 1μW～750mW 升降速率 0.1～500℃/min　温度精度 ±0.1℃	功率补偿型
	Pyris-1DSC 差示扫描量热仪	－170～725℃　DSC 量程 0.2μW～800mW 升降速率 0.01～500℃/min	功率补偿型计算机功能强
	Pyris-1 TG 热重分析仪	室温～1000℃　天平灵敏度 0.1μg	
美国 TA Instruments	DSC-2920	－150～725℃　MDSC－70～400℃ 升温速度 0.01～200℃/min　MDSC 0.01～10℃/min	热流式 DSC 调制 MDSC
	TGA-2950	室温～1000℃天平灵敏度 0.1μg 高分辨分析软件加热速率 0.1～50℃/min	
	TGA-2050	室温～1000℃天平灵敏度 0.2μg 天平准确度 ±0.1%速率 0.1～50℃/min	
德国 Netzsch	TG 209 热天平	室温～1000℃　天平灵敏度 1μg 速率 0.1～80℃/min　真空结构 10^{-2}mbar	
	DSC-204 差热扫描分析仪	－170～700℃　灵敏度 3～4.5μV/nw 温度准确度 ±0.1℃，升温速率 0.1～99℃/min 传感器时间常数 0.6～2.8s	热流式
	STA-449 同步热分析仪	－120～1650℃　*Cp* 测定到 1400℃ 速率 0.1～50℃/min 加热炉可更换低温－120～750℃ 高温 R.T～1500℃超高温 R.T～1650℃	TG-DTA TG-DSC
瑞士 Mettler-Toledo	DSC-821 差热扫描分析仪	－150～500℃　温度重复性 ±0.1℃ 传感器 28 对金/金钯热电偶 速率 0.001～100℃/min　灵敏度 0.3～0.7μW	热流式
	TGA-SDTA 850 同步热分析仪	室温～1100℃　解析度 0.1μg　噪音（RMS）＜0.1μg STDA 解析度　0.005℃ STDA 噪音（RMS）0.01℃	
美国 RST 流变科学仪器公司	DSC-SP	－150～600℃ 量热范围 ±1mW—±100mW 速率 0.1～100℃/min	热流式
	TGA1000M	室温～1000℃　天平灵敏度 0.5μg 升温速率 0.2～999℃/min	

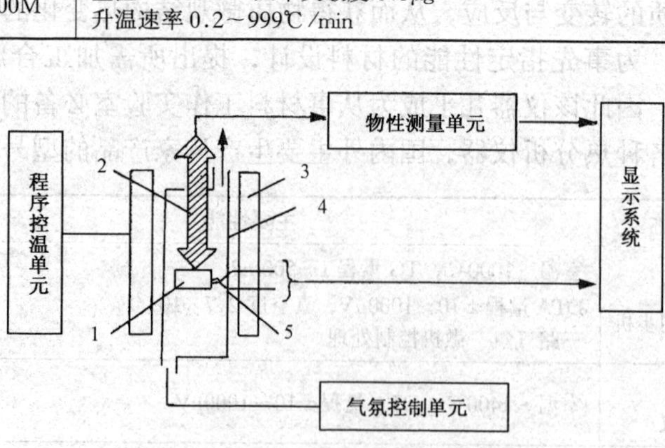

图 I　热分析仪器组成

1—试样　2—传感器　3—炉子　4—密封装置　5—测温元件

热分析仪器的品种繁多，上面仅介绍了一小部分，但就其组成而言，大致可分成四部分，如下图（I）所示，由物性测量单元、程序控温单元、显示记录系统以及气氛控制单元组成。

性能指标反映了仪器的质量和应用的范围，通过比较可以发现优劣，一般来说，购买仪器首先应根据测试要求和目的来选择，不要盲目追求高性能指标的仪器，如果作为科研为目的，在有条件的情况下，应尽可能选择灵敏度高、动态量程范围宽、量热精度高、测温准确、扫描速率宽，测温范围宽以及信号响应快等，还有软件功能是否齐全、都应当作为考虑的范畴。

第 12 章　差示扫描量热法和差热分析法

12.1　DSC 和 DTA 基本原理

12.1.1　差示扫描量热仪（DSC）的基本原理

差示扫描量热仪分功率补偿型和热流型两种，都获得国际热分析协会的认可。两者的最大差别在于结构设计原理上的不同，下面分别加以介绍。

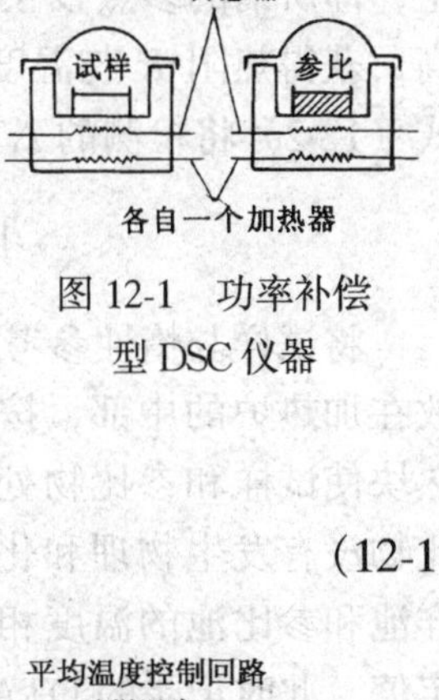

图 12-1　功率补偿型 DSC 仪器

功率补偿型的 DSC 是内加热式，装样品和参比物的支持器是各自独立的元件，如图 12-1 所示，在样品和参比的底部各有一个加热用的铂热电阻和一个测温用的铂传感器。它是采用动态零位平衡原理，即要求样品与参比物温度，不论样品吸热还是放热时都要维持动态零位平衡状态，也就是要维持样品与参比物温度差趋向零（$\Delta T \Rightarrow 0$）。DSC 测定的是维持样品和参比物处于相同温度所需要的能量差 ΔW，反映了样品热焓的变化。

$$\Delta W = \frac{dQs}{dt} - \frac{dQr}{dt} = \frac{dH}{dt} \tag{12-1}$$

式中 $\frac{dQs}{dt}$——单位时间给样品的热量；

$\frac{dQr}{dt}$——单位时间给参比物的热量；

$\frac{dH}{dt}$——热焓的变化率或称热流率。

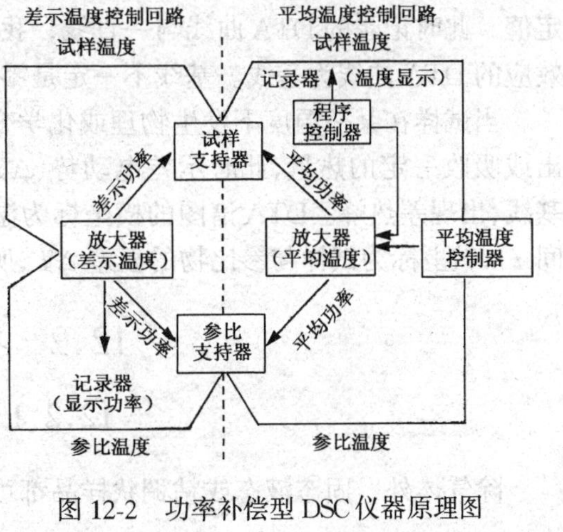

图 12-2　功率补偿型 DSC 仪器原理图

DSC 仪器的工作原理如图 12-2 所示。图中第一个回路是平均温度控制回路，它保证试样和参比物能按程序控温速率进行。检测的试样和参比物的温度信号与程序控制提供的程序信号在 TA 放大处（平均温度放大器）相互比较，如果程序温度高于试样和参比物的平均温度，则由放大器提供更多的热功率给试样和参比以提高它们的平均温度，与程序温度相匹配，这就达到程序控温过程。第二个回路是补偿回路，检测到试样和参比物产生温差时（试样产生放热或吸热反应），能及时由温差 ΔT 放大器输入功率以消除这一差别。

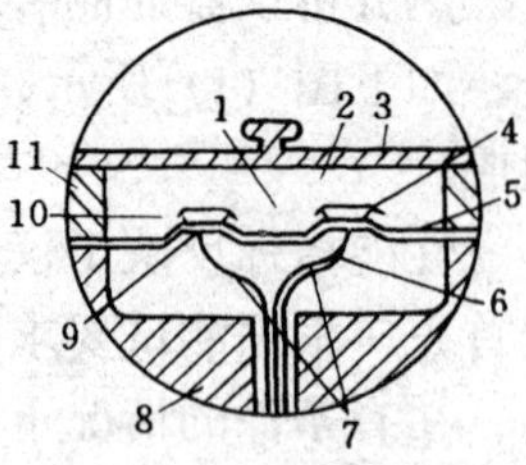

图 12-3 放热式 DSC 仪器
1—气体清洗出口
2—动态样品室
3—盖 4—试样杯
5—热电片
6—镍铝丝
7—镍铬丝
8—均温块
9—热电偶接点
10—参比杯
11—银环

热流型 DSC 是外加热式，如图 12-3 所示，采取外加热的方式使均温块受热然后通过空气和康铜做的热垫片两个途径把热传递给试样杯和参比杯，试样杯的温度由镍铬丝和镍铝丝组成的高灵敏度热电偶检测，参比杯的温度由镍铬丝和康铜组成的热电偶加以检测。由此可知，检测的是温差 ΔT，它是试样热量变化的反映。根据热学原理，温差 ΔT 的大小等于单位时间试样热量变化 $\frac{\mathrm{d}Q\mathrm{s}}{\mathrm{d}t}$ 和试样的热量向外传递所受阻力 R 的乘积，即

$$\Delta T = \mathrm{R}\,\frac{\mathrm{d}Q\mathrm{s}}{\mathrm{d}t} \tag{12-2}$$

式中 R 和热传导系数与热辐射、热容等有关，且强烈依赖于实验条件和温度，因此 ΔT 不是一个很确定的量，它反映热量，但不一定与热量成正比。这是 DTA 定量性不良的症结所在。

解决的办法，一是采用高灵敏度的热电偶对试样和参比物的温差进行精确的测量；二是采用高导热率材料制成的圆盘把热流快速均匀地传给试样和参比物；三是对热阻进行温度校正，即所谓的多点校正法（有的仪器采用 20 个点），在测试的温度范围内，随温度不断升高，获得热阻 R 与温度的非线性函数关系，以不断修正的 R 值作为常数，就能按照热流公式（12-2）将检测的 ΔT 转换成能量。

12.1.2 差热分析仪（DTA）的基本原理

将试样与惰性参考物并放在一金属块（均温块）的适当位置上，见图 12-4 所示，此块放在加热炉的中部，按一定速度升温或降温。通过均热块使试样和参比物处于同一温度物中。在试样和参比物没有发生物理和化学变化时，无热效应发生，试样池和参比池的温度相等，示差热电势始终等于一个定值，此时记录的 DTA 曲线与一直线，我们称没有热效应的 DTA 曲线为基线。基线不一定是零线。

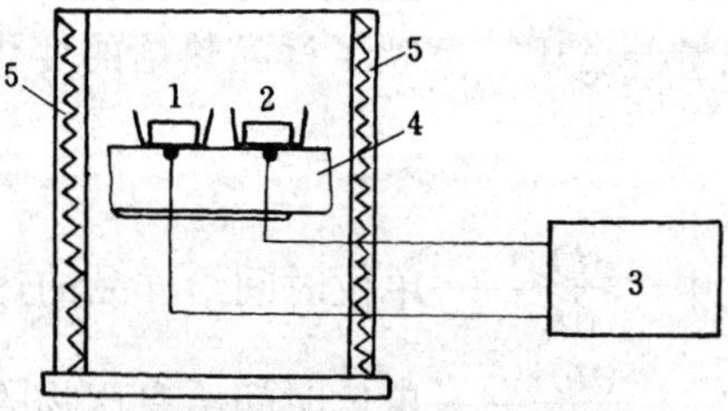

图 12-4 DTA 主要部分示意图
1—试样 2—参考物 3—差热放大器
4—均温块 5—加热器

当试样在某一温度下发生物理或化学变化，则会放出或吸收一定的热量，此时示差电动势（ΔT）就会偏离基线，出现差热峰。DTA 谱图的横坐标为温度 T（或时间 t），纵坐标为试样与参比物的温差 ΔT，所得到的 ΔT 和 T（或 t）曲线称差热曲线。

12.2 实 验 技 术

12.2.1 试样的制备

除气体外，固态液态或粘稠状样品都可以用于测定。装样的原则是尽可能使样品均匀、

密实分布在样品皿内，以提高传热效率，填充密度，减少试样与皿之间的热阻。因此要把较大样品剪或切成薄片或小粒，并尽量铺平。一般使用的是铝皿，分成盖与皿两部分，样品放在其中间，用专用卷边压制器冲压而成。挥发性液体不能用普通试样皿，要采用耐压密封皿。

聚合物样品一般使用铝皿，使用温度应低于 500℃，否则铝会变形。当温度超过 500℃ 时，可用金、铂、石墨、氧化铝皿等，但要注意，铂皿与熔化的金属会形成合金，也易被 P、As、S、Cl_2、Br_2 等侵蚀。

DTA 常用经高温焙烧的 α-Al_2O_3 作参比物，由于 Al_2O_3 与聚合物的比热容和热导率相差较大，近来有人采用硅氧烷、间苯二酸，甚至用聚四氟乙烯等作参比，用参比物的原则是热惰性、热容量和热导率以及重量应与试样匹配。DSC 可不用参比物，只在参比池放一空皿即可。

12.2.2 基线、温度和热量的校正

仪器在刚开始使用或经过一段时间使用后都需进行这三项校正，以保证谱图数据的准确性。

基线校正是在所测温度范围内，当样品池和参比池都未放任何东西时，进行温度扫描，得到的谱图应当是一条直线，如果有曲率或斜率甚至出现小吸热或放热峰，则需要进行仪器的调整加以修正和炉子的清洗，使基线平直，否则仪器不能进行测试。

温度和能量校正，需采用标准纯物质来校正，某些纯物质的熔点和熔融热如下表所示：

表 12-1　　几种纯物质的熔点和熔融热

纯物质名称	熔点/℃	熔融热/(J/g)
偶氮苯	34.6	21.6
硬脂酸	69	47.5
铟	156.6	28.47
锡	231.96	60.49
铅	327.5	23.03
锌	419.58	108.4
KzSO$_4$	585	33.2

由于峰面积 A 与热量 ΔH 成正比

$$\Delta H = k\frac{A}{m} \tag{12-3}$$

式中　m——样品质量；

　　　k——仪器常数。

功率补偿型 DSC，由于采用动态零位平衡原理，即始终保持样品与参比物的温差为 0，所以仪器常数 k 与温度变化无关，k 为常数。这样能量校正时只需单点校正，如用金属铟测其熔融热应与标准物铟熔融热 28.45J/g 相符，即可用于其他温度范围。温度校正一般采用两点校正，即在测试范围内找两个标准物质，使实测与标准物熔融转变温度相同。

热流式 DSC 它是通过热流公式把检测的样品与参比物的温差转换成热流，前已述需进行测试温度范围内进行多点校正，才能保证转换热流的准确性，这部分工作现在大多由生产

厂家调试完成。

12.2.3 主要影响因素

12.2.3.1 样品量

样品量少，样品的分辨率高，但灵敏度下降，一般根据样品热效应大小调节样品量，一般3～5mg，如图12-5。

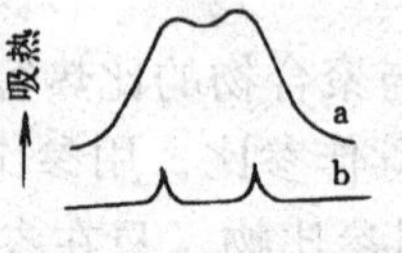

图12-5 不同样品量对测定结果的影响示意图
a：样品较多
b：样品较少

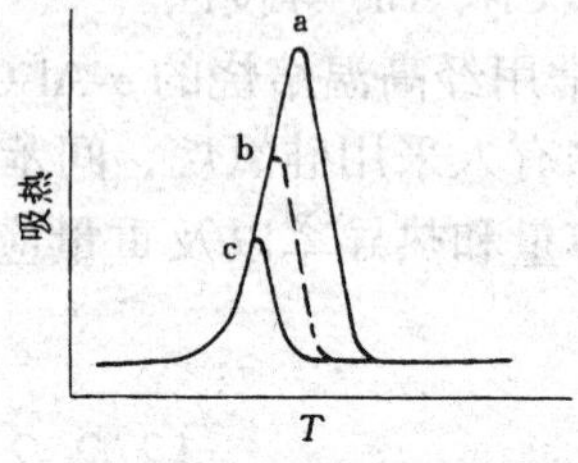

图12-6 铟的量对峰温度的影响示意图
a：10mg b：5mg c：2.5mg

另一方面，样品量多少对所测转变温度也有影响。图12-6所示是铟的量变化，随样品量增加，峰起始点温度基本不变，但峰顶温度增加，峰结束温度也提高，因此，如同类样品要相互比较其差异，最好采用相同的量。

12.2.3.2 升温速率

通常升温速率范围在5～20℃/min。一般来说，升温速率越快，灵敏度提高，分辨率下降。灵敏度和分辨率是一对矛盾，人们一般选择较慢的升温速率以保持好的分辨率，而适当增加样品量来提高灵敏度。

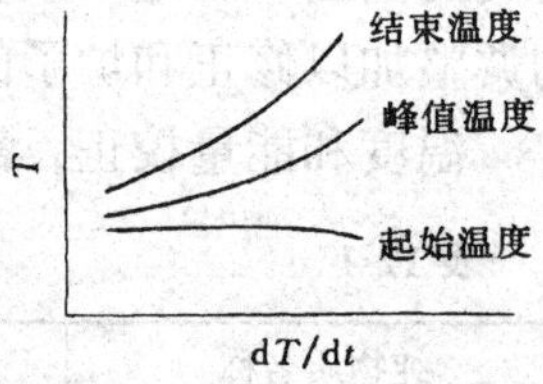

图12-7 升温速率对峰位置的影响示意图

由图12-7和12-8可知，随升温速率的增加，熔化峰起始温度变化不大，而峰顶和峰结束温度提高，峰形变宽。由此可见，测试时若改变升温速率，就必须重新校正温度是必不可少的工作。

12.2.3.3 气氛

一般使用惰性气体，如N_2、Ar、He等，就不会产生氧化反应峰，同时又可减少试样挥发物对检测器的腐蚀。气流流速必须恒定，（控制在10ml/min），否则会引起基线波动。

气体性质对测定有显著影响，要引起注意。如He气的热导率比N_2、Ar气的热导率大约4倍，所以在做低温DSC用He作保护气时，冷却速度加快，测定时间缩短，但因He热导率高，使峰检测灵敏度降低，约是N_2中的40%，因此在He中测定热量时，要先用标准物重新标定核准。在空气中测定时，要注意氧化作用的影响。有时可通过比较N_2和O_2中的DSC曲线，来解释某些氧化反应。

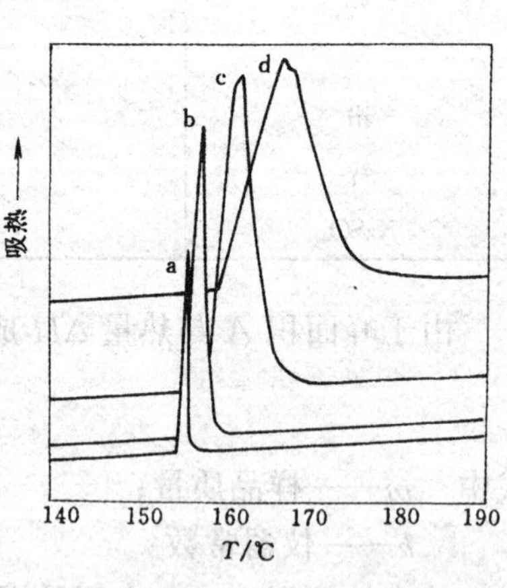

图12-8 铟在不同升温速率下的DSC曲线
a：5℃/min b：20℃/min
c：60℃/min d：120℃/min 温度校正在20℃/min下进行

12.2.4 熔点和玻璃化转变温度的确定

（1）熔点的确定　聚合物的熔点都是有一定宽度的吸热峰，如图 12-9 中（b）所示，如何确定熔点至今没有统一的规定，但根据要求不同确定熔点有以下三种方法。

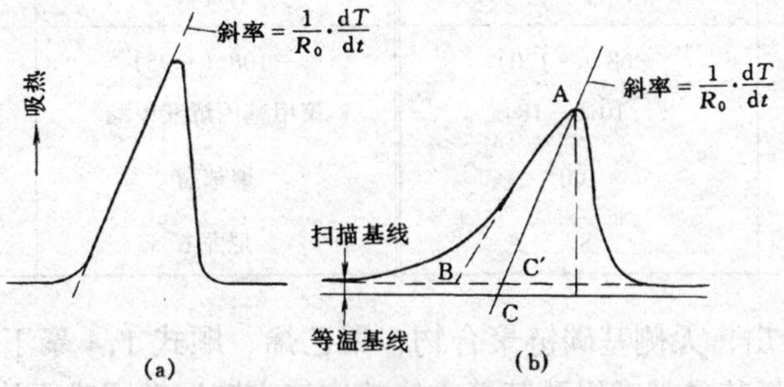

图 12-9　典型的 DSC 熔融曲线及熔点的确定

（a）高纯铟的熔融峰　（b）高分子熔融曲线及熔点的测定

第一种是从样品的熔融峰的峰顶作一条直线，其斜率为金属铟熔融峰前沿的斜率 $\frac{1}{R_0}\cdot\frac{dT}{dt}$，其中 R_0是试样皿和样品支持器之间的热阻，它是热滞后的主要原因，如图 12-9(a)所示。该直线与等温基线相交为 C，C 是真正的熔点，其测定误差不超过 ±0.2℃。这只有在需要非常精密地测定熔点时才用（如用熔点计算物质的纯度）。一般与扫描基线的交点 C′所对应的温度作为熔点。第二种最通用的确定熔点的方法，是以峰前沿最大斜率点的切线与扫描基线的交点 B 作为熔点。第三种有直接用峰点 A 点为熔点，但要注意样品量升温速率不同对峰温的影响。

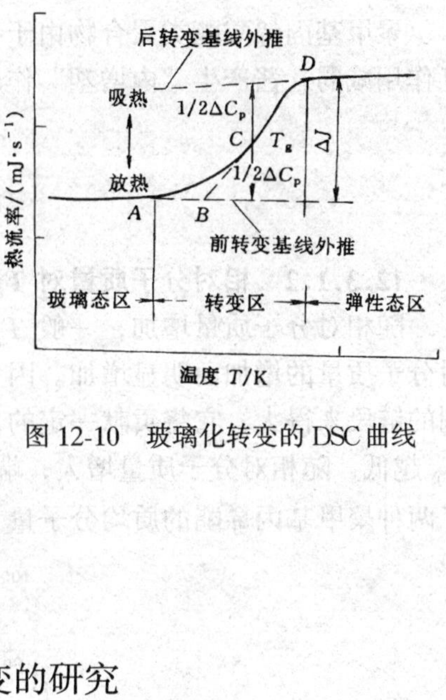

图 12-10　玻璃化转变的 DSC 曲线

（2）玻璃化转变温度的确定　是基于在 DSC 曲线上基线的偏移，出现一个台阶。如图 12-10 所示转变温度 T_g 的确定，一般用曲线前沿切线与基线的交点 B 或用中点 C，个别情况也有用交点 D，较明显易读准。

12.3 应　用

12.3.1 聚合物玻璃化转变的研究

玻璃化转变是一种类似于二级转变的转变，它与具有相变结晶或熔融之类的一级转变不同，是二级热力学函数，有$\frac{dH}{dt}$的不连续变化，因此在热谱图上出现基线的偏移。从分子运动观点来看，玻璃化转变与非晶聚合物或结晶聚合物的非晶部分中分子链段的微布朗运动有关，在玻璃化温度以下，运动基本冻结，到达 T_g 后，运动活跃，热容量变大，基线向吸热一侧偏移。下面介绍影响 T_g 的若干因素。

12.3.1.1 化学结构对 *Tg* 的影响

具有僵硬的主链或带有大的侧基的聚合物将具有较高的 T_g；链间具有强吸引力的高分

子，不易膨胀，有较高的 T_g；在分子链上挂有松散的侧基，使高分子结构变得松散，即增加了自由体积，而使 T_g 降低。

表 12-2　　聚合物侧基对 **T_g** 的影响

聚合物	T_g/℃	聚合物	T_g/℃
聚乙烯	−68（−120）	−108（−95）	聚1,4顺式丁二烯
聚丙烯（全同）	−10（−18）	聚甲基丙烯酸甲酯	115（105）
聚苯乙烯	100	聚苯醚	220（210）
聚氧乙烯	87	尼龙6	50（40）

从表 12-2 可以看出，无侧基碳链聚合物，聚乙烯、顺式 1,4 聚丁二烯具有很低的 T_g。带有取代基、苯基、氯基或带有甲酯基等立体效应使主链运动困难而使 T_g 升高。

表 12－3　　侧基柔性对聚甲基丙烯酸酯类 **T_g** 的影响

n	1	2	3	4	5	12
T_g/℃	105	65	35	20	−5	−65

聚甲基丙烯酸酯类聚合物由于含有柔性酯侧基，随着侧基的增大，使分子间距加大，相互作用减弱，酱产生“内增塑”作用，所以 T_g 反而下降。

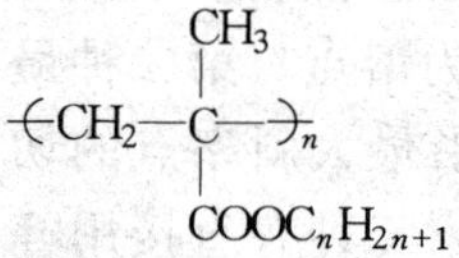

12.3.1.2　相对分子质量对 T_g 的影响

随相对分子质量增加，一般 T_g 升高，当相对分子质量超过一定程度后，T_g 不再随相对分子质量的增加而明显增加。因为分子链两头各有一端基链段，它的活动能力比两边受牵制的链段来得大，它将贡献一定的自由体积，相对分子质量越低，端基链段比例越高，所以 T_g 越低，随相对分子质量增大，端基链段减少，所以 T_g 逐渐增大。如图 12-11 所示，表明了两种聚甲基丙烯酯的质均分子量（$\overline{M}_W$）对 T_g 的影响。

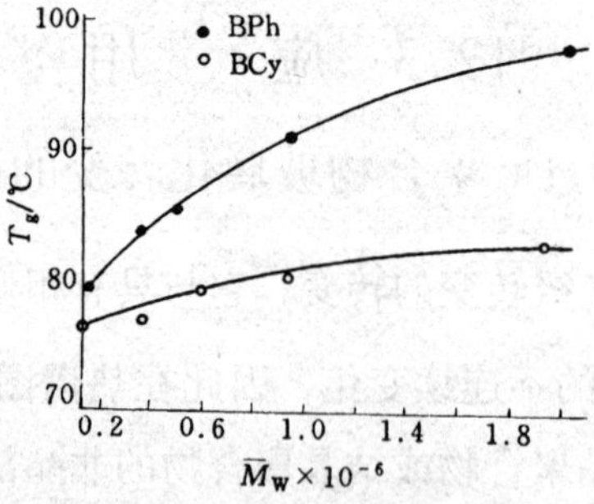

图 12-11　几个级分聚甲基丙烯酸对叔丁基酯（BPh，·）和聚甲基丙烯酸对丁基环己酯（BCy，◦）的玻璃化转变温度 T_g 与重均分子量 $\overline{M}_W$ 的关系（升温速率 16℃/min）

表 12-4 **聚苯乙烯相对分子质量对 T_g 的影响**

聚苯乙烯体系	$\overline{M}_n$	T_g/℃	聚苯乙烯体系	$\overline{M}_n$	T_g/℃
A	111000	100	E	2740	43
B	10400	83	F	1530	43
C	5400	70	G	650	−25
D	3630	53			

注：表中数据清楚说明聚苯乙烯 T_g 与 $\overline{M}_n$ 有关。

12.3.1.3　结晶度对 T_g 的影响

不同聚合物随结晶度的提高对 T_g 有不同的影响。如：聚对苯二甲酸乙二醇酯、等规聚苯乙烯、聚 ε-己内酰胺、等规甲基丙烯酸甲酯等，结晶度的提高，认为是填料增多，增加无定形分子链运动的阻力，从而使 T_g 升高。对聚 4-甲基戊烯-1 的 T_g 随结晶度的增加而降低。因提高结晶度使“低 T_g”等规部分增加，而“高 T_g”间规部分减少，从而使 T_g 降低。有些聚合物如：等规聚丙烯、聚三氟氯乙烯等结晶度对 T_g 的影响可以忽略。可能是结晶度的提高并不影响该聚合物无定形部分软硬程度。

12.3.1.4　交联固化对 T_g 的影响

聚合物交联一般引起 T_g 的升高。如图 12-12 是一种环氧-酐体系经不同预固化温度固化后测得的 DSC 升温曲线，由于固化温度不同，交联程度不同，在 400K 以下固化的试样，随固化温度升高交联度增加，使 T_g 升高应有剩余效热。在更高的温度予以固化，T_g 反而降低，推测是由于高温裂解，使交联密度降低，致使 T_g 降低。

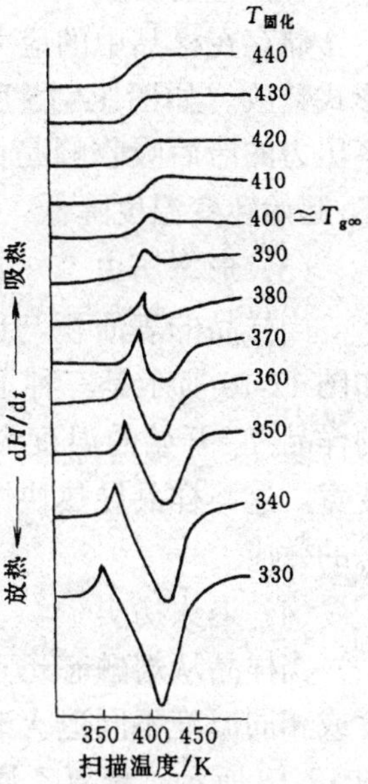

图 12-12　在不同温度完成预固化的环氧-酸酐试样 8℃ /min 升温 DSC 曲线 预固化温度如曲线所示

12.3.1.5　样品历史效应对 T_g 的影响

（1）热历史

制备样品时，如果冷却速率较小，加热速率大于冷却速率，会出现吸热的“滞后峰”，

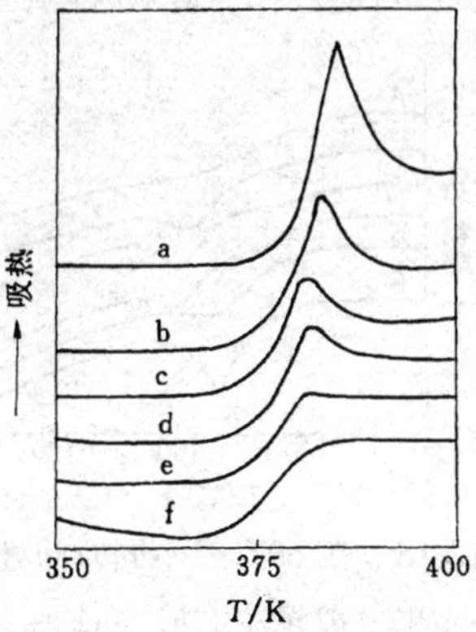

图 12-13　聚苯乙烯 DSC 曲线中的玻璃化转变区

升温速率为 0.09℃ /s；制样的冷却速率（℃ /s）分别为 a—1.4×10^{-4}　b—3.2×10^{-3}　c—1.81×10^{-2}　d—4.13×10^{-2}　e—8.7×10^{-2}　f—5

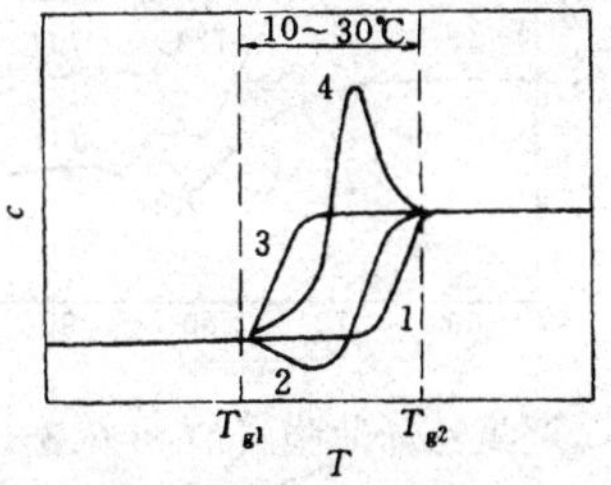

图 12-14　在玻璃化转变区比热容与温度的关系

1—快冷却，快加热　2—快冷却，慢加热

3—慢冷却，慢加热　4—慢冷却，快加热

反之则出现放热峰，只有冷却速率与测定加热速率相同时，才有标准的转变曲线如图 12-13 所示。

热历史对 T_g 的影响，可以用比热容-温度曲线来说明（图 12-14）。多方研究受热历史影响的 T_g 变化范围为 10～30℃。当加热速率与冷却速率相近时（图中曲线 1 和 3），不出现明显的热效应；当加热与冷却速率不同时（图中曲线 2 和 4），出现放热式吸热峰，热历史被记录下来。

（2）应力历史

储存在样品中的应力历史，在玻璃化转变区会以放热式膨胀的形式释放。如图 12-15 所示，制样压力越大，释放的放热峰越大。零压力的滞后吸收峰是由于慢冷却的热历史造成的。随压力增加，T_g 起始转变温度降低，但结束温度却没有变化，从而转变区加宽。

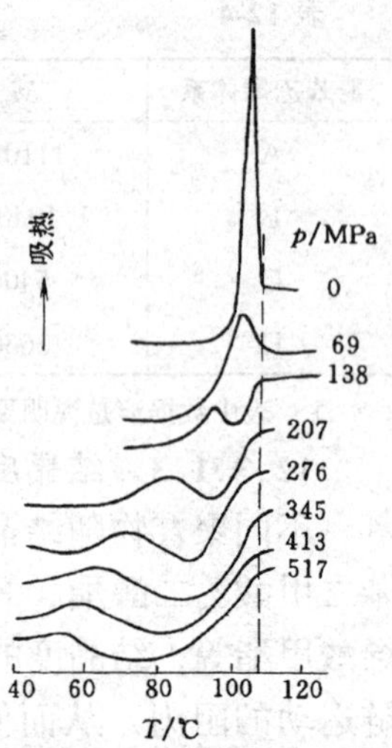

图 12-15 聚苯乙烯的 DTA 曲线

加热速率为 5℃/min；制样时冷却速率均为 0.08℃/min；制样压力示于图上

（3）形态历史

当样品的表面积与体积之比很大时，样品的形态变得很重要。如图 12-16 所示是三种不同尺寸的粉末状聚苯乙烯样品，尺寸越小的样品 T_g 开始的温度大为降低，而结束温度基本不变，使转变区变宽。这与样品导热快慢有关，因此测定粉末样品时，要注意形态的效应。

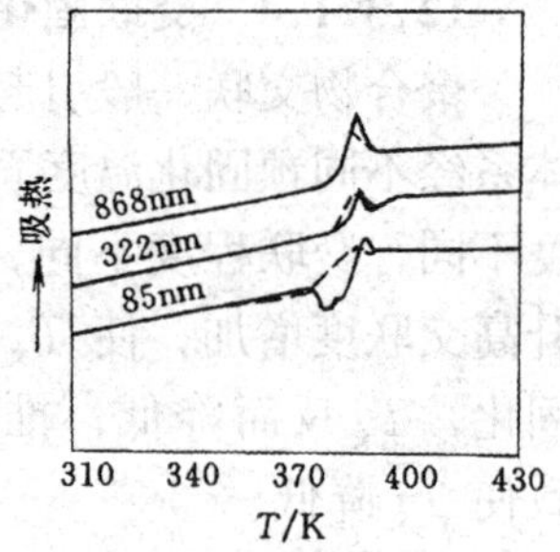

图 12-16 三种尺寸的珠状聚苯乙烯的热容-温度曲线（珠粒尺寸示于图上）

——第一次扫描；┈第二次扫描

（4）退火历史

当样品从熔融态迅速降至低于 T_g 转变温度下退火，不同温度或相同温度不同退火时间将会有不同的热效应。如图 12-17 和图 12-18 所示，聚氯乙烯随退火温度的升高，T_g 起始温度逐渐提高。聚苯乙烯在相同温度下经不同退火时间处理，T_g 随退火时间增加而移向高温。

如果样品分子链段已处于一定的亚稳态，再加上退火将叠加上新的历史效应。如图 12-19 所示，聚苯乙烯不同退火时间对 T_g 的影响，起先观察到应力历史被释放出来，不同结构会在不同退

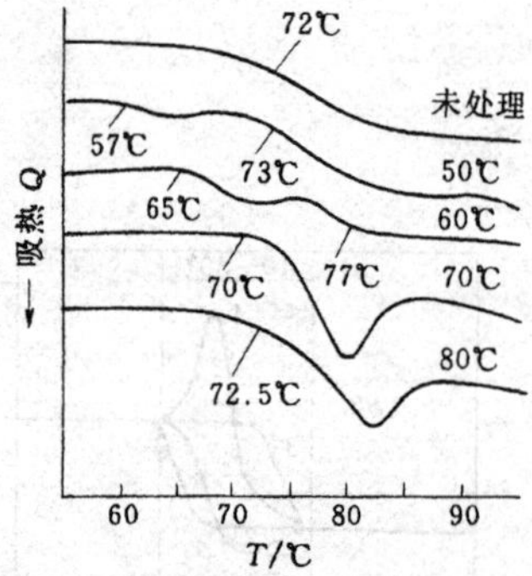

图 12-17 聚氯乙烯薄膜（$M_n=6.3\times10^4$）DSC 曲线随热处理的变化

未处理试样是指在 DSC 试样容器中于 130℃ 保持 5min 后快速冷至室温的试样；热处理是在图中所示的温度下进行了 4h；升温速度 8℃/min

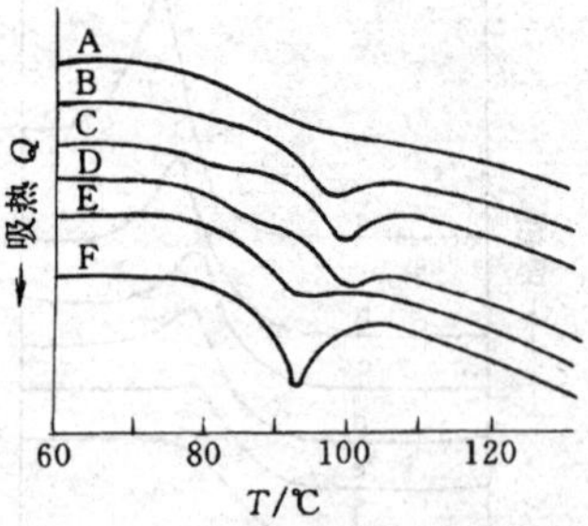

图 12-18 在 60℃ 经不同时间处理的单分散聚苯乙烯（$M_n=1.03\times10^4$）的 DSC 曲线

升温速度：16℃/min

A—未处理 B—2h C—3h D—4h E—17h F—29h

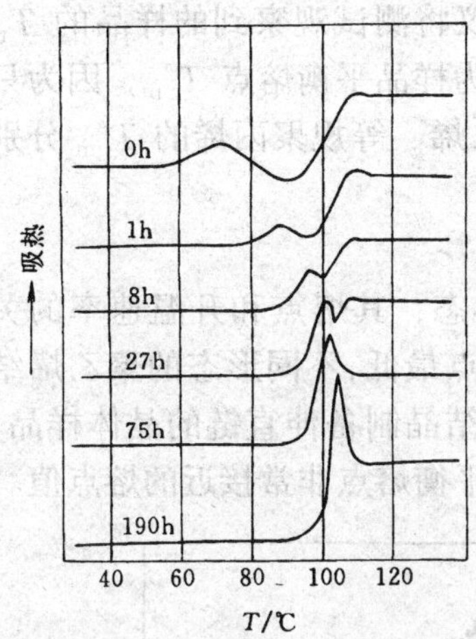

图 12-19 在 70℃下经不同时间退火的聚苯乙烯样品的 DTA 曲线[104]（退火时间示于图上）

火时间中解冻；经长时间退火应力历史被消除，出现慢冷却快加热出现的滞后吸热峰。

总的来说，玻璃化转变区的历史效应相当复杂，如果从现象论加以解释，以不同的外作用对应不同的松弛状态加以理解。认为非晶态聚合物熔体施以静压或切变压缩制成样品，再经过不同的热处理，则各种不稳定的构象被冻结，程序升温时在低于 T_g 时由于局部地向稳定构象转变，故出现吸热峰。如果从热焓变化的理论也可以加以解释，如图 12-20 所示，开始样品假如落在温度高于 T_g 的热焓平衡线上 A 点，此时温度为 T_A，热焓为 H_A。开始冷却时，样品分子链仍有不错的运动性，能沿着热焓平衡线向低温移动到 G 点此时 T_g 为玻璃化转变温度，G 点温度以下样品变硬，自由体积达到一个最低值，在玻璃态下，链段运动和自由体积也被冻结，维持一恒定值。继续降温，就会偏离热平衡位置，如图到达 B 点，此时温度为 T_B，热焓为 H_B，H_B 比该温度下平衡热焓 H_E 高出许多，自然不稳定，分子链将进行微小的蠕动以逐渐释放多余能量，随时间的增加，沿着 BC、CE 向热平衡线上靠近。不同样品由于热历史不同，将从不同位置开始升温，其 DSC 曲线就会不同。若由 B 点升温，有可能在 T_g 之前有机会先吸收一些能量以靠近 GB 线，在抵达 G 点前已很接近热焓平衡线了，到达 G 点时有标准的玻璃化转移曲线。若由 C 点升温，沿 CDG 变化因已很接近平衡热焓，自由体积很小，升温不久就跨越热焓平衡线，此时热焓低于平衡热焓，且越接近 T_g 转变温度的热焓与平衡热焓的差值越大，故到达 T_g 时，链运动使自由体积突然增大，热焓也就急剧增大，自然需从外界吸收热能，产生吸热峰。

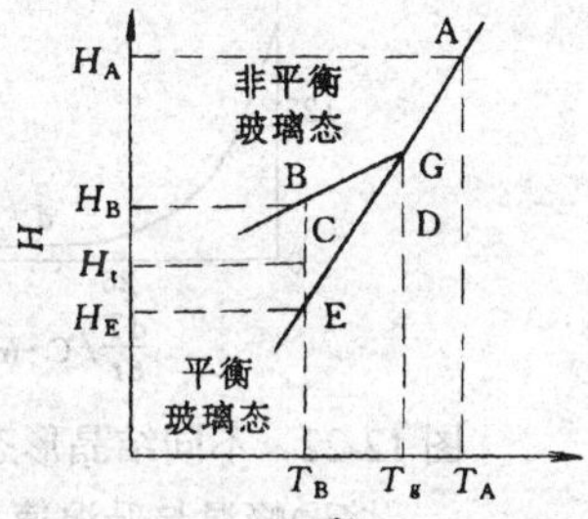

图 12-20 玻璃态高聚物的焓松弛

12.3.2 聚合物熔融/结晶转变的研究

大多数结晶聚合物，在 DSC 实验中测得的熔融温度都有一较宽的范围，但它仍是热力学平衡熔融行为，只不过由于聚合物体系通常处于非平衡态，所以测得的熔点远低于其热力学平衡熔点。同一种聚合物因制备方法不同而有不同的结晶状态，就会得到不同的熔点。为了比较和评价聚合物熔融性质就应当采用平衡熔点，只有它才不受样品制备和测定条件的影响。聚合物平衡熔点（T°_m）定义为：与聚合物熔体平衡的一组晶体的熔点。在平衡熔点下熔融的晶体是该聚合物最完善的结晶，具有最小的自由能。平衡熔点的测定方法，在介绍影响熔点的因素的同时加以阐述。

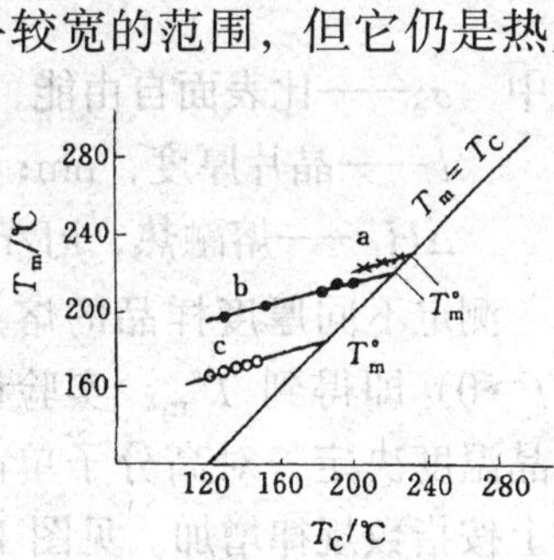

图 12-21 三种高分子的 $T_C \sim T_m$ 图

a：尼龙 6 b：聚三氟氯乙烯

c：等规聚丙烯

12.3.2.1 结晶条件时熔点的影响

结晶聚合物的熔点与结晶形成的温度有关，结晶温度越高，形成的结晶越完善，熔点就越高。霍夫曼（Hoffman）建议将测试观察到的样品的 T_m 和结晶温度 T_C 作图，并外推到与直线 $T_m = T_C$ 相交的点，作为样品平衡熔点 T°_m，因为只有在平衡条件下 $T_m = T_C$。图 12-21 所示，尼龙 6、聚三氟氯乙烯、等规聚丙烯的 T°_m 分别为 230℃、220℃、182℃。

12.3.2.2 结晶形态对熔点的影响

图 12-22 表示不同制备条件下，聚乙烯具有不同的结晶形态，其熔点和升温速率的关系。由图中可见，伸直链结晶的熔点最高，由溶液生成的单晶熔点最低，不同形态的聚乙烯结晶熔点可相差多达 25℃。有一种测定 T°_m 的方法，是在高压下结晶制备伸直链的晶体样品，该晶体非常接近热力学平衡条件，在缓慢加热条件下，能得到与平衡熔点非常接近的熔点值。

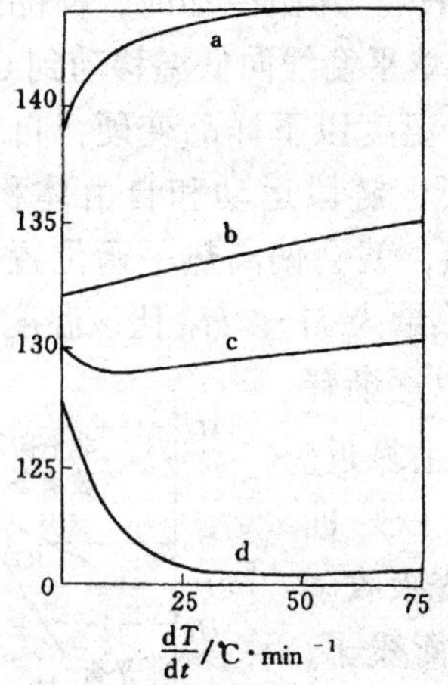

图 12-22 不同结晶形态的聚乙烯的熔融峰温与升温速率的关系

a：伸直链结晶 b：从熔体慢冷却的球晶

c：从熔体快冷却的球晶 d：从溶液生长的单晶

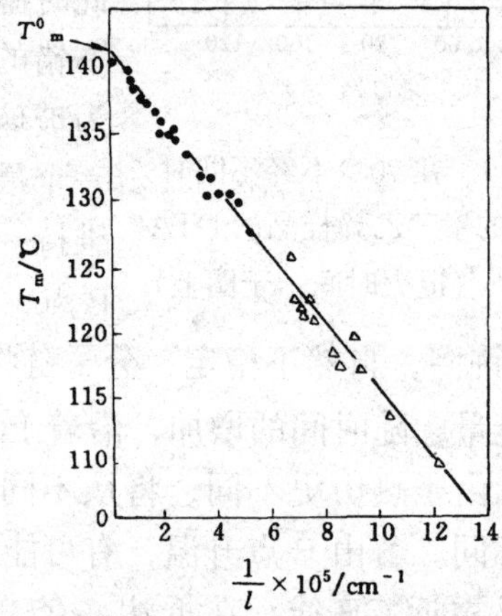

图 12-23 聚乙烯晶片厚度与熔点的关系

晶片厚度由 X 射线衍射求得，图中三种实验点分别由不同实验室测得

12.3.2.3 晶片厚度对熔点的影响

晶片越厚，熔点越高。晶片厚度一般用 X 光衍射获得。人们已导出高分子熔点与晶片厚度的关系式：

$$T_m = T^\circ_m \left[1 - (2\sigma_e / l \cdot \Delta H_f)\right] \tag{12-4}$$

式中 σ_e——比表面自由能，kJ/mol；

l——晶片厚度，nm；

ΔH_f——熔融热，kJ/mol。

测定不同厚度样品的熔点，外推到晶片无限厚（即 $1/l \rightarrow 0$）即得到 T°_m。实验证明：高分子晶片厚度是由结晶温度决定，对高分子单晶，厚度随结晶温度增加基本上按指数规律增加。见图 12-23。

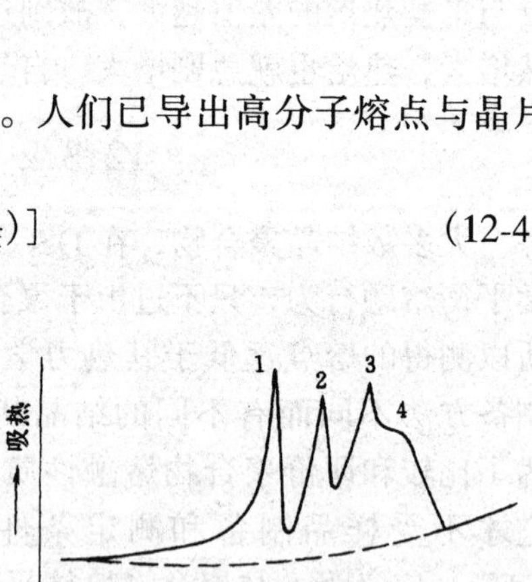

图 12-24 用 6%～10%喹吖啶成核剂结晶的聚丙烯的 DSC 曲线

升温速率 5℃/min

12.3.2.4 聚合物多重熔融行为

许多聚合物熔融时会出现多重熔融峰，如聚乙烯经过等温结晶或退火后淬火冷却，再升温熔融时有两个熔融峰。出现多重熔融现象的原因是多种多样的，要通过其他仪器测试加以验证。

不同晶型的解释如全同聚丙烯挤出物的 DSC 曲线，在熔点附近出现四个峰，如图 12-24

所示，第一个峰被认为是 β 晶型的结晶熔融峰，β 晶型结晶熔融后再结晶给出第二个峰，剩下两个峰是对应于 α 晶型的。不同晶型导致多重峰的聚合物，还有聚 1-丁烯、聚异戊二烯等。

不同成核方式的解释，Holden 用 DSC 研究加热条件对聚乙烯熔融行为的影响，在非等温结晶样品中观察到双重峰，认为是由非均相核和均相核两种不同方式成核结晶引起的双峰。对全同聚氧化丙烯的研究也有同样的结论。

也有人认为多重峰的出现，是不同形态和不同完善程度的结晶引起的。Hoashi 研究线型聚乙烯时，从熔体结晶或在 110℃ 热处理时都观察到双峰，低温峰比重峰低 10～20℃。有趣的是把这种样品在低温峰温附近再次退火处理，结果低温峰分裂成两个峰，一个峰比原来的峰温更高，而另一个峰则更低。他认为是一部分结晶形成更完善更厚的晶片，而另一部分结晶因从熔化冷却至该温度过程中形成更小、更不完善的结晶。

12.3.2.5 历史效应对熔点的影响

熔融并不是结晶的逆过程，结晶包括成核和生长两步，这两步都需要适当的过冷，因此都可能产生历史效应。

(1) 热历史　一个结晶高分子的最初历史是与成核和结晶动力学有关。常规是冷却速率越快，结晶越小越不完善，其熔点越低。实际上聚合物结晶总是处于各种亚稳态。高分子材料的生产或加工过程中常经过各种热处理，相当于退火，小分子结晶很易退火到平衡完善化而消除热历史，但高分子结晶很少能退火到这个程度这意味着退火是在原先热历史（可能还有应力历史，形态历史和结构历史）上叠加退火历史。这样使实际的聚合物材料的 DSC 曲线相当复杂。如：尼龙 6 在不同温度下结晶 16h，从 DSC 图上可看到不同热历史，最多能观察到五个峰，其结晶温度 T_c 与熔点 T_m 的关系如图 12-25 所示。曲线 3 和 4 是原样品中存在的 α 和 γ 两种晶型结晶的正常熔融；曲线 1 和 2 是原样品中没有 α 和 γ 晶型晶体重组后产生的结晶熔融；曲线 5 是个小的"退火峰"，它总是出现在比结晶温度高约 4℃ 的地方，表明结晶后从结晶温度冷却至室温，已经"二次结晶"，在原结晶间产生了小晶粒的熔融。有人将同一聚乙烯样品依次在不同温度下退火，每隔 10℃ 退火 1h，结果升温时出现一系列小退火熔融峰，每一退火峰熔融温度均比退火温度高 10℃ 左右，见图 12-26 所示。

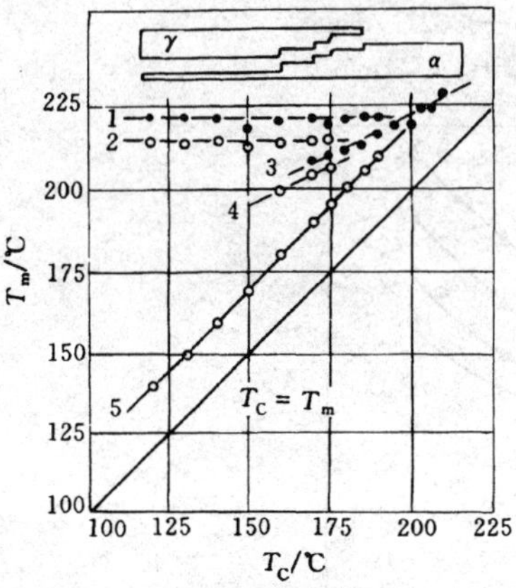

图 12-25　尼龙 6 的熔融峰温与结晶温度的关系

晶型由 X 射线衍射测定，DSC 升温速率为 8℃ /min

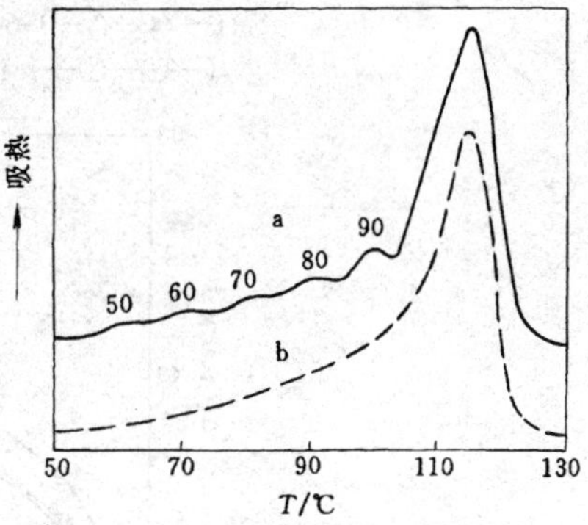

图 12-26　经退火处理的聚乙烯的 DSC 曲线

a：退火后，退火温度示于图上

b：退火前

(2) 应力历史　结晶聚合物材料经过取向，其熔点升高。图 12-27 所示是取向聚乙烯例

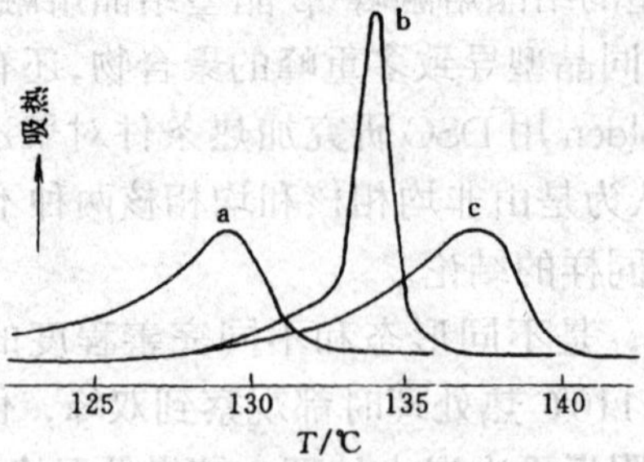

图 12-27　聚乙烯的熔融曲线

a：未拉伸　b：拉伸 13 倍，测定时自由收缩

c：拉伸 13 倍，测定时固定长度所有曲线的加热速率均为 2℃/min

子从图中可知，拉伸后熔点明显增加许多。有人认为，这是由于在无定形相中分子取向的亚稳定性。证据是如果把聚合物中无定形相蚀刻掉，剩下晶区，则熔点下降与结晶尺寸相当。样品自由收缩和固定长度，有不同熔融行为，说明不是平衡态。图 12-28 所示拉伸 PE 熔点与拉伸比 λ 的关系；图 12-29 所示是拉伸 PE 熔化热 ΔH_f 与拉伸比的关系；结果表明由 DSC 测得的 T_m 和 ΔH_f 是随拉伸比的增加而增高。

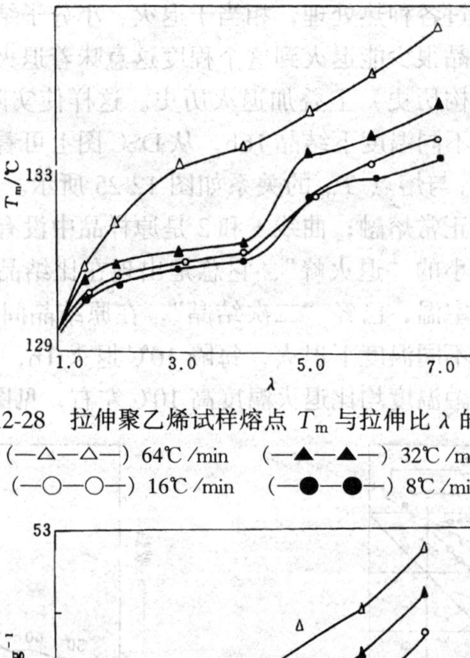

图 12-28　拉伸聚乙烯试样熔点 T_m 与拉伸比 λ 的关系

（—△—△—）64℃/min　（—▲—▲—）32℃/min

（—○—○—）16℃/min　（—●—●—）8℃/min

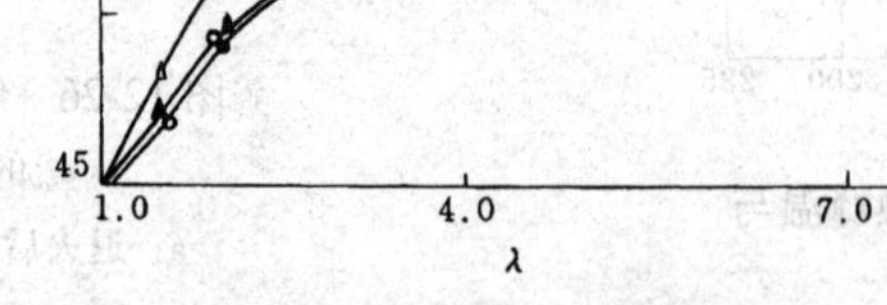

图 12-29　拉伸聚乙烯试样的熔化热 ΔH_f 与拉伸比 λ 的关系

实验点符号所代表的升温速率同图 12-28

注：1cal = 4.186kJ

12.3.2.6 结晶度和结晶动力学

测量DSC峰面积，可以定量计算转变热或反应热。下面只介绍通过熔融热测定样品的结晶度，以及通过结晶热测定结晶动力学参数。这些方法也可以用于其他转变和反应的研究。

(1) 结晶度的测定

根据两相模型的假定，聚合物熔融时，只有其中的结晶部分发生变化，所以熔融热实质上是破坏结晶结构所需的热量。结晶度越高，熔融热也越大，即聚合物的熔融热与其结晶度成正比。利用该原理计算聚合物结晶度 X_C 的公式如下：

$$X_C = \Delta H_f / \Delta H^{\circ}_f \tag{12-5}$$

式中 ΔH_f——样品测得的熔融热，kJ/mol；

ΔH°_f——100%结晶样品的熔融热，kJ/mol。

ΔH°_f 可以查手册，如：聚乙烯为273J/g（70cal/g）、尼龙6为188J/g（45cal/g）、聚丙烯（等规）为138J/g（33cal/g）等；也可以通过外推的方法实测，如先使用X光衍射仪测得一组某样品的结晶度，再分别测其DSC熔融热，用作图外推法求其100%结晶度的熔融热。

(2) 等温结晶动力学

将聚合物在DSC炉中熔融，然后尽快降温至预定温度进行等温结晶，DSC曲线将出现结晶放热峰，图12-30是聚对苯二甲酸乙二醇酯在不同温度下的等温结晶曲线。

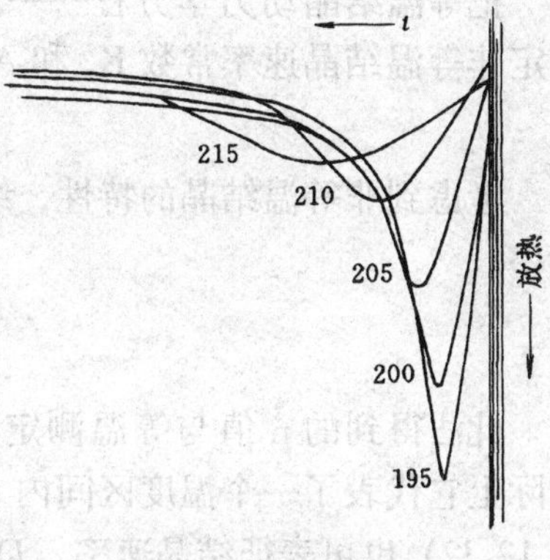

图 12-30 聚对苯二甲酸乙二醇酯的等温结晶曲线

对结晶放热峰的动力学处理如图12-31所示，总面积 A 对应于结晶的总热效应，阴影面积 a 为 $0 \sim t$ 时刻形成结晶所释放的结晶热，因而 t 时刻结晶度 X_t 可表达为：

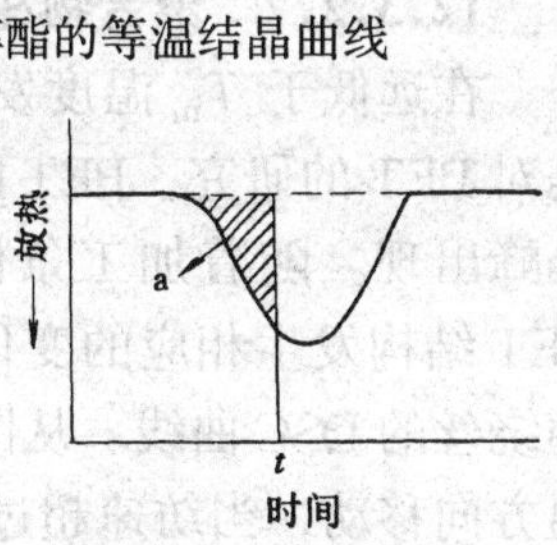

图 12-31 结晶峰的动力学处理

$$X_t = \frac{\int_0^t (\mathrm{d}H/\mathrm{d}t)\mathrm{d}t}{\int_0^\infty (\mathrm{d}H/\mathrm{d}t)\mathrm{d}t} = \frac{a}{A} \tag{12-6}$$

根据阿夫拉米（Mvrami）方程：

$$1 - X_t = \exp(-Kt^n) \tag{12-7}$$

式中 K——结晶速率常数；

n——Avrami 指数。

由上式可得：

$$\lg[-\ln(1-X_t)] = \lg K + n\lg t \tag{12-8}$$

以 $\lg[-\ln(1-X_t)]$ 对 $\lg t$ 作图，以截距可得结晶速率常数 K，从斜率可得阿夫拉米指数 n（一个与成核和生长机理有关的参数）。

(3) 非等温结晶动力学

等温结晶动力学有一定的局限性，如测定的温度范围很窄，曲线形状不完整等。另外由于高分子材料在实际加工中是非等温结晶，以及一些材料在某些温度下结晶热太小等，故非等温结晶动力学有重要的实用价值。但存在的问题如：把均相反应理论应用到异相反应；非等温过程存在温度梯度和扩散障碍等，造成理论上的不严密。虽然对热分析动力学数据，理论分析存在欠缺，不同方法测得的动力学参数有相当大的出入，但从形式上表示了反应速率与温度的依赖性，因此可以在一定限度内，外推较低温度的慢速反应，起到快速预报的作用。对同系列而结构上略有不同的物质，可以起到相互类比的作用等。所以该方法仍不失为一种有益的手段。今后不单是为了求得动力学参数，而要与过程、结构因素、工艺条件和材料评定紧密相联。下面仅介绍 Jeziorny 的方法。

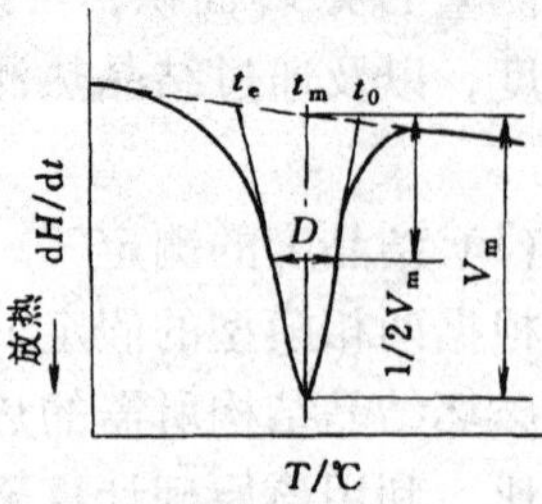

图 12-32 非等温结晶峰的动力学处理

根据降温速率 dT/dt，将非等温结晶曲线（图 12-32）中温度变化变换成时间的变化，然后再用等温结晶同样的方法处理。

把等温结晶动力学方程——Avrami 方程改进后，能适用于测定非等温结晶速率常数 K_t 和 Avrami 指数 n。

$$1 - X_t = \exp(-K_t \cdot t^n) \tag{12-9}$$

考虑到非等温结晶的特性，结晶速率常数要用降温速率校正得到 K_C 来表征非等温结晶速率。

$$\lg K_C = \frac{\lg Kt}{dT/dt} \tag{12-10}$$

此法得到的 n 值与等温测定的 n 值在意义上是有区别的，实际上它代表了一个温度区间内 n 的平均值。用半峰宽 D（见图 12-32）也可表征结晶速率，D 越小，结晶速度越快。

12.3.2.7 聚合物冷结晶现象的研究

在远低于 T_m 温度发生结晶现象称冷结晶。最典型的例子是对 PET 的研究，PET 的 DSC 曲线在 140℃ 附近有放热的冷结晶峰出现。随着加工条件的改变，冷结晶峰的变化可以证实 PET 结构发生相应的变化。图 12-33 为不同纺速下得到的 PET 缠绕丝的 DSC 曲线。从图中可知，随纺速增加，冷结晶峰向低温方向移动，当纺速超过 5000m/min 时，冷结晶峰消失。这是由于随纺速增加，PET 丝的拉伸取向增加，有利于结晶作用的发生，高速时，绕丝本身已成结晶纤维，使冷结晶峰消失。

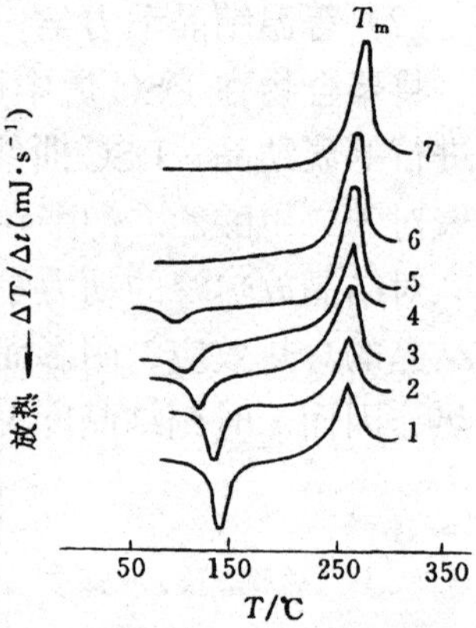

图 12-33 不同纺速 PET 卷绕丝的 DSC 曲线

纺速（m/min） 1—1000 2—2000 3—3000 4—4000 5—5000 6—6000 7—7000

12.3.3 两相聚合材料结构特征的研究

采用测定材料的玻璃化转变能初步判定结构。共聚物的 T_g 决定于结构单元的组成比，以及不同的结构组成。

如果是无规共聚结构的聚合物或均聚物常表现出一个 T_g 转变。当两种互不相容的聚合物混合时，各个相区保持各自母体聚合物的 T_g 转变。结果是大多数共混物、嵌段物、接枝物以及互相贯穿聚合物网络都呈现出两个主要的 T_g 转变。如果发生有效的分子混合，转变区就会加宽，它们的 T_g 转变温度将会靠近。

乳液聚合的丁腈橡胶（NBR）的 DTA 分析，T_g 转变随丙烯腈含量而变，当丙烯腈含量在 20%～30%范围时能观测到两个 T_g，其他含量只观测到一个 T_g。见图 12-34 它是结合 20%和 29.3%丙烯腈 NBR 典型 DTA 曲线，能观测到 −52℃ 和 −29℃ 以及 −69℃ 和 −33℃ 各两个 T_g 转变温度。但是图上的 T_g 转变点并不与单独丁二烯和丙烯腈均聚物所得的 T_g 相对应，因此不能说是完全的嵌段共聚物。同时又能说明丙烯腈含量在36%以下，成分比不同的两相是不相容的，而且二个 T_g 向均聚物 T_g 略有靠近。

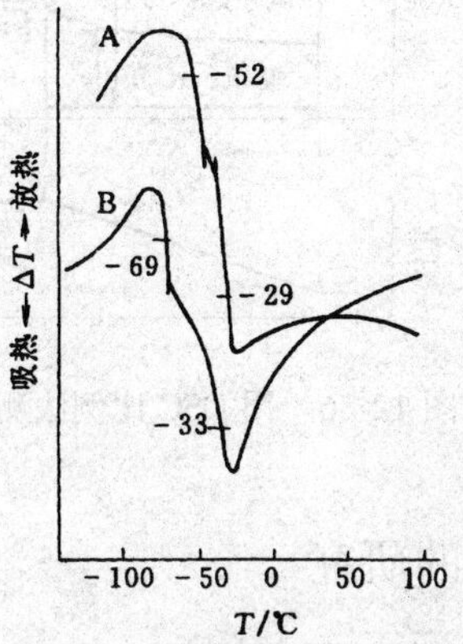

图 12-34　丁腈橡胶的 DTA 曲线
丙烯腈含量
A—29.3%　B—20.0%

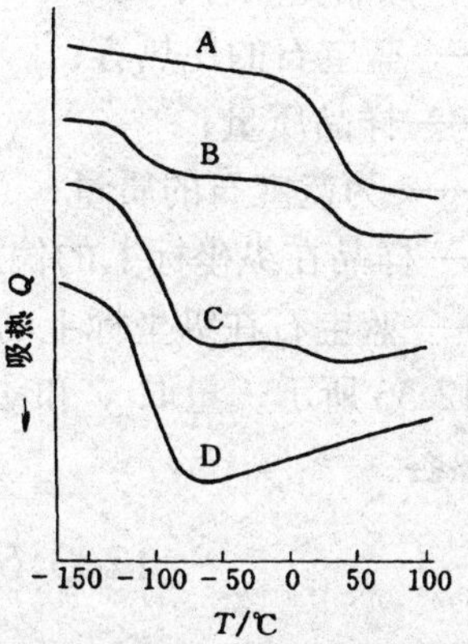

图 12-35　苯乙烯-丁二烯嵌段共聚物的 DSC 曲线
苯乙烯含量 A—100 摩尔%　B—55 摩尔%
C—19 摩尔%　D—0 摩尔%

对于完全嵌段的共聚物，由于发生相分离，可忽略各成分间相互作用，能观察到各成分均聚物的 T_g。图 12-35 所示是苯乙烯-丁二烯嵌段共聚物的 DSC 曲线，对于丁二烯 1,2 结合占 90%反式 1,4 占 10%，可见，在高温段对应于苯乙烯的 T_g，在低温段对应丁二烯的 T_g。随苯乙烯含量的减少，丁二烯成分的增加，丁二烯的 T_g 转变的阶梯增大，苯乙烯 T_g 转变台阶减少。

以丁二烯和异戊二烯的均聚物、共聚物以及共混物的 DSC 曲线，可以获得下面几个看法，均聚物丁二烯 T_g 均为 -95℃，异戊二烯为 -57℃；共聚物 T_g 介于二均聚物之间，并随丁二烯含量增加向低温移动；共混物则仍保留其原组分的 T_g，因此一般可用此法区别共聚共混。

12.3.4　比热容的测定

DSC 测量的是样品吸热或放热速率，纵坐标为$\frac{dH}{dt}$，该热流率除以升温速率$\frac{dT}{dt}$，就是热容。

$$c_P = \frac{dH}{dt} \div \frac{dT}{dt} = \frac{dH}{dT} \tag{12-11}$$

式中　c_P——等压热容。

比热容为 $c = \frac{c_P}{m} = \frac{dH}{dT} \cdot \frac{1}{m}$　(12-12)

经过数学式的交换，结果如下：

$$\frac{dH}{dt} = mc\,\frac{dT}{dt} \tag{12-13}$$

由上式可从直接测定纵坐标的位移$\frac{dH}{dt}$和$\frac{dT}{dt}$代入公式，获得材料比热容。另一种间接的办法（比例法），结果较准确。它是在相同条件下对样品和标准物进行温度扫描，然后量出二者纵坐标进行计算。标准物常用兰宝石，此热容为已知。

把样品的热焓变化率$\frac{dH}{dt} = y = cm\,\frac{dT}{dt}$除以兰宝石的热焓变化率$\frac{dH}{dt} = y' = c'm'\frac{dT}{dt}$可得

到：$\frac{c}{c'}=\frac{y}{y'}\frac{m'}{m}$

式中　c——样品比热容；

c'——蓝宝石的比热容；

m——样品质量；

m'——为蓝宝石的质量；

y——样品在纵坐标上的偏离；

y'——蓝宝石在纵坐标上的偏离。

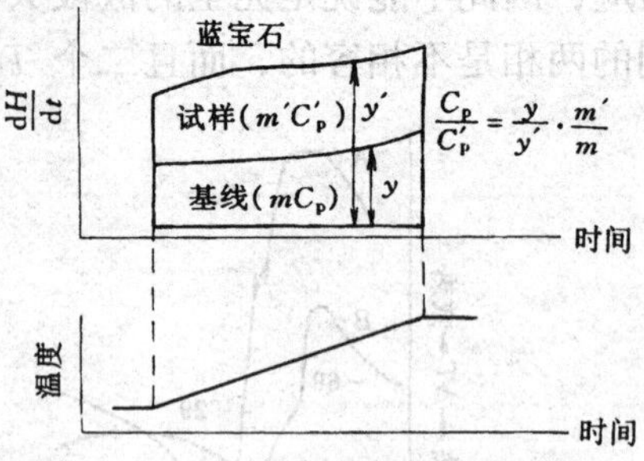

图 12-36　用 DSC 比例法测定比热容

如图 12-36 所示，量取 y' 和 y 高度代入上式可算出样品的比热容。

12.3.5　聚合物的化学转变的研究

一些聚合物的氧化、分解、交联在热谱图上均有很明显的反映，氧化、交联反应会出现放热峰，而分解反应则出现吸热峰。对这类反应，即可用升温法也可用等温法试验。如用 DSC 研究环氧树脂固化可以采用恒温、升温以及先在烘箱中作不同温度和时间固化，然后再作等速升温扫描以观察固化完全程度等三种方法。图 12-37 所示是部分固化环氧树脂的重复 DSC 谱图。由 a 扫描线可见，在 373K 附近有 T_g，基线向吸热侧移动，随后样品中尚未固化部分继续固化出现放热峰。由 b 到 e 是将样品 a 反复作温度扫描所得曲线，可以看出，T_g 随加热次数增加而移向高温，因为由 b 开始在曲线上看不到有放热的迹象，T_g 的增高可能是加热后交联网络重排使结构更为致密之故。

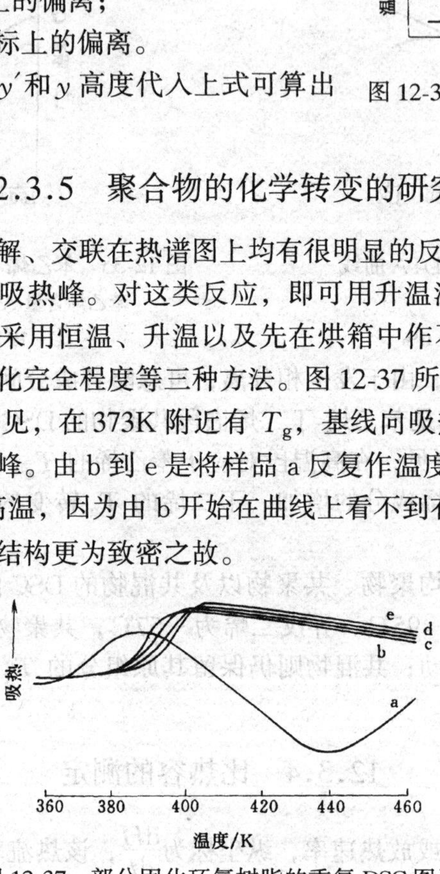

图 12-37　部分固化环氧树脂的重复 DSC 图谱

第 13 章　热 重 分 析

13.1　热重分析仪 TG 基本原理

热重法是在程序控温下，测量物质的质量随温度（或时间）的变化关系。

检测质量的变化最常用的办法就是用热天平，测量的原理有两种，可分为变位法和零位法。所谓变位法，是根据天平梁倾斜度与质量变化成比例的关系，用差动变压器等检知倾斜度，并自动记录。零位法是采用差动变压器法、光学法测定天平梁的倾斜度，然后去调整安装在天平系统和磁场中线圈的电流，使线圈转动恢复天平梁的倾斜，即所谓零位法。由于线圈转动所施加的力与质量变化成比例，这个力又与线圈中的电流成比例，因此只需测量并记录电流的变化，便可得到质量变化的曲线，其原理见图 13-1 所示。

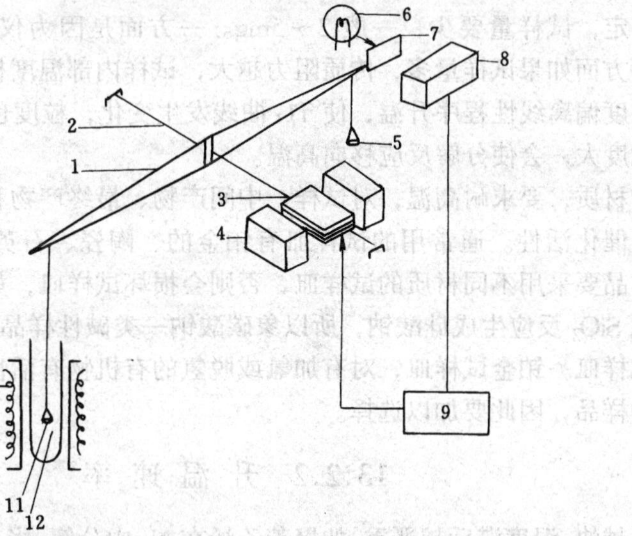

图 13-1　电磁式微量热天平示意图

1—梁　2—支架　3—感应线圈　4—磁铁　5—平衡法码盘　6—光源
7—挡板　8—光电管　9—微电流放大器　10—加热器　11—样品盘　12—热电偶

热重分析仪的简单工作原理以 P-E 公司生产的 TGS-2 为例加以说明，下图 13-2 所示。

图中左边部分的试样在程序控温下工作。它是把程序发生器发生的控温信号与加热炉中控温热电偶产生的信号相比较，所得偏差信号经放大器放大，再经过 PID（比例、积分、微分）调节后，作用于可控硅触发线路以变更可控硅的导通角，从而改变加热电流，使偏差信号趋于零，以达到闭环自动控制的目的，使试验的温度严格地按给定速率线性升温或降温。图中右边为天平检测部分，试样质量变化，通过零位平衡原理的称重变换器，把与质量变化成正比的输出电流信号，经称重放大器放大，再由记录仪或微处理机加以记录。图中其他为热重天平辅助调节不可缺少的部分，温度补偿器是校温时用的；称量校正器是校正天平称量准确度用的；电调零为自动清零装置；电减码为如需要可人为扣除试样重量时用；微分器可对试样质量变化作微分处理，得到质量变化速率曲线。

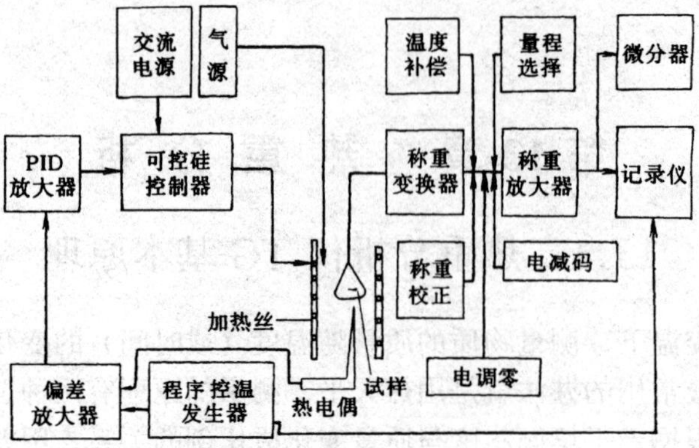

图 13-2　热重分析仪框图

13.2　实 验 技 术

13.2.1　试样量和试样皿

热重法测定，试样量要少，一般 2～5mg。一方面是因为仪器天平灵敏度很高（可达 0.1μg），另一方面如果试样量多，传质阻力越大，试样内部温度梯度大，甚至试样产生热效应会使试样温度偏离线性程序升温，使 TG 曲线发生变化，粒度也是越细越好，尽可能将试样铺平，如粒度大，会使分解反应移向高温。

试样皿的材质，要求耐高温，对试样、中间产物、最终产物和气氛都是惰性的，即不能有反应活性和催化活性。通常用的试样皿有铂金的、陶瓷、石英、玻璃、铝等。特别要注意，不同的样品要采用不同材质的试样皿，否则会损坏试样皿，如：碳酸钠会在高温时与石英、陶瓷中的 SiO_2 反应生成硅酸钠，所以象碳酸钠一类碱性样品，测试时不要用铝、石英、玻璃、陶瓷试样皿。铂金试样皿，对有加氢或脱氢的有机物有活性，也不适合作含磷、硫和卤素的聚合物样品，因此要加以选择。

13.2.2　升 温 速 率

升温速度越快，温度滞后越严重，如聚苯乙烯在 N_2 中分解，当分解程度都取失重 10％时，用 1℃/min 测定为 357℃，用 5℃/min 测定为 394℃相差 37℃。升温速度快，使曲线的分辨力下降，会丢失某些中间产物的信息，如对含水化合物慢升温可以检出分步失水的一些中间物。

13.2.3　气氛的影响

热天平周围气氛的改变对TG曲线影响显著，图13-3所示是$CaCO_3$在真空、空气和

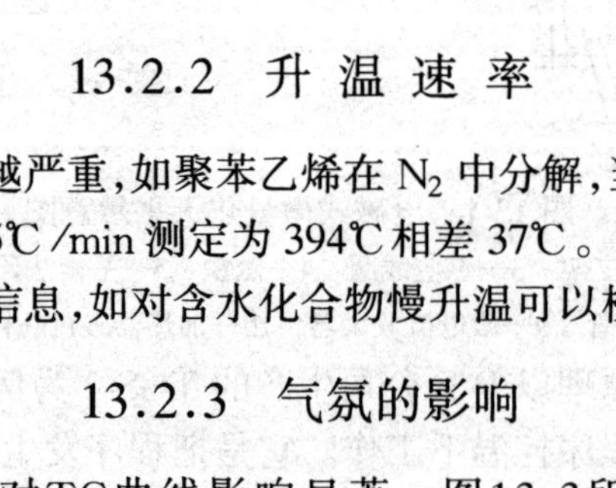

图 13-3　各种气氛下 $CaCO_3$ 的 TG 曲线

CO_2 三种气氛中的 TG 曲线，其分解温度相差近 600℃，原因在于 CO_2 是 $CaCO_3$ 分解产物，气氛中存在 CO_2 会抑制 $CaCO_3$ 的分解，使分解温度提高。

聚丙烯在空气中，150～180℃下会有明显增重，这是聚丙烯氧化的结果，在 N_2 中就没有增重。

气流速度一般为 40ml/min，流速大对传热和溢出气体扩散有利。

13.2.4 挥发物的冷凝

分解产物从样品中挥发出来，往往会在低温处再冷凝，如果冷凝在吊丝式试样皿上会造成测得失重结果偏低，而当温度进一步升高，冷凝物再次挥发会产生假失重，使 TG 曲线变形。解决的办法，一般采用加大气体的流速，使挥发物立即离开试样皿。

13.2.5 浮　　力

浮力变化是由于升温使样品周围的气体热膨胀从而相对密度下降，浮力减小，使样品表观增重。如：300℃时的浮力可降低到常温时浮力的一半，900℃时可降低到约 1/4。实用校正方法是做空白试验，（空载热重实验），消除表观增重。

13.2.6 *TG* 失重曲线的处理和计算

13.2.6.1 *TG* 曲线关键温度表示法

失重曲线上的温度值常用来比较材料的热稳定性，所以如何确定和选择十分重要，至今还没有统一的规定。但人们为了分析和比较的需要，也有了一些大家认可的确定方法。如图 13-4 所示，*A* 点叫起始分解温度，是 *TG* 曲线开始偏离基线点的温度；*B* 点叫外延起始温度，是曲线下降段切线与基线延长线的交点。*C* 点叫外延终止温度，是这条切线与最大失重线的交点。*D* 点是 *TG* 曲线到达最大失重时的温度，叫终止温度。*E*、*F*、*G* 分别为失重率为 5%、10%、50%时的温度，失重率为 50% 的温度又称半寿温度。其中 *B* 点温度重复性最好，所以多采用此点温度表示材料的稳定性。当然也有采用 *A* 点的，但此点由于诸多因素一般很难确定。如果 *TG* 曲线下降段切线有时不好划时，美国 ASTM 规定把过 5% 与 50% 两点的直线与基线的延长线的交点定义为分解温度；国际标准局（ISO）规定，把失重 20% 和 50% 两点的直线与基线的延长线的交点定义为分解温度。

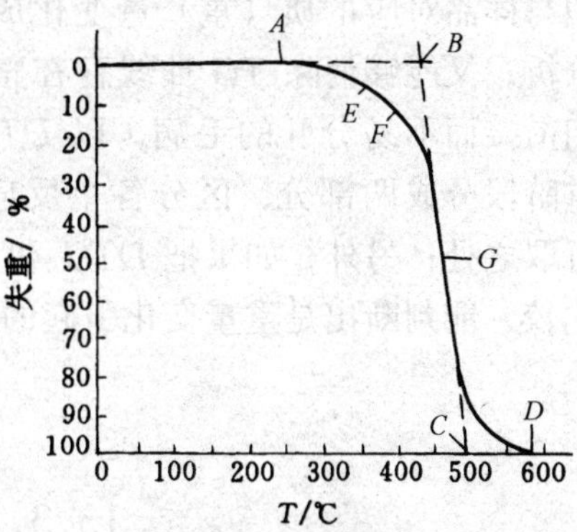

图 13-4　*TG* 曲线关键温度表示法
A—起始分解温度　*B*—外延起始温度
C—外延终止温度　*D*—终止温度
E—分解 5% 的温度　*F*—分解 10% 的温度
G—分解 50% 的温度（半寿温度）

13.2.6.2 *TG* 曲线失重量表示方法

如图 13-5 所示

A 点至 *B* 点温度失重率为：

$$\frac{99.5-50}{100}=49.5\%$$

C 点至 *D* 点温度失重率为：

$$\frac{50-24.5}{100}=25.5\%$$

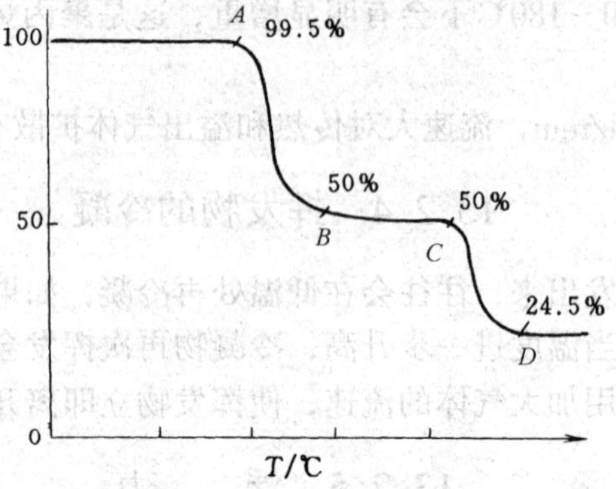

图 13-5　*TG* 曲线

13.2.6.3　微商曲线（*DTG*）表示和意义

在普通记录 *TG* 曲线对温度或时间的一阶导数，也就是重量的变化率与温度成时间的函数关系被连续记录下来，*DTG* 曲线是一个峰形曲线。

图 13-6 是一般 *TG* 和 *DTG* 模式曲线的比较微商热重曲线的获得，在分析时有重要作用，它不仅能精确反映出样品的起始反应温度，达到最大反应速率的温度（峰值）以及反应终止的温度，而 *TG* 曲线很难做到；而且 *DTG* 曲线峰面积与样品对应的质（重）量变化成正比，可精确的进行定量分析；又能够消除 *TG* 曲线存在整个变化过程各阶段变化互相衔接而不易分开的毛病，以 *DTG* 峰的最大值为界把热失重阶段分成两部分，区分各个反应阶段，这是 *DTG* 的最大可取之处；另外，如果把 *DTG* 和 *DTA* 的同一样品谱图进行比较，能判断出是重量变化引起的峰还是热量变化引起的峰，*TG* 就办不到这一点。

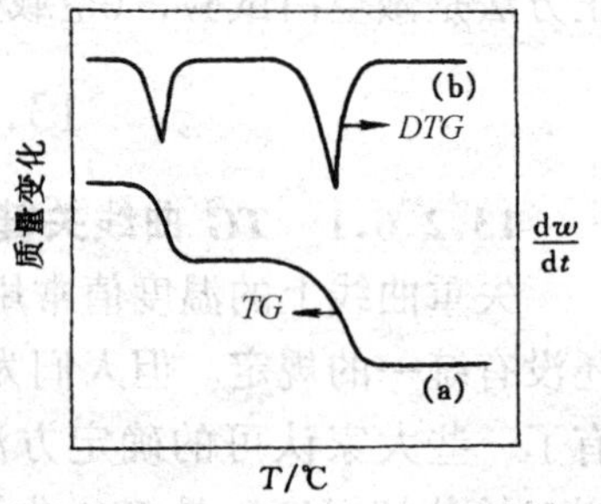

图 13-6　热重（*TG*）曲线（a）与微商热重（*DTG*）曲线（b）的比较

13.3　应　　用

13.3.1　聚合物热稳定性的评价

评价聚合物热稳定性最简单、方便的方法，是做不同材料的 TG 曲线并画在一张图上比较。如图 13-7 测定了五种聚合物的热重曲线，由图可知，PMMA、PE、PTFE 都可以完全分解，但热稳定性依次增加。PVC 稳定性较差，第一步失重阶段是脱 HCl，发生在 200～300℃，脱 HCl 后分子内形成共轭双键，热稳定性提高（TG 曲线下降缓慢），直至较高温度约 420℃ 时大分子链断裂，形成第二次失重。PMMA 分解温度低是分子链中叔碳和季碳原子的键易断裂所致，PTFE 是由于链中 C-F 键键能大，故热稳定性大大提高。聚酰亚胺 PI 由于含有大量的芳杂环结构，需 850℃ 才分解 40% 左右，热稳定

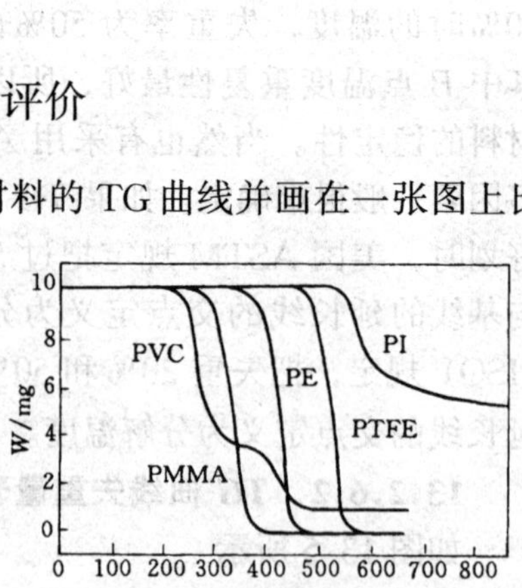

图 13-7　几种高分子材料的 *TG* 曲线

性较强。

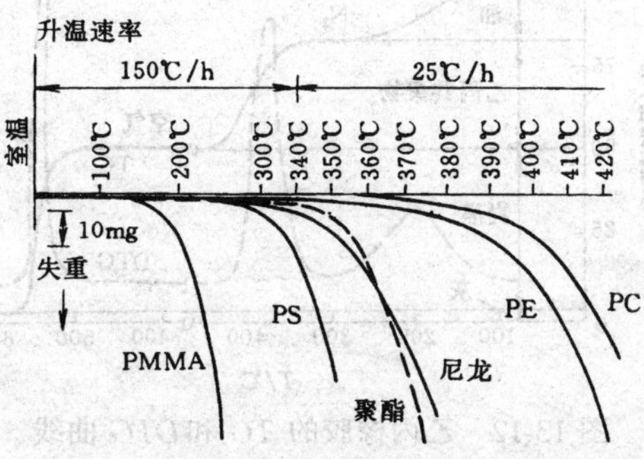

图 13-8　Newkirk 提出的各类高分子材料热稳定性的比较

图 13-8 是六种聚合物在 N_2 中先快速升至 340℃，再以慢速升温得到的 *TG* 曲线，其热稳定性的相对次序：

PMMA＜PS＜聚酯和尼龙＜PE＜PC。

在比较热稳定性时，除了失重的温度外，还需比较失重速率，如比较图 13-9 三条 *TG* 曲线，显然 c 的热稳定性比 a、b 强，而 a 与 b 虽然失重的起始温度相同，但 a 的斜率大于 b，说明 a 的失重速率大于 b，所以 a 的热稳定性最差。

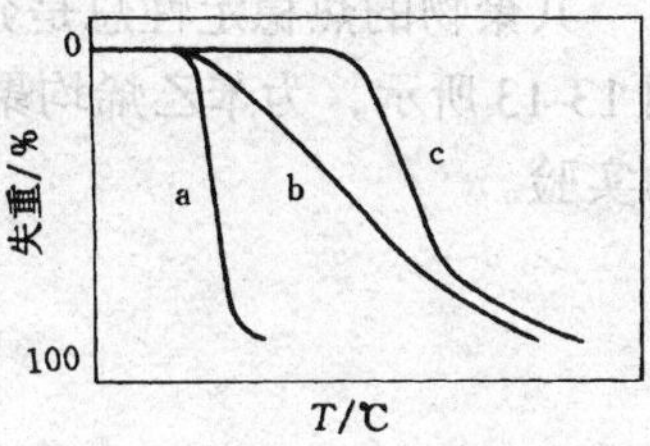

图 13-9　热稳定性比较示意图

13.3.2　组成的剖析

13.3.2.1　添加剂的分析

TG 用于分析聚合物中各种添加剂和杂质有独到之处，即快速简便。

图 13-10 是玻璃钢成分分析曲线，有三个拐点，分别对应失水（100℃附近失水 2%），和在 400～600℃之间的两步分解（树脂共失重 80%），最后不分解的是玻璃，失重率为 18%。

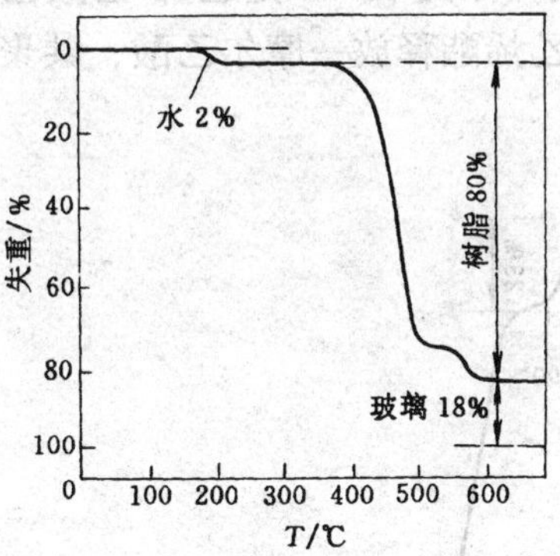

图 13-10　玻璃钢的 *TG* 曲线

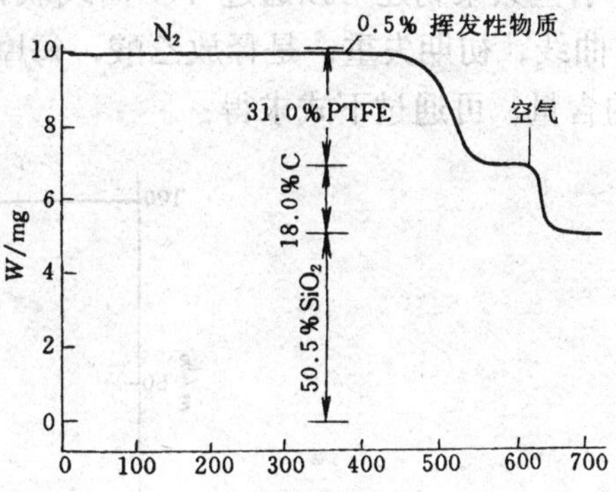

图 13-11　聚四氟乙烯的 *TG* 曲线样品 10mg，5℃/min

图 13-11 是用 SiO_2 和炭黑填充的聚四氟乙烯的 TG 曲线，先在 N_2 中加热至 600℃，再切换成空气继续加热到 700℃，烧掉炭黑，就能分别对炭黑和 SiO_2 进行定量。

图 13-12 是填充了油和炭黑的乙丙橡胶的 *TG* 和 *DTG* 曲线。首先在 N_2 中测定乙丙共聚物和油的含量（升温到 400℃左右），再切换成空气烧掉炭黑（升温到 600℃左右），从而又可获得炭黑的含量和残渣量。

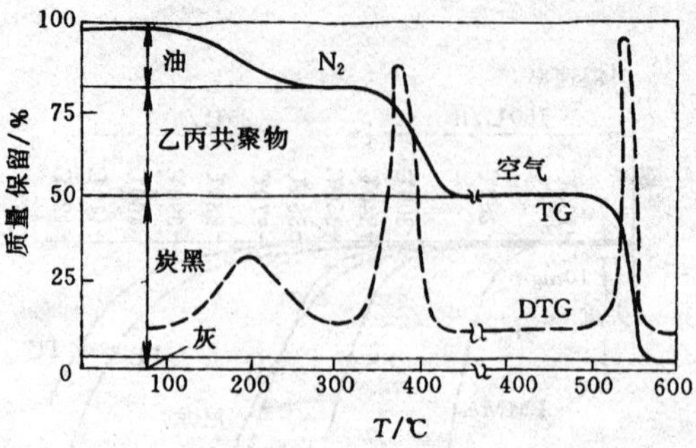

图 13-12　乙丙橡胶的 *TG* 和 *DTG* 曲线

13.3.2.2　共聚物和共混物的分析

共聚物的热稳定性总是介于两种均聚物热稳定性之间，而且随组成比的变化而变化。如图 13-13 所示，为苯乙烯均聚体与 α-甲基苯乙烯的共聚物（包括无规和本体共聚）的热稳定的实验。

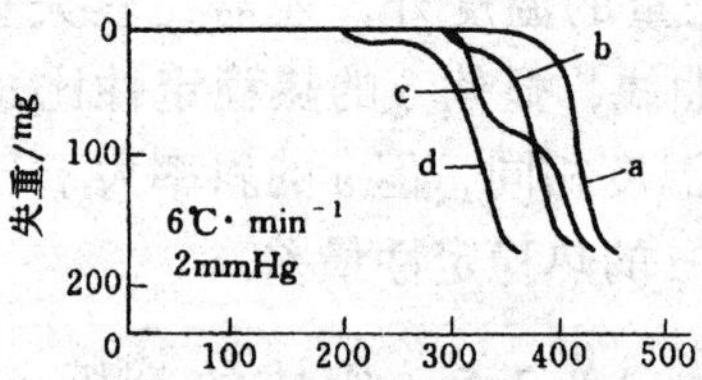

图 13-13　苯乙烯-α-甲基苯乙烯共聚物的热稳定性

a—聚苯乙烯　b—苯乙烯-α-甲基苯乙烯的无规共聚体

c—苯乙烯-α-甲基苯乙烯的本体共聚体　d—聚 α-甲基苯乙烯

结果可以看到，无规共聚物 *TG* 曲线 b 介于 a 和 d 之间，且只有一个分解过程；嵌段共聚物 c 曲线也介于 a 和 d 均聚物之间，但有二个分解过程，因此该热重分析能快速、方便、判断是无规共聚还是嵌段共聚物。

有些共聚物还可以通过 *TG* 曲线获得组成比，如图 13-14 是乙烯-乙酸乙烯酯的共聚体 *TG* 曲线，初期失重，是释放乙酸，每摩尔乙酸乙烯酯释放一摩尔乙酸，共聚物中乙酸乙烯酯的含量，可通过下式求得：

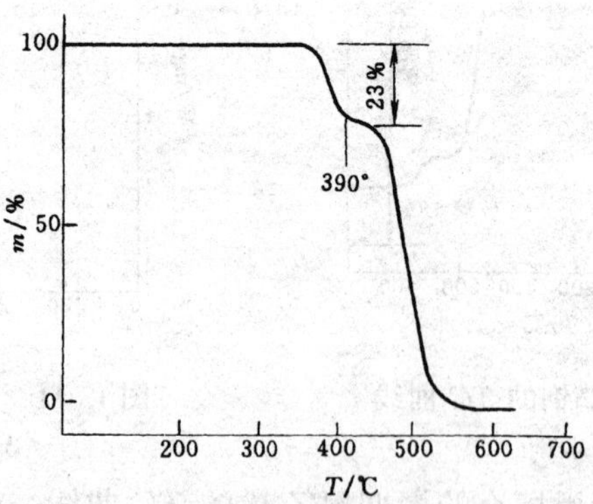

图 13-14　乙烯-乙酸乙烯酯共聚体、*TG* 曲线

$$\text{乙酸乙烯酯含量}\% = \frac{\text{乙酸乙烯酯相对分子质量}}{\text{乙酸相对分子质量}} \times TG\text{ 曲线第一阶段失重量}$$

表 13-1　　　　EVA 的 *TG* 和化学分析结果的比较

乙酸乙烯/%（化学分析）	乙酸的失重/%（TG）	乙酸乙烯/%（TG）	绝对偏差/%
4.3	3.2	4.6	0.3
8.3	5.8	8.3	0.0
11.2	7.6	10.9	0.3
14.9	10.2	14.6	0.3
27.1	18.9	27.1	0.0
31.1	21.7	31.1	0.0

由表 13-1 可见，热重分析结果与化学分析结果比较接近，说明热重法是可信的。

从共混物的 *TG* 曲线（图 13-15）可见，各组分的失重温度没有太大变化，各组分失重量是各组分纯物质的失重乘以百分含量叠加的结果。

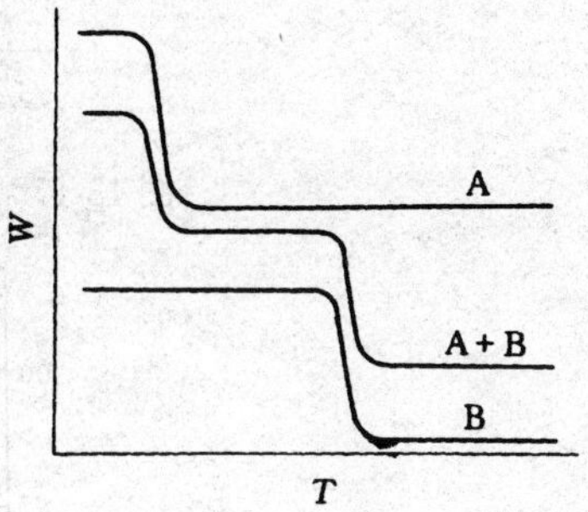

图 13-15　共混物的 *TG* 曲线

13.3.3　用热重法研究聚合物固化

对固化过程中失去低分子物的缩聚反应，可用热重法研究。如图 13-16 是酚醛树脂固化 *TG* 曲线，在 140～240℃一系列等温固化过程中，固化程度随固化温度的提高而增加，而在 260℃时固化程度反而下降。这是利用酚醛树脂固化过程中生成水，测定脱水失重量最多的固化温度，其固化程度必然最佳，从而确定 240℃为该树脂最佳固化温度。另外还可以从图中看出，不同固化温度的酚醛树脂，相同固化时间，其热稳定性的优劣次序，自上而下热稳定性逐渐提高。

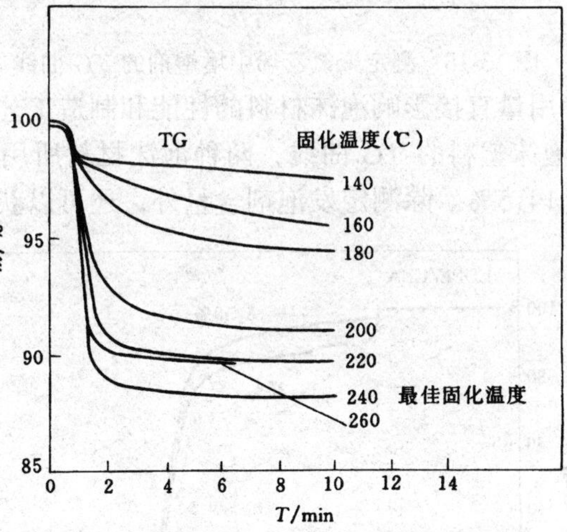

图 13-16　酚醛树脂等温固化的 *TG* 曲线

13.3.4　用热重法研究聚合物中添加剂的作用

（1）聚合物中常用的添加增塑剂，其用量和品种不同，对材料作用效果不同。

图 13-17 和图 13-18 是测定 PVC 中邻苯二甲酸二辛酯（DOP）增塑剂的含量，也可以确定 PVC 的组成比。两种材料虽然同是 PVC，但软硬不同，用途不同，增塑剂含量差别很

大，前者为29%后者为8%。

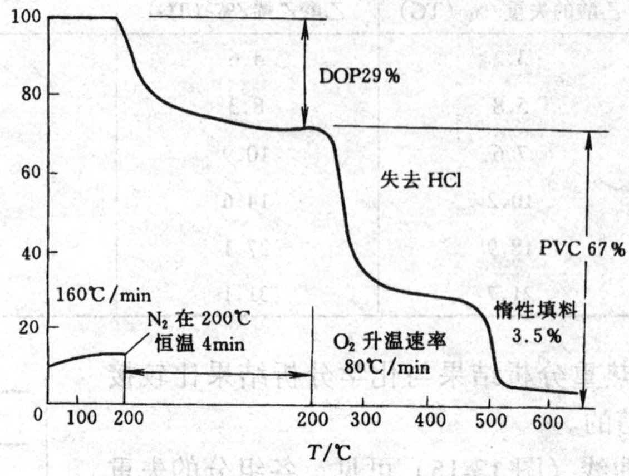

图 13-17　测定聚氯乙烯中邻苯二甲酸二辛酯的 *TG* 曲线

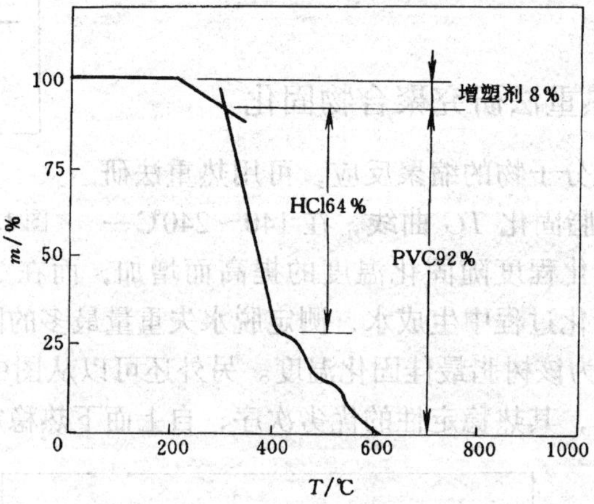

图 13-18　测定聚氯乙烯中增塑剂的 *TG* 曲线

（2）发泡剂的性能和用量直接影响泡沫材料的性能和制造工艺条件。

图 13-19 是两种 PE 泡沫塑料的 *TG* 曲线，两种泡沫材料所用发泡剂相同（CBA）但用量不同，分别为 5.5%和 14.5%。除测定发泡剂含量外，还可以获得适宜的发泡成型温度条

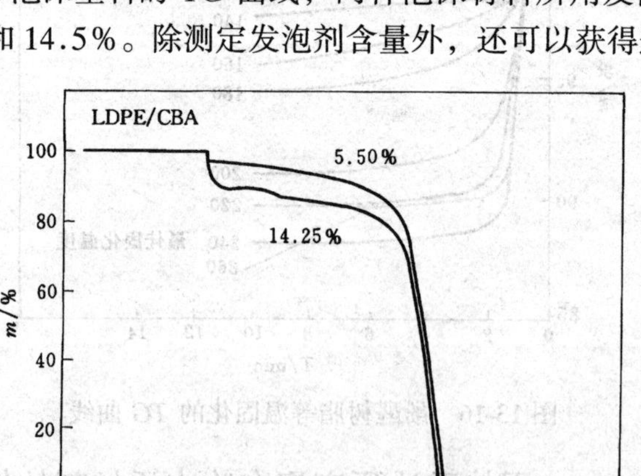

图 13-19　测定聚乙烯中发泡剂的 *TG* 曲线
180℃以前升温速率 100℃/min　180～210℃升温速率 5℃/min
210～700℃升温速率 50℃/min

件，图中可见，在200℃左右的温度是该发泡剂发泡成型的最佳温度。

(3) 阻燃剂在聚合物材料中有特殊效果，阻燃剂的种类和用量选择适当，可大大改善聚合物材料的阻燃性能。图13-20是不含和含阻燃剂的聚丙烯 *TG* 曲线。加阻燃剂的聚丙烯从分解温度看明显高于不加阻燃剂的，加阻燃剂的PP热稳定性大大提高，而阻燃剂的用量却只有0.5%。

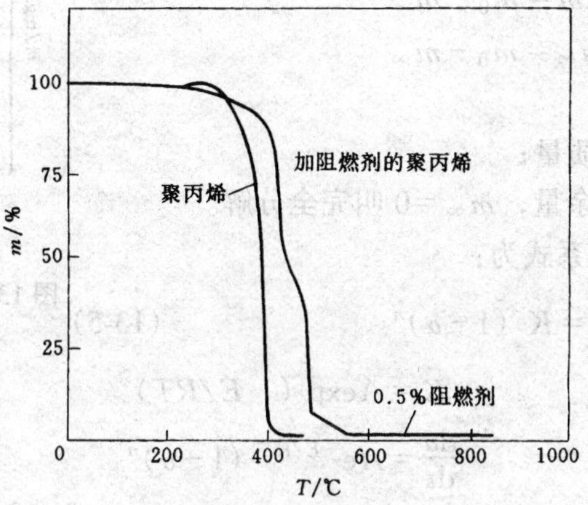

图13-20 聚丙烯中阻燃剂的特性 *TG* 曲线

13.3.5 研究聚合物的降解反应动力学

13.3.5.1 化学反应动力学的基本概念

化学反应动力学是研究化学反应的速度随时间、浓度、温度变化的关系，最终求出活化能，反应级数并对该反应机理进行解释。

化学反应速度与浓度的关系，即质量作用定律：

$$v = Kc^n \tag{13-1}$$

或

$$v = K\ (1-x)^n \tag{13-2}$$

式中 K——反应速度常数，它是温度的函数，如果温度不变，K 是常数；

c——反应物浓度；

x——反应产物浓度；

n——是反应级数；

v——反应速度。

反应速度常数 K 与温度的关系是阿伦尼乌斯（Arrhenius）方程：

$$K = Ae^{-E/RT} \tag{13-3}$$

上式取对数得：

$$\ln K = \ln A - \frac{E}{R}\cdot\frac{1}{T} \tag{13-4}$$

式中 E——活化能；

A——频率因子；

R——气体常数其值为8.31J/kmol。

$\ln K$ 对 $\frac{1}{T}$ 作图为一直线，可获得斜率 $\frac{E}{R}$，截距 $\ln A$，其中 E、n、A 称为动力学参数。

另一重要概念在热重法计算时称失重率，即变化率 α，以下式表示：

$$\alpha = \frac{\Delta m}{\Delta m_\infty}$$

式中 Δm_∞——最大失质量；

Δm——T（t）时的失质量。

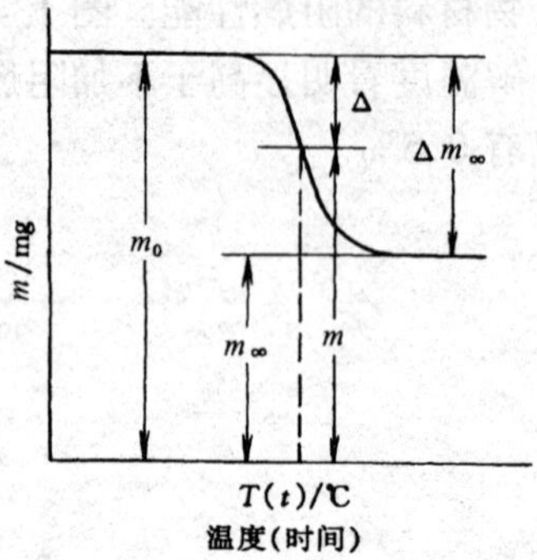

图 13-21 从 *TG* 曲线计算失重率

图 13-21 所示中

$$\Delta m = m_0 - m$$

$$\Delta m_\infty = m_0 - m_\infty$$

式中 m_0——初始质量；

m 是 T（t）时的质量；

m_∞——最终时剩余量，$m_\infty = 0$ 叫完全分解。

热分析动力学基本关系式为：

$$\frac{d\alpha}{dt} = K\ (1-\alpha)^n \tag{13-5}$$

$$K = A\exp\ (-E/RT) \tag{13-6}$$

$$\frac{d\alpha}{dt} = Ae^{-E/RT}\ (1-\alpha)^n \tag{13-7}$$

把升温速率 $\phi = \frac{dT}{dt}$代入上式得到

$$\frac{d\alpha}{dT} = \frac{A}{\phi}e^{-E/RT}\ (1-\alpha)^n \quad \text{（微分式）(13-8)}$$

把上式变量分离可写成下式

$$\frac{d\alpha}{(1-\alpha)^n} = \frac{A}{\phi}e^{-E/RT}dT \quad \text{（积分式）(13-9)}$$

上面两式是热重动力学微商法和积分法的最基本式，由此出发可以导出各种动力学式。下面介绍几种方法。

13.3.5.2 Newkirk 法

它采用一条 *TG* 曲线求得分解反应的速率常数，如图 13-22 所示，失重曲线上点 1 和点 2 作切线可得到反应速率$\frac{d\alpha_1}{dt_1}$和$\frac{d\alpha_2}{dt_2}$，以及对应样品剩余质量为（$1-\alpha_1$）和（$1-\alpha_2$）。如果是一级反应 $n=1$，则可以由$\frac{d\alpha}{dt} = K(1-\alpha)$式代入已知值求出各反应速率常数 K_1, K_2；然后由 $\ln K = \ln A - \frac{E}{R}\frac{1}{T}$式作 K 的对数与$\frac{1}{T}$的图象是一条直线，从斜率和截距可求得 E 和 A。

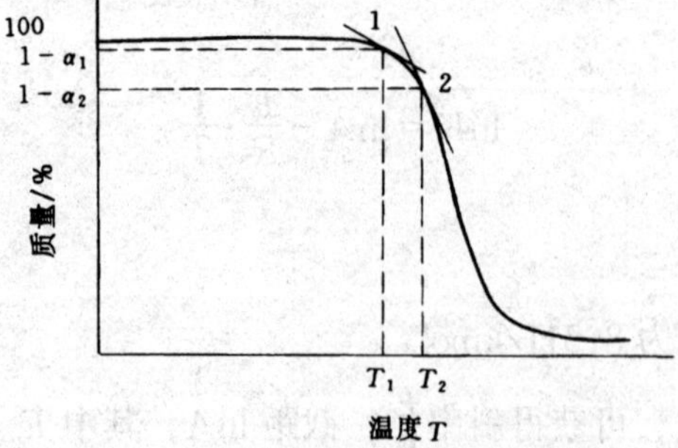

图 13-22 *TG* 曲线

此法缺点是求切线斜率误差较大，$n \neq 1$ 时计算较麻烦。

13.3.5.3 多个升温速率法

若用几个不同升温速率的 *TG* 曲线求解动力学参数，为此把方式（13-8）变换成：

$$\ln\left[\phi\left(\frac{d\alpha}{dT}\right)\right] = \ln\left[A(1-\alpha)^n\right] - \frac{E}{RT} \tag{13-10}$$

因为已假设 $(1-\alpha)^n$ 只与 α 有关，所以当 α 为常数（不同升温速率 TG 曲线取相同的失重率 α），则 $(1-\alpha)^n$ 也为常数，这样，对不同的 ϕ 值，在给定的 α 值下，作 $\ln\left[\phi\left(\frac{d\alpha}{dT}\right)\right]$ 对 $\frac{1}{T}$ 作图是一条直线，由斜率求出活化能 E，再根据

$$\ln\left[A(1-\alpha)^n\right] = \ln A + n\ln(1-\alpha) \tag{13-11}$$

以（13-11）式中截距对 $\ln(1-\alpha)$ 作图，就可求出反应级数 n 和频率因子 A。

13.3.5.4 Coast-Redfern 法

这是一种近似积分法求解动力学参数。它是从积分式（2-9）出发得

$$\int_0^\alpha \frac{d\alpha}{(1-\alpha)^n} = \frac{A}{\phi}\int_{T_0}^T e^{-E/RT}dT$$

左边
$$\int_0^\alpha \frac{d\alpha}{(1-\alpha)^n} = \begin{cases} -\ln(1-\alpha) & \text{当 } n = 1 \\ \dfrac{(1-\alpha)^{1-n}-1}{n-1} & \text{当 } n \neq 1 \end{cases}$$

根据 Doyle 近似积分关系：

$$\frac{A}{\phi}\int_{T_0}^T e^{-E/RT}dT = \frac{AE}{\phi R}p(y) \tag{13-12}$$

$$p(y) = \frac{e^{-y}}{y^2}\left(1+\frac{2!}{y}+\frac{3!}{y^2}+\cdots\right) \tag{13-13}$$

其中 $y = -\frac{E}{RT}$

若使用 $p(y)$ 近似式的前三项，可以得到

$$\frac{\left[1-(1-\alpha)^{1-n}\right]}{1-n} = \frac{ART^2}{\phi E}\left[1-\frac{2RT}{E}\right]e^{-E/RT} \tag{13-14}$$

两边取对数得到

$$\lg\left\{\frac{1-(1-\alpha)^{1-n}}{T^2(1-n)}\right\} = \lg\left\{\frac{AR}{\phi E}\left[1-\frac{2RT}{E}\right]\right\} - \frac{E}{2.3RT} \tag{13-15}$$

作 $\lg\left\{\frac{1-(1-\alpha)^{1-n}}{T^2(1-n)}\right\}$ 对 $\frac{1}{T}$ 图，斜率 $-\frac{E}{2.3R}$ 可求 E。

当 $n=1$ 时，（13-14）式变成

$$\frac{-\ln(1-\alpha)}{T^2} = \frac{AR}{\phi E}\left[1-\frac{2RT}{E}\right]e^{-E/RT}$$

取对数：

$$\lg\left[\frac{-\ln(1-\alpha)}{T^2}\right] = \lg\frac{AR}{\phi E}\left[1-\frac{2RT}{E}\right] - \frac{E}{2.3R}\cdot\frac{1}{T} \tag{13-16}$$

作 $\lg\left[\frac{-\ln(1-\alpha)}{T^2}\right]$ 对 $\frac{1}{T}$ 图，由斜率可求 E。

该方法的前题 n 需假定，只要假设 n 正确，求出的 E 就很准确，且需在反应过程中 n 不能变化，否则会得出错误的结论。

第 4 篇　聚合物材料的动态力学分析

聚合物材料，诸如橡胶、塑料、纤维、薄膜、复合材料等，都具有粘弹性，用动态力学法研究聚合物的力学性能，已证明是一种非常有效的测试方法。人们已经把测到的材料动态模量、损耗模量、阻尼特性（内耗）与材料的宏观性能，如：疲劳寿命、韧性、冲击弹性、撕裂性能、耐热性、耐寒、耐老化性能以及阻尼特性联系起来，而且还与材料的微观结构变化和分子运动联系起来，如：相对分子质量大小、分子取向、结晶度大小、交联和共聚、共混等，结构参数的变化与动态力学性质的关系，以及环境变量包括温度、频率、时间、形变类型、气氛、湿度等变化与动态性质的关系。另一方面，随现代科学的发展，高科技的引入，精密仪器制造技术迅速提高，使仪器的功能和测试的精度、分辨率不断提高，计算机控制和对数据的处理分析有了巨大进步，为研究聚合物材料创新的分析方法提供了便利的条件。

第 14 章　动态力学测量分析的基本原理

14.1　材料在交变外力作用下应力与应变的关系

所谓动态力学性能的测量分析是研究材料在交变外力下的响应。

聚合物是粘弹性材料，研究聚合物的粘弹性常采用正弦性的交变外力，使试样产生的应力和应变也以正弦方式随时间变化。这种周期性的外力引起试样周期性的形变，其中一部分所做功以位能形式贮存在试样中，没有损耗。（试样分子结构中弹性部分形变后能瞬间恢复）而另一部分所做功，在形变时以热的形式消耗掉。（试样分子结构中粘性部分形变时造成分子间的内摩擦使材料生热）应变始终落后应力一个相位。（相位滞后起因于材料分子来不及松弛）拉伸粘弹性材料交变应力和应变随时间的变化关系可表示如下：

$$\varepsilon = \varepsilon_0 \sin\omega t \tag{14-1}$$

$$\sigma = \sigma_0 \sin(\omega t + \delta) \tag{14-2}$$

式中　ε——应变随时间变化；

ε_0——周期变化应变最大值；

σ——应力随时间变化；

σ_0——周期变化应力最大值；

ω——角频率；

ωt——相位角；

δ——应力和应变相位角的差值。

（14-1）和（14-2）式说明先确定应变的相位为 ωt 时，应力变化要比应变领先一个相位

差 δ，才满足聚合物应变落后应力一个相位差的结果。见图14-1。

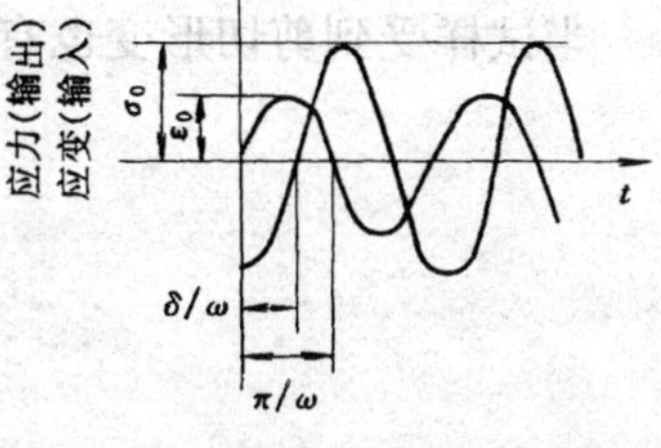

图 14-1　应力应变和频率的关系

把（14-2）式展开成：

$$\sigma=\sigma_0\sin\omega t\cos\delta+\sigma_0\cos\omega t\sin\delta \tag{14-3}$$

即认为应力可分成两部分，一部分（$\sigma_0\cos\delta\sin\omega t$）是与应变同相位的，另一部分（$\sigma_0\sin\delta\cos\omega t$）与应变的相位相差 $\frac{\pi}{2}$。该式两边除以应变最大值 ε_0，经整理如下式：

$$\sigma=\varepsilon_0E'\sin\omega t+\varepsilon_0E''\cos\omega t \tag{14-4}$$

其中

$$\frac{\sigma_0}{\varepsilon_0}\cos\delta=E' \tag{14-5}$$

$$\frac{\sigma_0}{\varepsilon_0}\sin\delta=E'' \tag{14-6}$$

式中　E'——与应变同相的模量称实模量，反映储能大小；

E''——与应变异相的模量称虚模量，反映耗能大小。

（14-5）（14-6）式的比值

$$\tan\delta=\frac{E''}{E'} \tag{14-7}$$

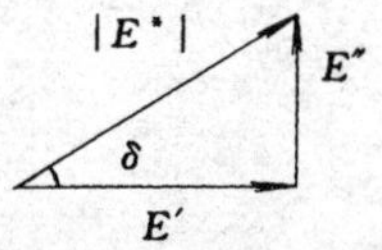

图 14-2　各参数之间关系

式中　$\tan\delta$——力学损耗正切角或称耗能因子。

上述拉伸表达式在动态力学实验中，常用复数形式表示，见图 14-2。

$$\varepsilon^*=\varepsilon_0e^{\lambda\omega t} \tag{14-8}$$

$$\sigma^*=\sigma_0e^{\lambda(\omega t+\delta)} \tag{14-9}$$

$$E^*=\frac{\sigma^*}{\varepsilon^*}=\frac{\sigma_0}{\varepsilon_0}e^{\lambda\delta}=|E^*|e^{\lambda\delta} \tag{14-10}$$

利用欧拉公式

$$e^{\lambda\delta}=\cos\delta+\lambda\sin\delta \tag{14-11}$$

$$E^*=|E^*|(\cos\delta+\lambda\sin\delta)=E'+\lambda E'' \tag{14-12}$$

式中　σ^*——用复数形式表示的正弦应力。

E'、E''、δ、ε_0、σ_0 物理意义与前述相同。

当模量倒数作为变量，可用类似方法得到复数柔量 D^*。

$$D^*=D'-\lambda D'' \tag{14-13}$$

$$D'=|D^*|\cos\delta \tag{14-14}$$

$$D''=|D^*|\sin\delta \tag{14-15}$$

$$\tan\delta=\frac{D''}{D'} \tag{14-16}$$

$D^*=\frac{1}{E^*}$用数字变换可推出

$$D'=\frac{E'}{E'^2+E''^2} \tag{14-17}$$

$$D''=\frac{E''}{E'^2+E''^2} \tag{14-18}$$

式中　D^*——复数柔量；

D'——储能柔量；

D''——损耗柔量。

当试样受到剪切形变也有类似的表示方式：

$$G^* = G' + \lambda G'' \tag{14-19}$$

$$G' = |G^*|\cos\delta \tag{14-20}$$

$$G'' = |G^*|\sin\delta \tag{14-21}$$

$$\tan\delta = \frac{G''}{G'} \tag{14-22}$$

$$J^* = J' - iJ'' \tag{14-23}$$

$$GJ' = |J^*|\cos\delta \tag{14-24}$$

$$J'' = |J^*|\sin\delta \tag{14-25}$$

$$\tan\delta = \frac{J''}{J'} \tag{14-26}$$

式中 G^*——复合剪切模量；

J^*——复合剪切柔量；

G'——剪切储能模量；

J'——剪切储能柔量；

G''——剪切损耗模量；

J''——剪切损耗柔量。

如果测量的试样是聚合物熔体或溶液，其动态粘弹性用下式表示：

$$\eta^* = \eta' - \lambda\eta'' \tag{14-27}$$

$$\eta' = \frac{G''}{\omega} \tag{14-28}$$

$$\eta'' = \frac{G}{\omega} \tag{14-29}$$

式中 η^*——复合粘度；

η'——实粘度等于模量的损耗部分；

η''——虚粘度等于模量的储能部分；

ω——角频率 $\omega = 2\pi f$（rad/s）。

14.2 聚合物力学性质与温度、频率、时间的关系

聚合物的性质与温度有关，与施加于材料上外力作用的时间有关，与外力作用的频率有关。塑料在室温下大多是硬的，但在高温下就变软，橡胶在室温是软而有弹性，但在低温就变硬了。应力松弛模量是时间的函数，短时间测得的模量有高的数值，长时间测得的有低的数值。外力作用的频率增加相当于降低温度或减少时间具有相同的效果，使材料刚性提高。相反频率减少与增加温度或增加时间具有相同效果，使材料减小刚性。当聚合物作为结构材料使用时，主要利用它的弹性、强度，要求在使用的温度范围内有较大的储能模量。聚合物作为减震或隔音材料使用时，则主要利用它们的粘性，要求在一定频率范围内有较高的阻尼。当作为轮胎使用时，除应有弹性外，内耗不能过高，以防生热脱层爆破，但也需有一定的内耗，增加轮胎与地面的摩擦力。由上所述，为了了解聚合物的动态力学性能，我们有必要进行宽广的温度范围对性能的测定，简称温度谱。在宽广的频率范围内进行测定，简称频率谱，通称 DMA 谱。

测温度谱时，原则上维持应力频率不变，由图 14-3 所示。

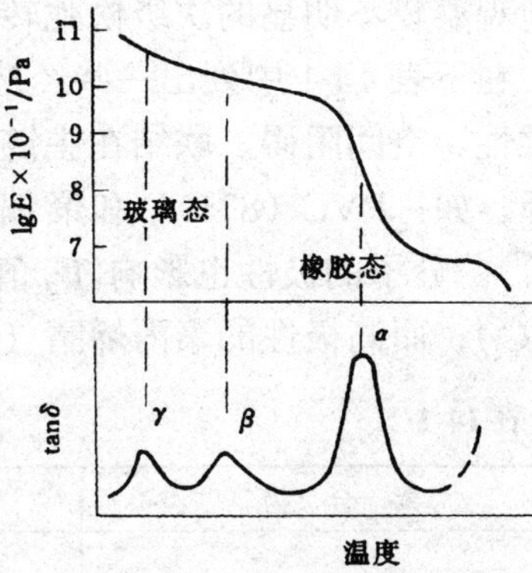

图 14-3 无定形聚合物典型动态力学性质

由图中可以看到，随程序升温，模量随温度升高逐渐下降，并有若干段呈阶梯形转折，耗能因子在谱图上出现若干个突变的峰，模量跌落与 $\tan\delta$ 突变峰的温度范围基本对应。温度谱按模量和内耗峰可分成几个区域，不同区域反映材料处于不同的分子运动状态。转折的区域称为转变，分主转变和次级转变。这些转变和较小的运动单元的运动状态有关，各种聚合物材料由于分子结构与聚集态结构不同，分子运动单元不同，因而各种转变所对应的温度不同。这里给出一个数量级的概念，供读者参考，玻璃态的模量一般在 $10^9\sim10^{10}$Pa。而玻璃化转变区模量下降的范围，对非晶聚合物而言，一般模量降低 $10^3\sim10^4$ 数量级；对结晶性聚合物而言，模量一般降低 $10^{1.5}\sim10^{2.5}$个数量级；对交联聚合物，模量一般降低 $10^1\sim10^2$ 个数量级。主转变又称 α 转变或玻璃化转变，此时所对应的温度为此材料的玻璃化转变温度，这段除模量急趋下降外，$\tan\delta$ 和 E'' 都急趋增大并出现极大值后再迅速下降，它反映了聚合物中无定形或非晶区部分链段由冻结到自由运动的转变。次级转变分成 β、γ、δ……等转变，在此转变区内，模量有小的跌落，并出现 β、γ、δ……等损耗峰，反映比链段更小的运动单元（局部侧基、端基、极短的链节等）由冻结到自动运动的转变。

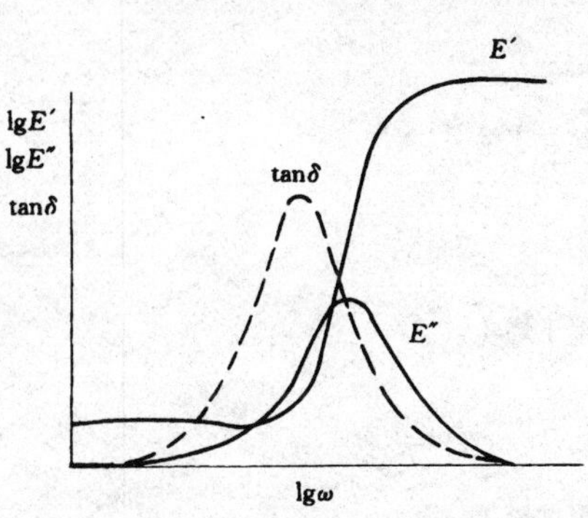

图 14-4 $\lg E'$、$\lg E''$ 和 $\tan\delta$ 对 $\lg\omega$ 关系

频率谱，即频率扫描模式是在恒温、恒应力下，测量动态模量及损耗随频率变化的试验，用于研究材料力学性能与速率的依赖性。图 14-4 是典型非晶态聚合物频率谱图，当外力作用频率 $\omega\gg$链段运动最可几频率 ω_0 时，（$\omega_0=\dfrac{1}{\tau_0}$，其中 τ_0 为链段运动最可几松弛时间）链段基本上来不及对外力作出响应，这时材料表现为刚性即玻璃态，具有以链角变形为主对外力作出瞬间响应的普弹性，因而 E'（ω）很高，E''（ω）和 $\tan\delta$ 都很小，且与频率变化关系不大。当 $\omega\ll\omega_0$ 时，链段能自由地随外力的变化而重排，这时材料表现出为理想的高弹性，E'很小，E''和 $\tan\delta$ 也很小，且与频率关系不大。当 $\omega=\omega_0$ 时，链段运动由运动不自由到比较自由的运动，即玻璃化转变，此时 E'（ω）随频率变化急剧变化，链段运动需克服较大的摩擦力，E''（ω）和 $\tan\delta$ 均达到峰值。

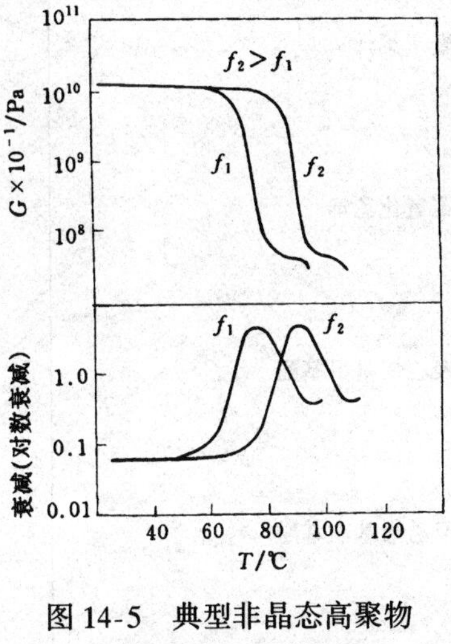

图 14-5 典型非晶态高聚物不同频率下的温度谱

从不同频率下测材料在相同温度范围内的温度谱（见图 14-5）可知，当频率变化 10 倍时，随材料活化能不同其温度谱曲线位移 7～10℃，也就是说如果频率变化三个数量级时相当于温度位移 21～30℃，因此用频率扫描模式可以更细

致地观察较不明显的次级松弛转变。

在下表 14-1 中列出一些经选择的聚合物玻璃转变温度，T_g 值依赖于化学结构。分子链的柔性、空间阻碍、联结在主链上侧基大小都影响 T_g 的值。对称性结构如果增加会使 T_g 下降，如：PVC（87℃）和聚偏二氯乙烯（－17℃）；聚丙烯（－10℃）和聚异丁烯（－65℃）。分子的极性也影响 T_g 值。非极性的聚丙烯 T_g（－10℃），中等极性的聚氯乙烯 T_g（87℃），而高极性的聚丙烯腈（103℃）。玻璃化转变还随分子量和交联增加而增加。

表 14-1　　　　　　　　　　聚合物的玻璃化转变温度和熔点

聚　合　物	重　复　单　元	T_g/℃	Tm/℃
聚乙烯	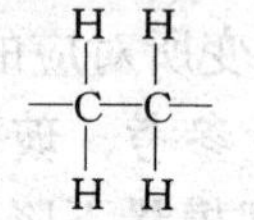	－120 （－130）	137 （141）
聚丙烯（等规）	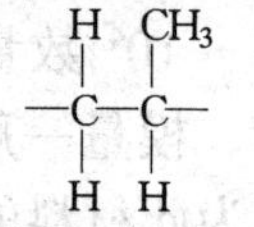	－10	176 （182）
聚异丁烯	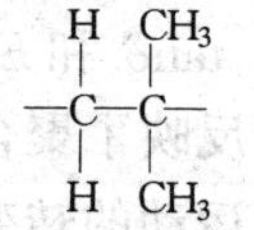	－70 （－73）	128
聚丁烯-1	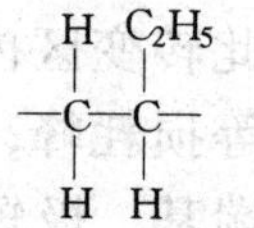	－25	132 （126）
聚戊烯-1	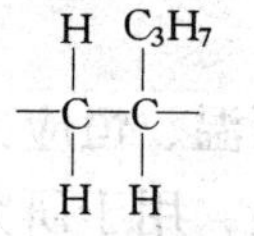	－40	75 （130）
聚辛烯-1	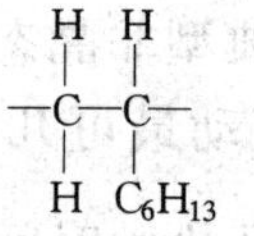	－65	－38
聚氧化乙烯	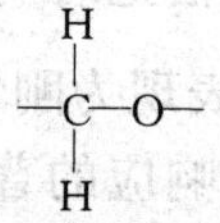	－83 （－50）	181 （198）
聚乙烯基甲基醚	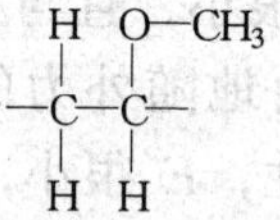	－13 （－20）	144
聚乙烯基乙基醚	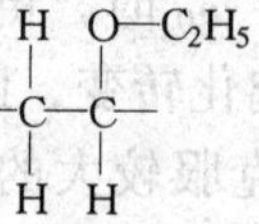	－25 （－42）	86
聚乙烯基正丁基醚	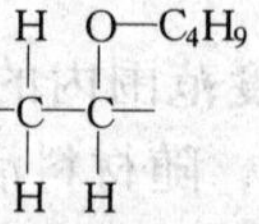	－52 （－55）	64

续表

聚合物	重复单元	T_g/℃	T_m/℃
聚乙烯基异丁基醚	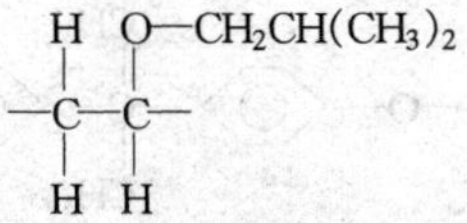	−27 (−18)	115 (165)
聚二甲基硅氧烷	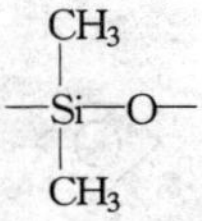	−123	−40
聚苯乙烯	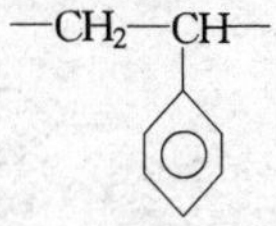	100	240
聚甲基丙烯酸甲酯	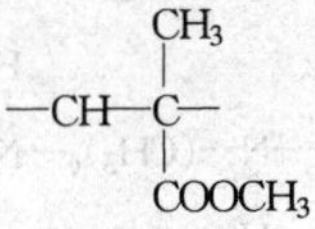	45	160
聚氟乙烯	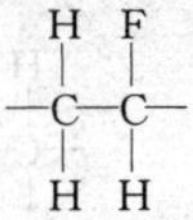	40 (−20)	200
聚氯乙烯	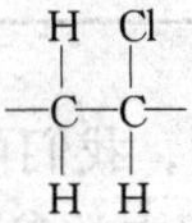	87 (81)	227 (273)
聚四氟乙烯	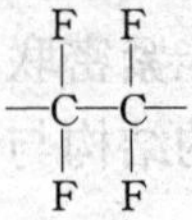	126 (−65)	327 (330)
聚丙烯腈（间规）	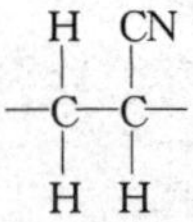	104 (130)	317
聚乙烯醇	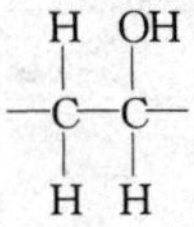	85	228
聚对苯二甲酸乙二酯	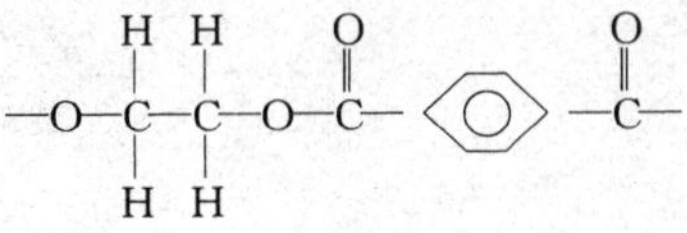	69	265 (325)
聚己二酰己二胺（尼龙 66）	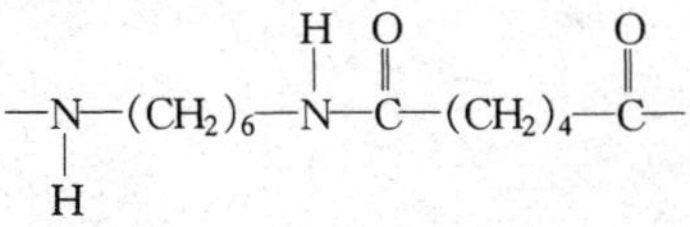	50 (57)	265 (260)
（聚己丙酰胺）尼龙 6	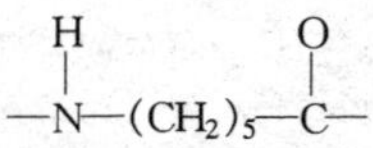	50 (40)	225 (219)

续表

聚　合　物	重　复　单　元	T_g/℃	Tm/℃
聚碳酸酯（双酚 A 型）	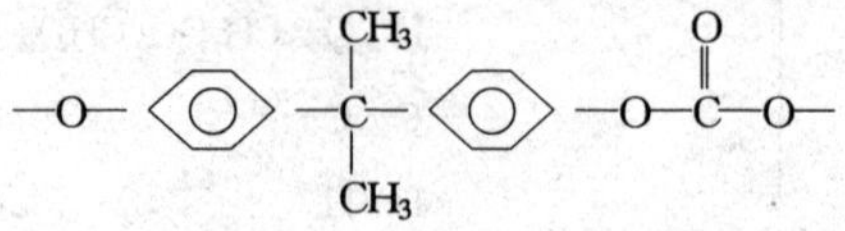	150	267 (220)
聚对苯二甲酸丁二酯	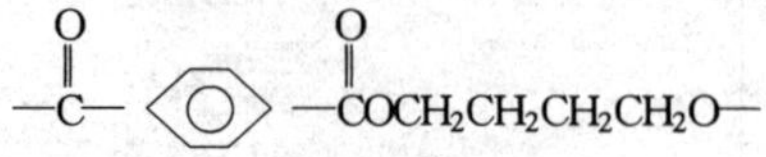	40	265 (325)
聚 2,6-二甲基氧化苯撑	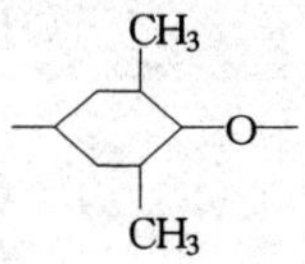	220 (210)	481
聚癸二酰己二胺（尼龙 610）	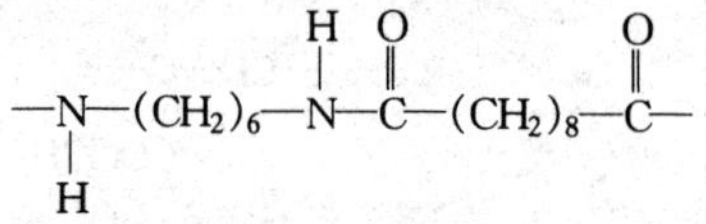	40 (44)	227 (233)
聚乙烯特丁基醚	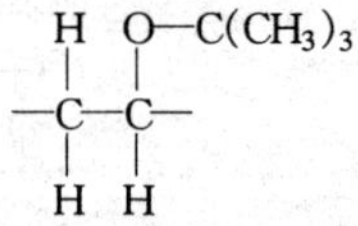	88	260

注：括号表明在文献中报道的其他值。

由上可知，通过测定的 DMA 谱图，我们可以了解到材料在外力作用下动态模量和阻尼随温度和频率变化的情况，所测的动态力学参数非常有效地反映了材料分子运动的变化，而分子运动是与聚合物的结构和宏观性能紧密联系在一起的，所以动态力学分析把了解到的分子运动作为桥梁，进而达到掌握材料的结构与性能的关系。

第 15 章　动态力学分析仪器

动态力学分析仪器很多，尼尔生（Nielsen）曾作过详细介绍。没有一种仪器是万能的，既适合于不同聚合物材料，又适合于不同的频率和宽广的温度范围。最常用的动态力学分析仪器有三种类型，自由振动、强迫共振和非共振式强迫振动，现分述如下：

15.1　自由振动法

自由振动法系在一小的形变范围内研究试样自由振动时的振动周期、相邻两振幅间的对数减量以及它们与温度的关系，扭摆仪和扭辫仪就属于此范畴。

15.1.1　动态扭摆仪

扭摆仪的原理见图 15-1 所示，试样两端夹在夹具中，一端夹具固定，另一端夹具与自由转动的惯性杆相连接，若将一给定力使惯性杆扭转一小角度，随即除去外力，试样则将产生周期性扭转，随时间振幅 A 将不断衰减，直至最后停止。

图 15-2 是扭摆仪详细结构图，下夹具 5 被固定，试样 7 通过上夹具 6 与惯性杆 8 相连，并用细丝悬挂在滑轮 12 上，其重量由平衡锤 13 所平衡，可使试样所受拉力为零。10 为电磁铁，通予短暂电流，可使惯性杆扭转一个角度，惯性杆即周期性地扭转起来，试样就随其扭摆。9 为固定在上夹具上的线圈，随试样在永久磁铁 11 中作同步扭转，线圈中就有交流讯号发生，可用电位差计加以记录振幅衰减曲线。如图 15-3 所示，P 代表周期，是试样每摆动一次所需时间；A 代表振幅，是试样每次摆动的距离，由于聚合物的内耗，使摆动的振幅逐渐衰减。由振幅 A 可求得对数减量 Δ，由 Δ 和 P 可求得切变储能模量 G'，损耗模量 G''和内耗角正切 $\tan\delta$。

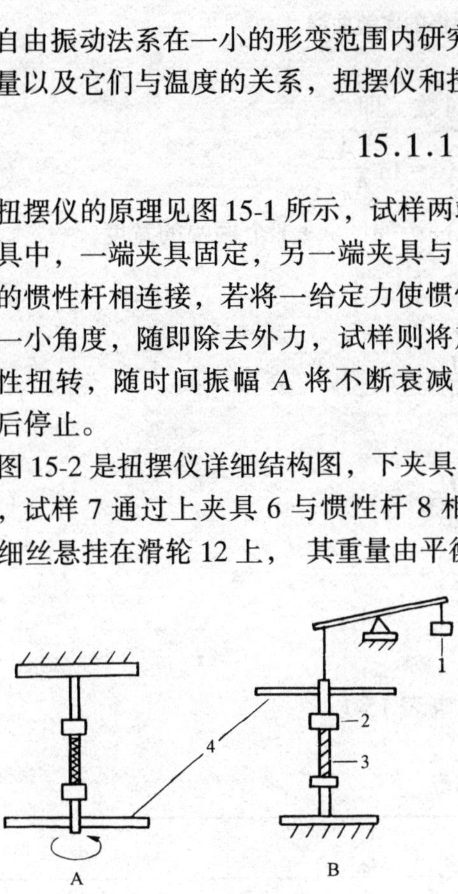

图 15-1　扭摆简图

1—重扬　2—夹具　3—样品　4—惯性盘

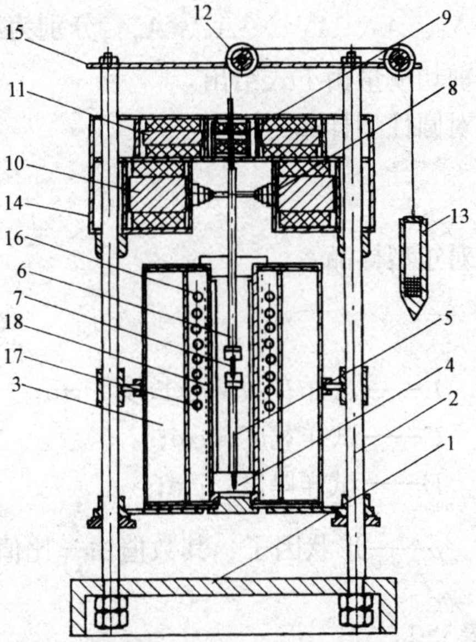

图 15-2　扭摆式动态力学性能测量仪的详细构造图

1—底座　2—支架　3—炉子　4—滑块　5—下夹具　6—上夹具　7—试样　8—惯性体　9—线圈　10—电磁块　11—永磁铁　12—滑轮　13—平衡锤　14—铝盒　15—顶板　16—电热丝　17—冷凝管　18—电阻丝

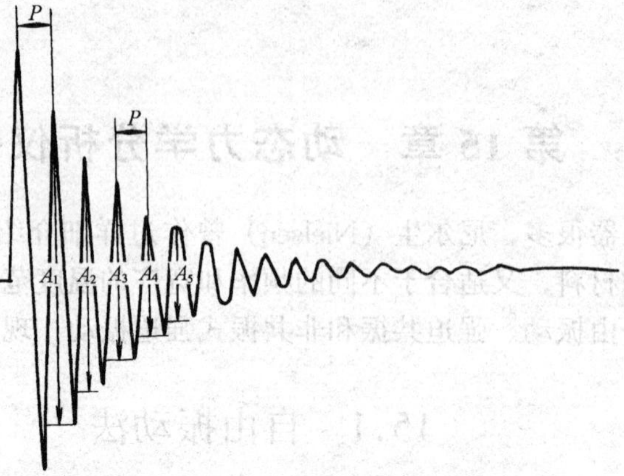

图 15-3　动态扭摆仪测得的实验曲线

各计算公式推导从略。

对数减量 Δ 定义为相邻两个振幅之比的自然对数　即

$$\Delta = \ln\frac{A_1}{A_2} = \ln\frac{A_2}{A_3} = \cdots = \ln\frac{A_n}{A_{n+1}} \tag{15-1}$$

A_1、A_2、A_3……A_n、A_{n+1}分别为第 1、2、3……n、n+1 个振幅的宽度。

剪切模量由下式给出。

对圆柱型样品：

$$G' = \frac{8\pi IL}{r^4 P^2} \tag{15-2}$$

对矩型样品：

$$G' = \frac{64\pi^2 IL}{CD^3 \mu P^2} \tag{15-3}$$

式中　L——试样有效部分长度，cm；

C——试样宽度，cm；

D——试样厚度，cm；

μ——形状因子，其数值由$\frac{C}{D}$比值确定，可查表 15-1。

表 15-1　　**$\frac{C}{D}$与 μ 对照表**

$\frac{C}{D}$	μ	$\frac{C}{D}$	μ
1	2.249	4	4.493
1.2	2.658	4.5	4.586
1.4	2.990	5	4.662
1.6	3.25	6	4.773
1.8	3.479	7	4.853
2.0	3.659	8	4.913
2.25	3.842	10	4.997
2.5	3.990	20	5.165
2.75	4.111	50	5.266
3.0	4.213	100	5.30
3.5	4.373	∞	5.333

15.1.2 动态扭辫仪

扭辫仪实际上是扭摆仪的扩展，两者的原理、数据测量、处理基本相同。两者的主要区别在于样品的制备方法上，被测样品要制成溶液或熔体，然后将其浸渍在多股（3000 根以上）玻璃丝编成的辫子上，再抽真空将溶剂除掉，得到被测材料与支撑物组成的复合样品，供测试用。由于这种方法使用的试样是复合体，其几何形状不规则，所以测不出试样切变模量的绝对值，仅为相对刚度，一般以 $1/P^2$ 表示，因此不能与其他仪器测得的模量数据相比较，这是 TBA 仪的缺点。但它最大优点是试样用量少（100mg 以下），试样制备简单，采用玻璃纤维做支撑物，能在 −180～600℃ 温度范围内研究材料的多重转变，试样可以从液态、凝胶态、橡胶态一直研究到玻璃态，它能成为一种既能研究聚合物的物理转变又能研究其化学转变的新型分析仪器。

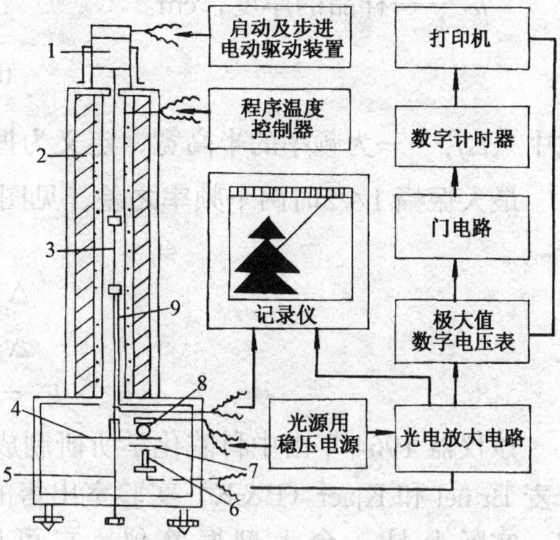

图 15-4 扭辫法 DMA 装置示意图

（自动记录和数字打印双功能）

1—步进电机 2—加热或冷却炉 3—试样 4—摆盘及起偏振片 5—摆盘脱去拉杆 6—光电二极管 7—检偏振片 8—光源 9—测温电偶

扭辫仪的示意图如图 15-4 所示。该仪器把试样挂在炉中上有步进马达来启动扭摆运动，下有检测系统，用光通过 45°交叉的上下偏振片组成的换能器，透过它们的光强与它们之间的相对位移存在一线性关系，光强变化通过硅光电池转换成电讯号加以记录。

15.2 强迫共振法

强迫共振法是将一个周期变化的力或力矩施加到片状或杆状试样上，监测试样所产生的振幅，试样振幅是驱动力频率的函数，当驱动力频率与试样的共振频率相等时，试样的振幅达最大值。一旦测得试样的共振频率 f_r，即可以从已知经典公式算出试样模量以及试样阻尼。强迫共振法仪器有很多种，如振簧仪、Du Pon 980 型动态力学分析仪、B&K 复数模量仪等。

15.2.1 （固定-自由）振动仪器——振簧仪

振簧仪见示意图 15-5 所示片状试样一端自由，另一端夹持在一特制的电磁振动器上，该电磁振动器由一可变频率的振荡器策动，当改变振动频率时，试样随着产生同频率的振动，当调节到激振频率达到试样的固有频率时，试样自由端的振幅通过一极大值，振幅大小可采用各种类型检测器如：读数显微镜、电磁拾振器、光电拾振器、电容拾振器等测得。

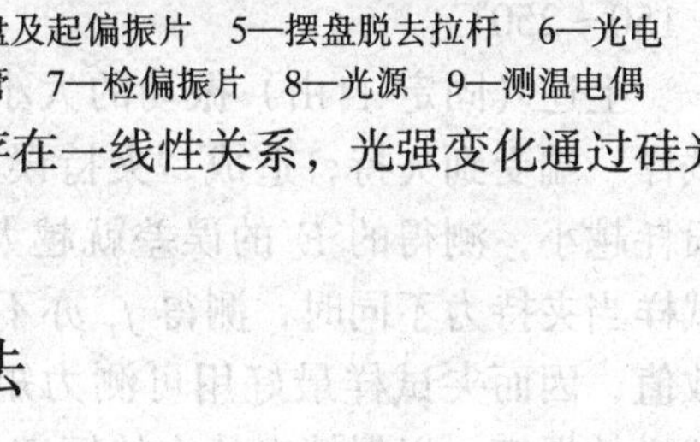

图 15-5 振簧技术示意图

模量可由下式计算：

$$E' = \frac{3.824 \rho L^4}{h^2} f_r \qquad (15\text{-}4)$$

式中 E'——杨氏模量，Pa；

ρ ——样品的密度，g/cm^3；

L ——试样自由端的长度，cm；

f_r ——共振频率，Hz；

h ——样品的厚度，cm。

$$\tan\delta = \frac{\Delta f_r}{f_r} \tag{15-5}$$

式中 Δf_r——为频率的半高宽，定义为振动的振幅等于。

最大振幅 $1/\sqrt{2}$时两个频率之差，见图 15-6 所示有时也取最大振幅的一半时两个频率之差。

$$\Delta f_r = f_4 - f_3 \tag{15-6}$$

或

$$\Delta f_r = f_2 - f_1 \tag{15-7}$$

$$E'' = E'\tan\delta \text{（Pa）} \tag{15-8}$$

该仪器 1964 年由中科院化学所研制成功，后经过改进有各种类型这种仪器出售。国外丹麦 Br üel 和 Kjaer（B&K）实验室出售的复数模量仪，实际上是一台大型振簧仪，它可以在 10～10000Hz 频率范围内测量，试样尺寸可为（2～4）×（10～15）×（100～200）mm，测试温度范围为 −150～250℃。

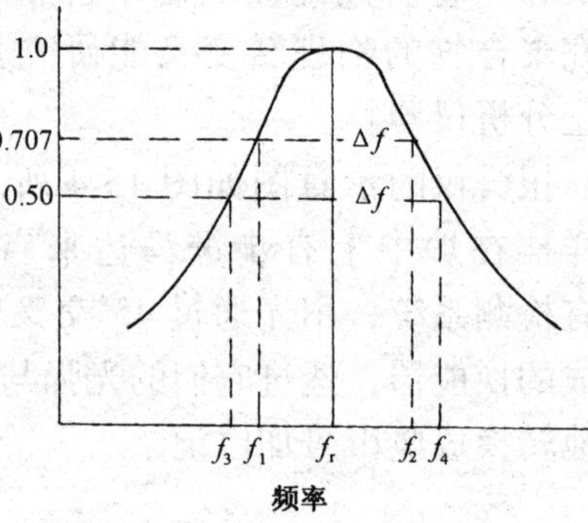

图 15-6 自由端的共振曲线

上述（固定-自由）振动的大小两种振簧仪都使试样一端受到夹持，造成“夹持误差”，试样越硬及损耗越小，测得的 E'的误差就越大。实际上同一根试样当夹持力不同时，测得 f_r 亦不同，也影响 E'的数值，因而夹试样最好用可测力矩的板手来拧紧夹试样的螺钉，以保持夹持力的恒定，这在定量测定不同试样并相互比较是不可忽视的。

15.2.2 （自由-自由）振动仪器

所谓“自由-自由”振动是指试样两端处于无夹持的自由状态。试样的支撑或悬挂位置为试样的波节线，波节线离试样末端的距离 Ln 按下式计算：

$$Ln = 0.66\frac{L}{2n+1} \tag{15-9}$$

式中 L——试样总长；

n——振动阶数。对于一阶共振 $L_1 = 0.224L$。

一根矩形截面试样在一阶弯曲共振的波节线受到支撑而自由-自由共振时，其

$$E' = 9.85\times10^{-10}\frac{\rho L^4}{n^2 D}f_r^{\,2} \text{（Pa）} \tag{15-10}$$

式中各参数物理意义和量纲与（15-4）式相同。

图 15-7 所示是北京航天航空大学制作的“自由-自由”弯曲共振粘弹仪主体结构示意图。

此种仪器由于不存在夹持误差，故较适合高刚性，低损耗的材料。该仪器最适用的模量

范围是 1～10^{11}（Pa），阻尼范围是 0.1～0.01，频率范围为 200～2000Hz。这种共振技术不能直接用于刚度太小、阻尼太高的材料，否则它们的共振峰将宽到难以分辨的程度。

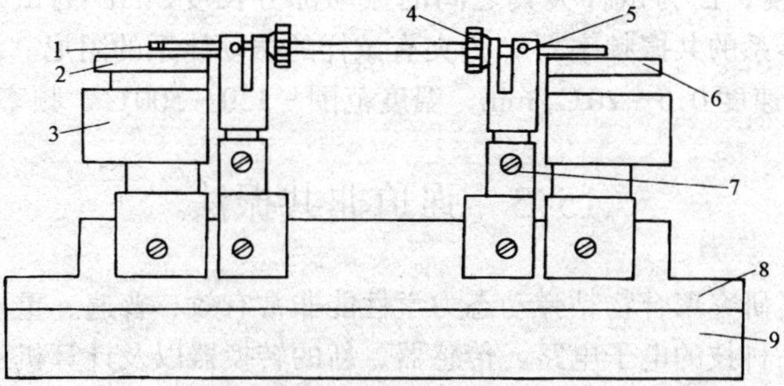

图 15-7　粘弹仪主体结构示意图

1—试样　2—激振器　3—传感器　4—转轴　5—锁紧螺钉

6—拾振器　7—试样架　8—滑轨　9—底座

15.2.3　（固定-固定）振动仪器——DMA 982

由美国杜邦公司生产的 Du Pont DMA 982 属于固定-固定共振类型仪器，图 15-8 所示为仪器的几何图形，图 15-9 为仪器的示意图，仪器由电-力振动、驱动和数字显示部分组成。仪器的心脏部分是附装在摩擦阻力很小的支点上的振动臂。一定形状的试样垂直或水平夹在两臂之间，当不夹试样时，整个系统共振频率为 2Hz 左右，夹持试样后，驱动臂围绕着支点产生少量的转动，使试样产生极小的位移，这样就使试样受到弯曲应力。当应力除去时，贮存在试样中的位移应力使试样本身产生共振振动，共振的频率和振幅由可变线性微分器（LVDT）检测出来。通过驱动臂用 1 秒钟的门电路，用 LVDT 监测 1 秒钟振动数（频率）和试样系统的振幅，可用下式计算：

$$E'=2\ (1+\sigma)\ \left[\frac{8\pi^2 Jf^2-2k}{B^2}\right]\frac{L+\Delta L}{A}\left[\alpha+\frac{(L+\Delta L)^2}{24k^2\ (1+\sigma)}\right]\beta\ (f) \tag{15-11}$$

$$\tan\delta=\frac{C'}{a}\ \frac{V-V_{\mathrm{i}}\ (f\cdot\alpha)}{f^2-f_0^2} \tag{15-12}$$

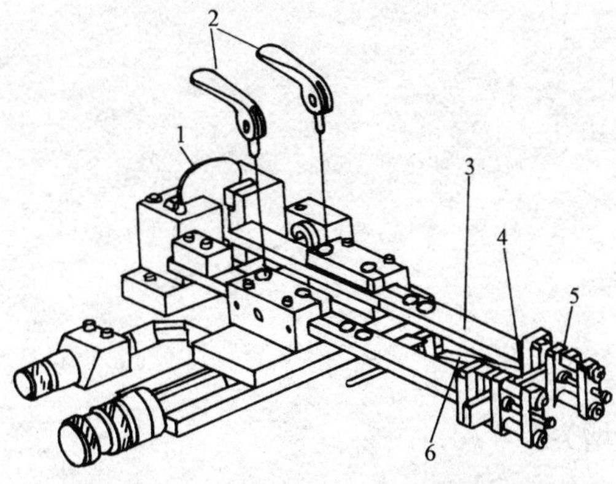

图 15-8　Du Pont DMA 982 振动系统示意图

1—激振装置　2—锁紧销　3—振动臂

4—试样　5—垂直夹头　6—热电偶

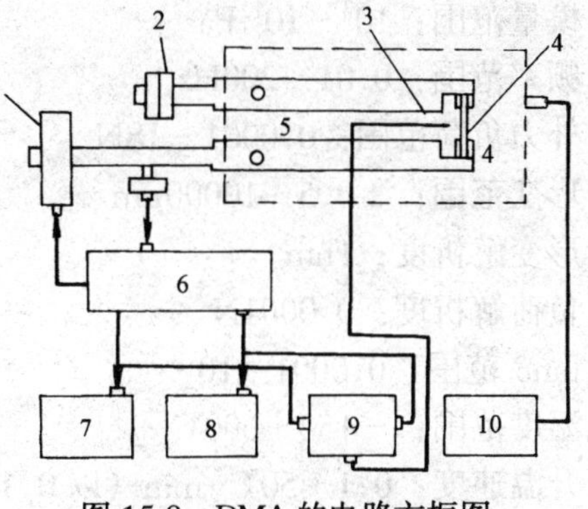

图 15-9　DMA 的电路方框图

1—电-力转换器　2—平衡重量　3—热电偶

4—样品　5—活动支点　6—驱动器　7—频率显示

8—阻尼显示　9—记录仪　10—程序控制器

式中 $\beta\ (f)$，α，J，k，B，C'，V_i，f_0 皆为仪器常数，σ 为泊松比（由其他方法测定的已知值），a 为振幅，A 为试样横截面积，k 为试样横截面的回转半径，对板材试样 $k=T/\sqrt{2}$，T 为试样厚度，L 为试样夹具之间的振动部分长度，ΔL 为试样长度的校正项，f 为夹有试样的振动体系的共振频率，V 为夹有试样的振动体系的阻尼。该仪器测量范围 0～10^{11}dyen/cm^2，升温速度 0.5～20℃/min，温度范围 −150～500℃，频率范围 3.5～150Hz。

15.3 强迫非共振法

强迫非共振法是研究聚合物粘弹动态力学性能非常有效、普遍、重要的方法。由于科技日新月异，采用了高科技的电子电路、传感器、新的转换器以及计算机控制系统和数据处理系统在测试仪器上的推广与应用，更有力地促进了聚合物动态力学性能研究工作的发展。这种型式是目前优点较多的 DMA 仪器，它能使温度和频率成为两个独立变化的量，从而可以得到在一定温度下的频率-模量关系，即频谱，又可以得到在一定频率下的温度-模量关系，即温度谱。这一类仪器在市场上品种很多，在测试的频率范围、负荷形变范围、温度范围等略有差别外，其基本原理是相同的，即样品在电磁振动头的作用下，做受迫拉-压振动，在振动器以一定频率工作时，用检测器可以测出应变和应力的正弦信号，由于应力的相位超前于应变，所以还要通过转换器得到应力和应变的相位角 δ，这些信号经过微处理就可以得到实模量 E'、虚模量 E''以及 $\tan\delta$ 的温度谱。下面介绍几种不同特点的，性能好的国外生产的粘弹谱仪。

15.3.1 Du Pont DMA 2980 动态粘弹谱仪

美国 Du Pont 精心设计的 DMA 2980，其主要特色是，取代传统的步进马达，采用特殊的可直接施加应力的驱动马达；采用空气轴承，取代机械轴承；用光学读码盘取代 LVDT（线性微分器），位移精度达 1nm；采用双轴旋转炉，能在 x、y、z 三个方向任意移动，实验完成自动退出，并且能快速强制气冷；具有多样的操作模式：试测、共振、应力松弛、蠕变、温度谱、频谱、TMA 模式等。

技术规格

模量范围：10^3～10^{12}Pa

频率范围：0.01～200Hz

外力负荷范围：0.0001～18N

形变范围：±0.5～10000μm

形变解析度：1nm

负荷解析度：0.0001N

$\tan\delta$ 范围：0.0001～10

温度范围：−150～600℃

升温速度：0.1～50℃/min（以 0.1℃/min 递增）

降温速度：0.1～10℃/min 到 −100℃

温度的准确性：±0.1℃

夹具和样品尺寸：

三点弯曲：长 5～50mm 宽 15mm 高 7mm

单悬臂梁：长 4、10、17.5mm 宽 15mm 高 5mm

双悬臂梁：长 8、20、35mm 宽 15mm 高 5mm

夹心剪切：长×宽为 10×10mm 厚 4mm

拉伸：长 5～30mm 宽 8mm 厚 2mm

压缩：平板直径 15～40mm 高 10mm

15.3.2 DMTA-Ⅳ动态粘弹谱仪

是美国流变科学公司生产的新型动态粘弹谱仪，实现了频率无级连续调节，扩展了频率及温度范围，并配有功能强大的 windows 95 对应的 orchestrator 软件。

技术规格：

模量范围：10^3～10^{12}Pa

频率范围：1.6×10^{-6}～318Hz（无级连续调节）

外力负荷范围：15N

形变范围：±0.5～±128μm

形变解析度：＜1nm

阻尼灵敏度：10^{-4}

阻尼分辨率：10^{-5}

测温范围：－150～600℃

温度准确性：±0.1℃

升温速度：0.1～40℃/min

降温速度：0.1～20℃/min

样品大小：

三点弯曲：60×18×5mm（最大）

剪切：夹层面积 100mm²，最大高度 3mm

拉伸：长 0.5～30mm，接头截面 0.002～10mm²，最大移动距离 30mm

压缩：夹层面积 314mm²

15.3.3 MAK-04 动态粘弹谱仪

由法国 metravib 生产，它最主要的特色，与众不同的是，频率范围宽，可达 1000Hz，外力负荷可加载到 100N，形变方式多样，可测量固态或液态样品，它较适合于大型材料的样品，模拟测试实际工作状态下的动态参数。

技术规格

模量范围：10^3～10^{12}Pa

频率范围：5～1000Hz

外力负荷范围：0.1～100N

形变范围：0.1～500μm

相位角：0～90°

温度范围：－100～350℃

温度准确性：±1℃

粘度范围：0.1～10^6Pa
模量精度：±5%
夹具：三点弯曲、拉伸、剪切、环形抽运

第 16 章　实 验 技 术

16.1　测量方法和测试条件的选择

16.1.1　动态力学测量方法的选择

一般对容易成型的聚合物样品，如橡胶、塑料、纤维等固体样品，常采用强迫非共振法、扭摆法测量。对不易成型的聚合物熔体或粘性溶液等常采用扭辫仪，样品可浸渍在扭辫仪的辫子上。

16.1.2　聚合物样品的要求

样品的形状、大小、尺寸没有统一的规定，它受不同厂家设计的不同、性能指标不同、形变的方法不同等限制，样品尺寸、大小是变化的。但要求样品的材质必须均匀、无气泡、无杂质、加工平整等。样品的尺寸要准确测量。

16.1.3　振动频率和振动位移的选择

测量聚合物的温度谱是最常用的模式，一般测量时，采用低频如：0.1～10Hz 有利于检测聚合物分子结构中各小运动单元的松弛特征。频率的改变，如图 16-1 所示，随频率的增加，E'和 $\tan\delta$ 向高温移动。研究发现，对大多数聚合物，当频率增加一个数量级时，T_g 转变的温度将增加约 7℃，原因是频率增加，应变跟不上，只有提高温度才能激发分子链内微布朗运动。

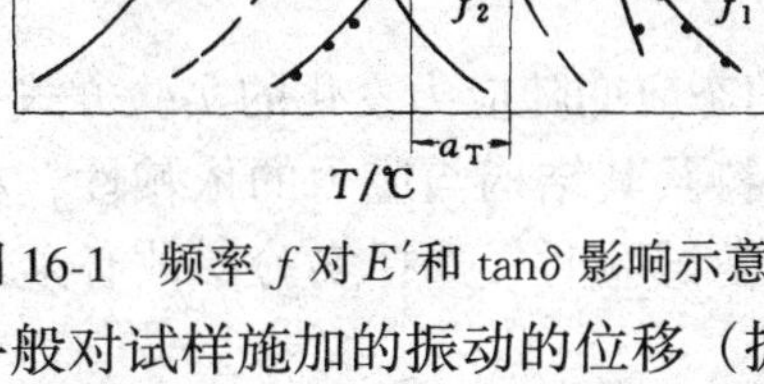

图 16-1　频率 f 对 E'和 $\tan\delta$ 影响示意图

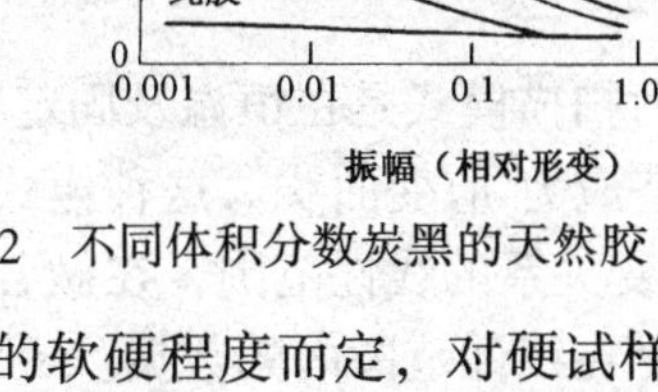

图 16-2　不同体积分数炭黑的天然胶 G'与振幅关系

一般对试样施加的振动的位移（振幅），视试样的软硬程度而定，对硬试样振动位移要小，否则位移过大易造成过载现象，超出仪器设备最大外力负荷，损坏仪器或使检测无法进行。对软制品振动位移要大些，否则测不准。振幅大小对检测结果也是有影响的，如图 16-2 所示是天然橡胶中填充不同体积分数的高耐磨炭黑的硫化胶，剪切模量 G'随振幅增加而下降，而且随炭黑量的增加，G'对振幅变化越敏感。但对纯胶而言，振幅的变化对它影响不大。

16.1.4 静态力和动态力

试样在作周期性振动时，试样必须与激振器检测头紧密贴紧，这就需要对试样施加静态力，再施加上动态力加以检测。原则上静态力要大于或等于施加的动态力，否则试样变形过大数据测不准。如某仪器最大负荷为16N，一般静态力为10N，动态力为6N。

16.2 测试扫描模式的选择

16.2.1 温度扫描模式

温度扫描模式是在固定频率下测定动态模量及损耗随温度变化的实验方式，这是聚合物材料研究和表征应用最广的模式。聚合物材料动态力学温度谱的测定与许多实际应用紧密相关，如 T_g 是非晶态塑料使用温度的上限，是橡胶使用温度下限，测定 T_g 就大致决定该材料的使用温度极限。亦可以从温度谱评价材料的耐热性、耐寒性、低温韧性、耐老化能力、阻尼、减震性能等。还可以研究聚合物材料结构参数，如结晶度、分子取向、相对分子质量、交联、共混、共聚及增塑等与宏观力学性能的关系。

16.2.2 频率扫描模式

频率扫描模式是在恒温、恒压下，测量动态模量及损耗随频率变化的实验方式，用于研究材料力学性能与速率的依赖性。由于频率变化三个数量级时相当于温度位移20～30℃，因此可以用频率扫描模式更细微地观察较不明显的次级转变。具体做法是从温度谱中大致可以确定次级转变的温度范围，在这范围内选择一、二个温度，在恒温下做频率扫描实验，从频率谱上可明显表征这些次级转变的特性。

16.2.3 时间扫描模式

时间扫描模式是在恒温、恒频率下测定材料动态力学性能随时间变化的实验方式，主要用于研究动态力学性能与时间的依赖性。实际应用中常用于热固性树脂如环氧树脂及其复合材料的固化过程研究，选择最佳固化工艺条件等。可以得到一系列不同温度下完全固化所需时间，也可以在不同温度下经历不同时间，看其固化程度，从而确定最省时的完全固化最佳工艺路线。还可用于研究聚合物吸附某种物质，或环境条件如湿度对材料力学性能的影响。

16.2.4 动态应力扫描模式

动态应力扫描模式是在恒温及固定频率下，测量动态应变随应力变化的实验方式，即测定试样的动态应力-应变曲线。这种模式常用于评价材料及其结构与应力的依赖性，亦可以确定应力-应变关系的线性范围，在做各种模式动态力学试验时，选择实验参数必须选择动态应力和应变在线性范围内的数据。

动态应力-应变曲线，可以清楚区分线性和非线性区、屈服点、屈服强度以及断裂强度。和一般静态试验得到应力-应变曲线不同，它是在交变应力作用下的动态性能，而且可以在一系列不同频率及不同温度下测定，它提供的数据更接近于实际使用情况，所以更有价值。此外应力-应变曲线下的面积代表单位体积试样破坏（或断裂）所需的能量，也就是断裂能，这是评价材料断裂韧性的重要参数。韧性通常用冲击结果测定，但它不是严格定义的物理量，只能作相对比较。动态应力扫描模式提供了在不同温度，不同频率下测定材料断裂韧性的方法，这对研究材料增韧机理及断裂机理是很有用的。

16.2.5　蠕变-回复扫描模式

在恒温下瞬时对试样加一恒定应力，检测试样应变随时间的变化，即蠕变曲线。在某一时刻取消外力，记录应变随时间的变化，即回复曲线。这种操作模式可用于研究力学性能的时间与应力的依赖性。根据上述线性粘弹性理论，可在同一恒应力下按一定温度间隔选一系列不同温度下，得出一组蠕变曲线，应用时-温叠加原理，用作图法或 WLF 方程计算法得到蠕变总曲线，时间标尺可以远超出实验时间的范围，有助于评价材料长期力学性能。

16.2.6　恒应力（TMA）扫描模式

即静态模式操作，设定频率为零，再根据试样尺寸及形变方式（压缩、拉伸或三点弯曲），设定应力为一固定值，可以在恒温下测量试样形变与时间的变化，亦可测试样形变随温度的变化。主要用于测定材料的软化点以及膨胀系数。

第 17 章 动态力学分析技术的应用

17.1 研究聚合物的主转变和次级转变

尼龙 66 和尼龙 6 的 DMA 松弛谱图分别给出在图 17-1 和图 17-2 中。其中尼龙 6 的 tanδ 的结果是对三个不同结晶度的样品作出的，熔体 −78℃下淬火的样品结晶度最小，熔体在 200℃下结晶的样品是中等结晶度，最高结晶度样品的制备包括除去己内酰胺单体。尼龙 66 样品是将在 266℃下退火的未取向薄膜快速淬火得到。

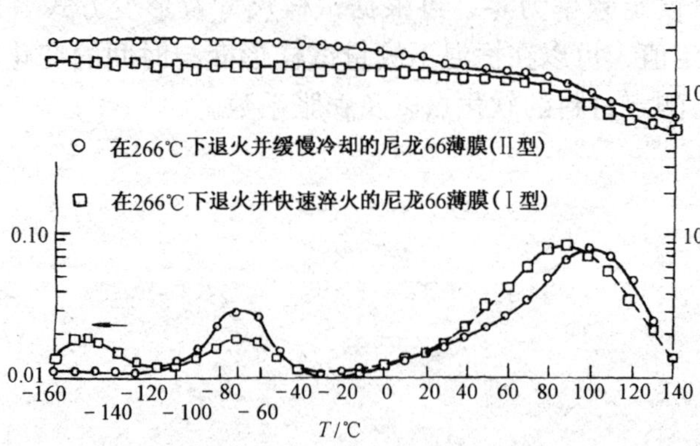

图 17-1 尼龙 66 的 E' 和 tanδ 对温度的关系

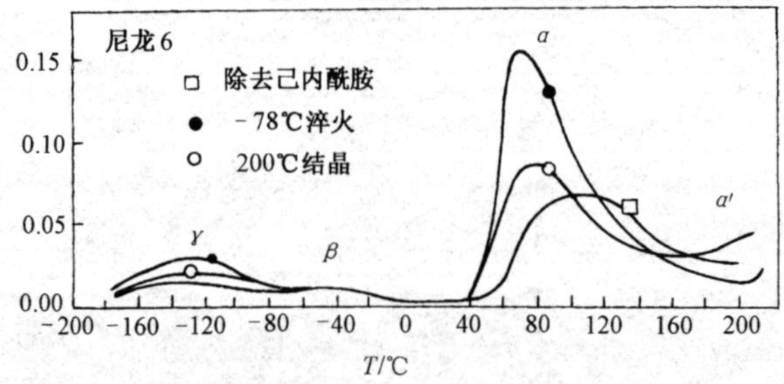

图 17-2 三种不同方法制备尼龙 6 样品 tanδ 与温度的关系

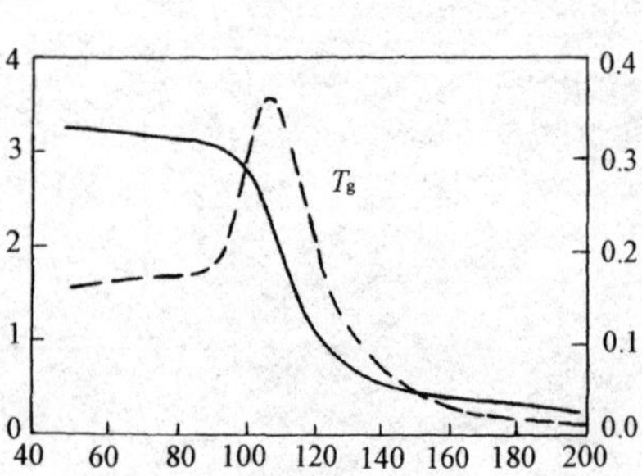

图 17-3 聚苯硫醚的 DMA 温度谱

在图 17-1 和图 17-2 中可见到三个损耗峰，分别以 α、β、γ 标记，发生在大约 90～110℃，−70～−40℃，−120～−140℃。在尼龙 6 中还表现出另外的松弛区域，指在玻璃化转变 α 峰的高温侧以肩峰形式表现出来的松弛 α'，这个肩峰在最高结晶度的样品中最为突出，用其他分析方法验证，可能与晶体结构中由单斜向六方晶系转变有关。

由图 17-2 还可看出，尼龙 6 的 α 峰随结晶度的增加而降低，表明 α 过程涉及在无定形相内的运动。α 阻尼峰的大小都显示出对尼龙的化学组成有较大的敏感性。β 阻尼峰归因聚酰胺中形成氢键的羰基基团。β 阻尼峰的温度值受尼龙含水量的影响，尼龙会从环境中吸收水分。低温的 γ 转变归用于酰胺基之间的三个或者更多个甲撑碳原子链的曲柄旋转运动。

几乎所有坚韧的聚合物，以及抗冲强度高的聚合物，都具有显著的次级转变（β 和 γ 峰）。

图 17-3 是聚合物聚苯硫醚用三点弯曲的方法测得的 DMA 温度谱，图中可清晰看到模量与温度的变化规律，以及 tanδ 峰约在 110℃左右。

17.2　研究均聚物、共聚物以及共混物的结构

对于共聚物，其玻璃化温度一般介于两种均聚物玻璃化温度之间，并随其中一种均聚物的含量增加的方向移动；二种均聚物的共混物则仍保留其原有组分的 T_g，因此可用此方法区别共聚和共混。但两相嵌段共聚物也具有不同组成的两个 T_g 转变，说明两相是分离的，如果一相软段含量增加，在两相 T_g 之间材料会进一步软化，表现为模量明显下降。

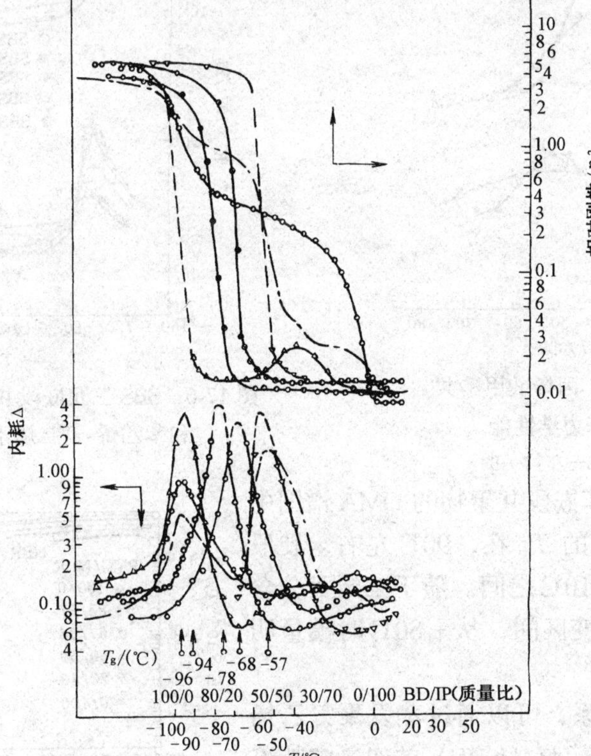

图 17-4　丁二烯和异戊二烯的均聚物、共聚物以及共混物的动态力学性能

○、▽ 均聚物；△、⊙、⊖ 共聚物；—●—共混物（50/50）

从图 17-4 可以看到，聚丁二烯的 T_g 为 -95℃，聚异戊二烯 T_g 为 -57℃，共聚物 T_g 介于均聚物之间，并随丁二烯含量增加而低温移动。从图中还可发现，聚丁二烯等速升温通过 T_g 时，模量下降不多，只有通过 T_m（-10℃左右）后模量才再一次下降，原因是聚丁二烯结晶速度快，从室温降至 -150℃瞬间已结晶。聚异戊二烯快速降温过程中不结晶，所以在 T_g 转变后模量下降三个数量级。80/20 的丁二烯-异戊二烯共聚物，在快速降温过程

中，由于异戊二烯序列的影响，使丁二烯链段来不及结晶，在－150℃时共聚物基本处于非晶态，此时模量较低，升温过程中，由于升温较慢（1℃/min），所以丁二烯在－60℃左右开始结晶，导致模量上升，内耗也上升。当以 50/50 聚丁二烯-异戊二烯重量比共混，此共混物模量分别在－96℃，－57℃和－10℃有三次下降，而内耗对应有三次上升。从图中还看到－97℃和－57℃的温度区间，共聚物的模量比纯均聚物丁二烯的模量高，是由于聚异戊二烯段还处于玻璃态。从模量下降值的大小，还可估算共混物的混合比。

另外，共聚物均一性的好坏，指两种共聚单体在链中的分布情况，活性大的单体在共聚开始时所形成的链节就较多，在反应终了时就较少，这样造成分子的不均一性。从图 17-5 氯乙烯-丙烯酸甲酯共聚物均一和非均一的 DMA 温度谱中可以看到 T_g 转变区的宽度（阻尼峰半高度之间的宽度），均一性好的共聚物转变区较窄，非均一的转变区就宽得多。

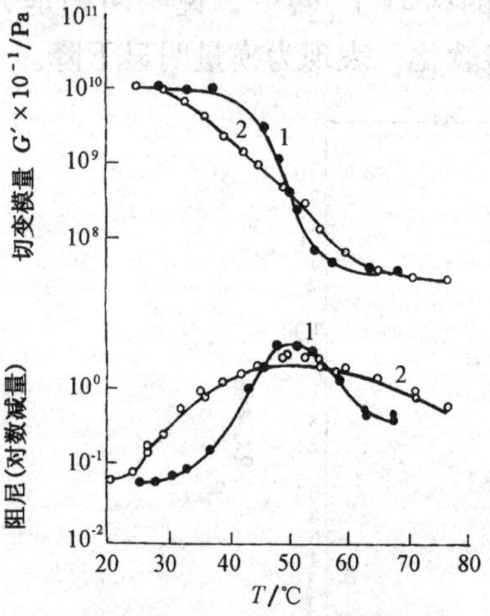

图 17-5 氯乙烯-丙烯酸甲酯共聚物的动态力学性能
1—均一的 2—非均一的

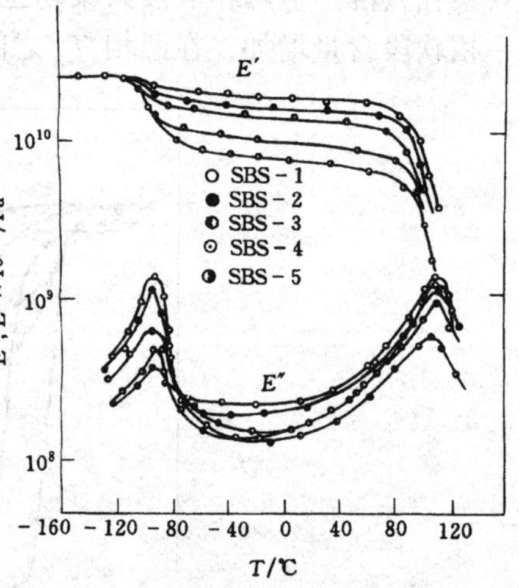

图 17-6 SBS 三元嵌段共聚物的动态力学性能和苯乙烯-丁二烯不同摩尔比关系

从图 17-6 SBS 丁苯嵌段共聚物的 DMA 谱图中可以看出，软段丁二烯的 T_g 在－90℃左右，硬段苯乙烯的 T_g 在 100～110℃之间。随丁二烯百分含量增加，在二个 T_g 转变区间，从－80℃时模量明显下降。

PVC/NBR 共混体系，可以通过蒸发聚氯乙烯和丁二烯丙烯腈共聚物橡胶（NBR）的四氢呋喃溶液中的四氢呋喃，制备成不同组成的共混样品。从图 17-7 PVC/NBR 共混体系模量与温度关系中可以看到，E' 和 E'' 在温度轴上的移动，与两种聚合物共混的比例有关。其中中间比例的样品的 E'' 在转变区较宽，这也表明，由于链段环境不同，存在微观不均匀性。

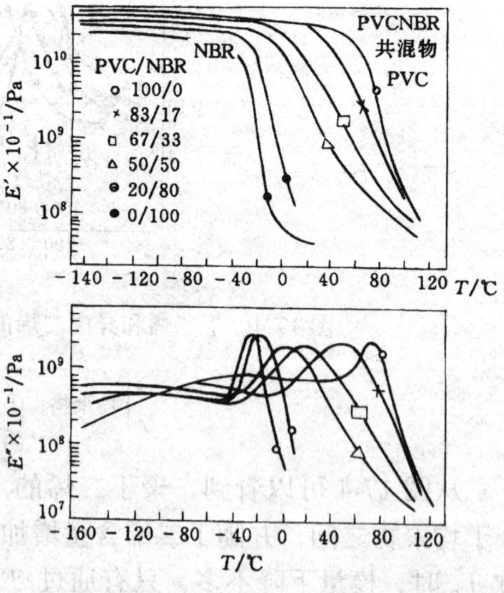

图 17-7 组成不同之 PVC 和 NBR 共混体系在 138Hz 的 E' 和 E'' 与温度关系

17.3 研究聚合物的结晶和取向

17.3.1 研究结晶和非结晶聚合物的区别

从图 17-8 和图 17-9 非晶和结晶聚合物动态力学性能可以看出，T_g 阻尼峰，非晶聚合物比结晶聚合物高和窄；在 T_g 转变区，非晶聚合物模量约下降三个数量级，即从 10^5 降至 $10^2 N/cm^2$，而结晶聚合物模量下降二个数量级。

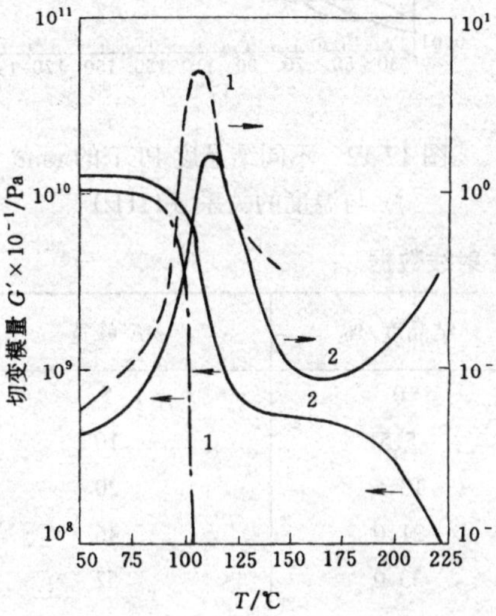

图 17-8 全同立构聚苯乙烯的动态力学性能
1—非晶的 2—结晶的

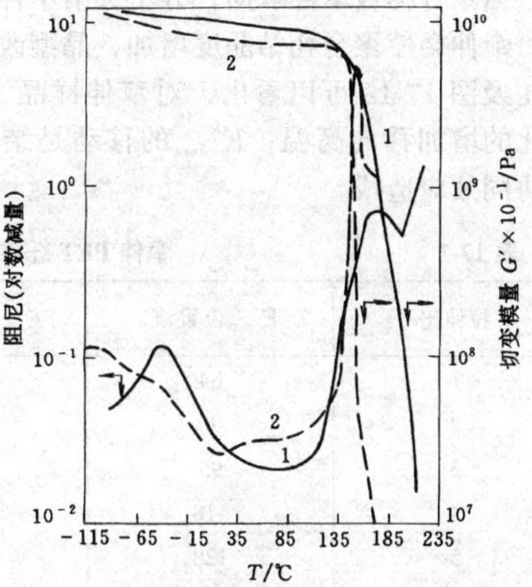

图 17-9 双酚 A 聚碳酸酯的动态力学性能
1—结晶的 2—非晶的

17.3.2 研究聚合物的结晶度和分子取向

图 17-10 是一系列未取向的 PET 聚酯纤维，在一系列指定温度下退火，保持 5min 后冷至室温，得到一系列不同结晶度的样品，退火温度越高结晶度越高，然后测定其拉伸模量和 $\tan\delta$。测量一直进行到该样品曾被退火的温度，但不能超过退火温度，否则会造成附加的结晶。

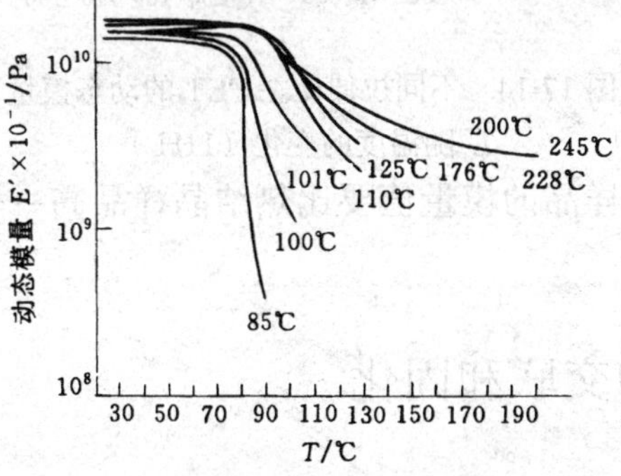

图 17-10 不同结晶度之 PET 的动态模量
E'随温度的变化（11Hz）

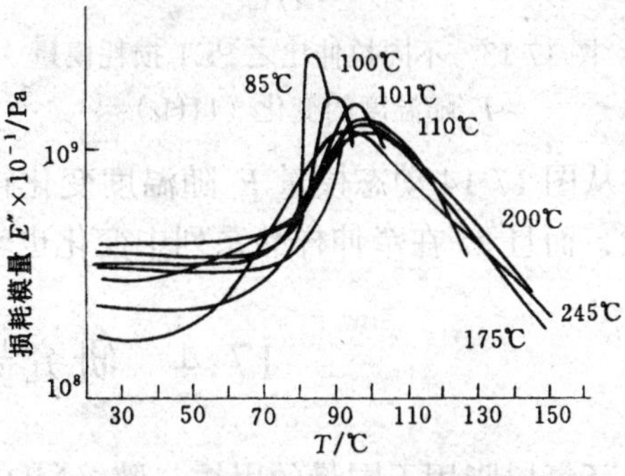

图 17-11 不同结晶度 PET 的损耗模量
E''随温度变化的关系（11Hz）

从谱图中可知，结晶的改变对模量在室温时的值稍有改变，但对温度的依赖性却有很大影响。

从图 17-11 可以看出，随结晶度的增加，E''_{max}下降，且 E''损耗模量峰的宽度一般也随结晶度的增加而增加，峰宽增加反映了有序范围的扩大。

从图 17-12 看出，$\tan\delta$ 的强度随结晶度的增加而降低，反映了非晶相或无定形相的减少，$\tan\delta$ 主要由无定形相贡献的。

当聚合物被牵伸取向，分子会沿牵伸方向选择排列，牵伸会使聚合物结晶度增加，晶型改变。以下表 17-1 及图 17-13 可以看出，对牵伸样品 E''_{max}，随牵伸比的增加移向高温，E''_{max}的移动是结晶度和取向的协同效应造成。

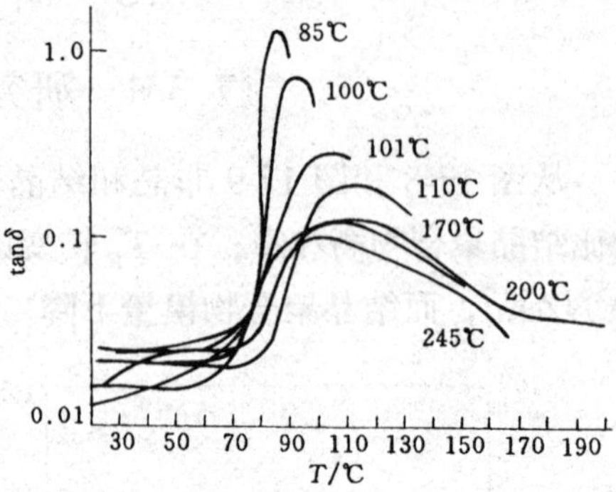

图 17-12　不同结晶度 PET 的 $\tan\delta$ 与温度的关系（11Hz）

表 17-1　　牵伸 PET 纤维的流变振动和 X 射线数据

拉伸比	E''_{max}位置/℃	E''_{max}/（10^8Pa）	结晶度/%	E''峰宽
1	84	5.2	0	5
2	90	4.8	5.5	10
3	95	4.2	13.5	20
4	118	4.9	21.0	46
5	128	4.6	33.0	52
5.5	132	4.0	42.0	53

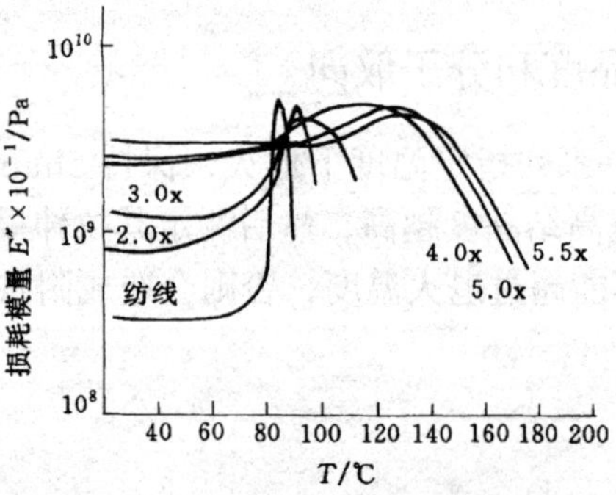

图 17-13　不同拉伸比之 PET 损耗模量 E''随温度的变化（11Hz）

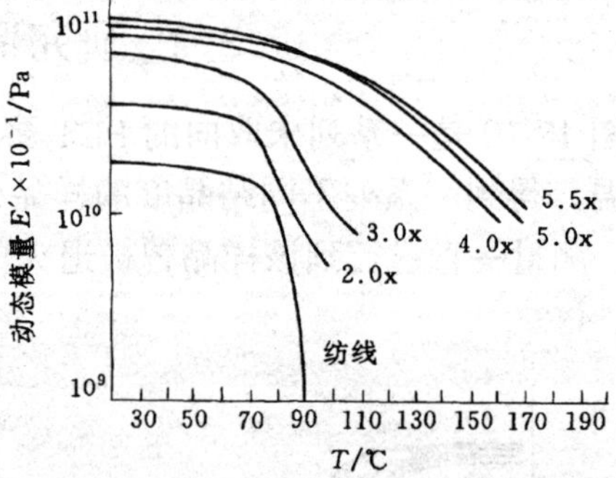

图 17-14　不同拉伸比之 PET 的动态模量 E'随温度的变化（11Hz）

从图 17-14 动态模量 E'随温度变化得出，牵伸样品的模量值要比热结晶样品高一个数量级，而且 E'在牵伸样品系列中变化也较大。

17.4　研究聚合物的交联和固化

环氧树脂用不同量的甲撑二胺（MDA）反应，即将胺熔化，并在 100℃下与环氧化合物混合均匀，在玻璃板上浇铸成片，置 60℃的空气加热炉固化 45min，然后在 80℃保持 30min，再在 150℃下保持 2.5h，最后将样品慢慢冷至室温。这样就得到了不同交联度的环氧树脂样品。

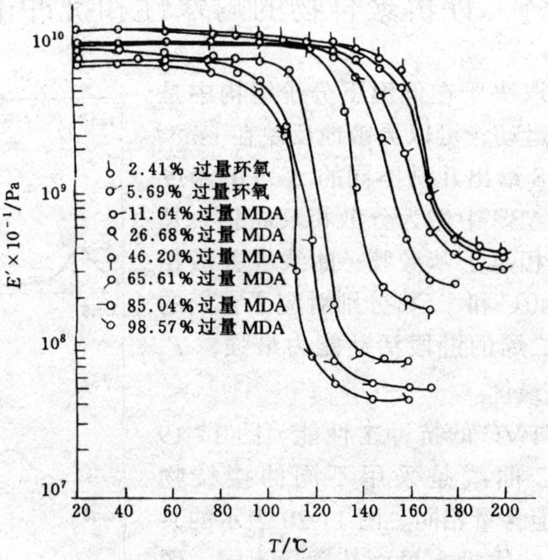

图 17-15　动态模量 E'随温度的变化

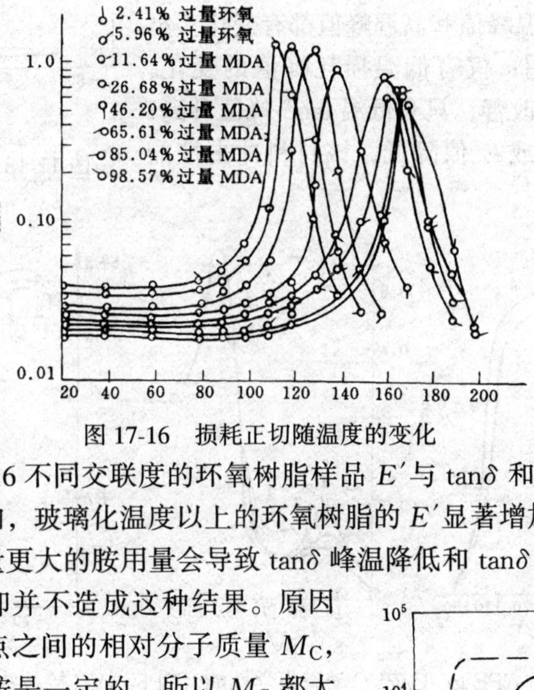

图 17-16　损耗正切随温度的变化

从图 17-15 和图 17-16 不同交联度的环氧树脂样品 E'与 tanδ 和温度关系的谱图中，可以看到，随交联度的增加，玻璃化温度以上的环氧树脂的 E' 显著增加，同时 tanδ 峰值移向高温。当用比化学计算量更大的胺用量会导致 tanδ 峰温降低和 tanδ 峰高度增加，但对中等程度过量的环氧化合物却并不造成这种结果。原因是过量的胺会增加交联点之间的相对分子质量 M_C，而对过量环氧化合物，胺是一定的，所以 M_C 都大致相同。

图 17-17 所示，环氧树脂固化，模量、温度与时间的关系谱图，可以找到环氧树脂初始软化点，开始固化点及所对应的模量和等温所用的时间。以及固化过程中模量逐渐随时间而增加。另外还可以知道样品在固化过程中放热，样品温度随时间的变化。

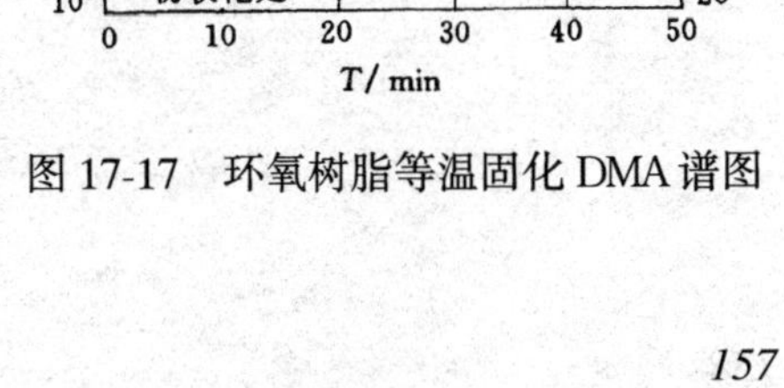

图 17-17　环氧树脂等温固化 DMA 谱图

17.5 评价聚合物的耐寒性和抗冲击性

材料的耐低温性能取决于在低温下分子结构中是否存在小的运动单元的运动，可以灵敏地反映在 $\tan\delta$-T 的图谱上，如图 17-18 给出几种不同的 ABS 的温度谱。其中曲线 1，这种 ABS 中做为分散相（岛相）是聚丁二烯；曲线 2 分散相是丁苯橡胶；曲线 3 分散相是丁腈胶。-80℃、-40℃和-5℃分别对应了它们的 T_g 转变温度。由于丁二烯的链段活动能力最强，T_g 最低，这种 ABS 耐寒性最优。

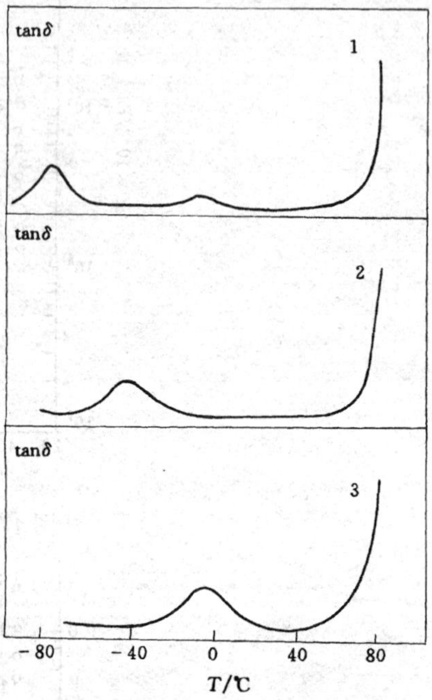

图 17-18　三种 ABS 的 $\tan\delta$-T 谱

用 CPE-g-VC 改性 PVC 的抗冲击性能。图 17-19 表示的 CPE-g-VC/PVC 曲线是采用不同的接枝物（CPE-g-VC）投料量，但含量相同。图 17-20 表示的共混体系是使用相同的接枝物投入量而其含量不同。图 17-19 看出低温损耗峰值虽略有变化，但高温峰值近乎相同；图 17-20 中的低温峰值和高温峰值都有变化。材料的常温冲击性能表明：仅有低温损耗峰值的变化，常温冲击并未得到显著改善，只有低温 $\tan\delta$ 峰值升高，同时高温 PVC 的 $\tan\delta$ 或 E'' 值降低，该材料冲击性能才得到显著的改善。

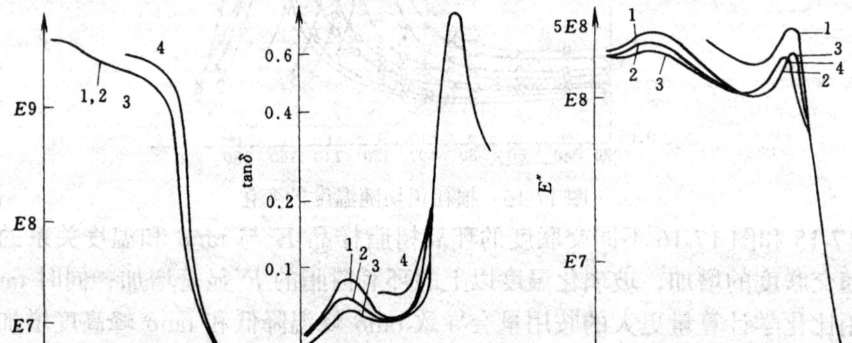

图 17-19　CPE-g-VC/PVC 动态力学性能（CPE-g-VC 接枝物含量 11%）

1—接枝物投料量 70.3%　2—接枝物投料量 51%　3—接枝物投料量 23%　4—纯 PVC

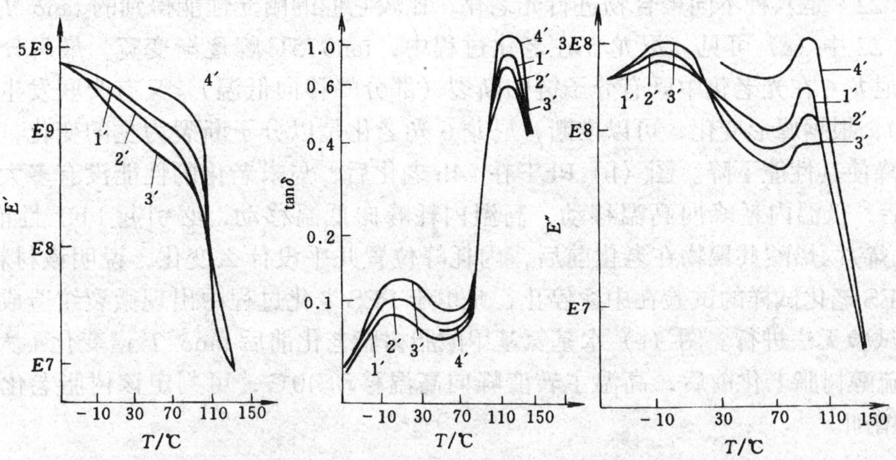

图 17-20　CPE-g-VC/PVC 动态力学性能（CPE-g-VC 投料量 70.3%）

1′—接枝物含量 20%　2′—接枝物含量 30%　3′—接枝物含量 40%　4′—纯 PVC

17.6　研究聚合物的耐热性和老化性

17.6.1　评价聚合物的耐热性

用动态力学的方法判断材料的耐热性能，是一种方便、准确、直观的标准方法。因它是直接通过材料的物理状态变化来判断的。

图 17-21 为尼龙 6 和 PVC 的模量与温度的谱图。如用热变形仪可测得尼龙 6 热变形温度为 65℃，而 PVC 热变形温度为 80℃。如由此判定 PVC 耐热性高于尼龙 6，这显然是不正确的。从图 17-21 中可看到，显然在 80℃ 时 PVC 与尼龙 6 在 65℃时的模量 E'基本相同，但对 PVC 来说，80℃意味着玻璃化转变，在该温度附近，模量急剧变化，E'下降几个数量级，而对尼龙 6 而言，65℃仅意味着非晶区的玻璃化转变，而尼龙晶区部分仍保持晶态，这时尼龙 6 处于韧性塑料区，仍有承载能力，而且此时温度继续升高，模量变化也不大，一直到 220℃附近，尼龙才失去承载能力。由此可知，用动态力学方法判定性能比测热变形温度优越。

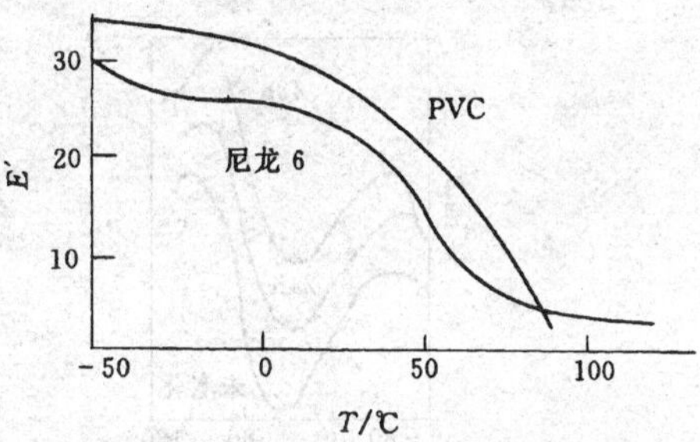

图 17-21　PVC 和尼龙 6E'-T 谱图

17.6.2　研究聚合物的老化

聚合物材料老化，性能下降的原因在于结构发生变化。这种结构变化往往是大分子发生了交联或致密化或分子断链产生新的化合物。体系中各种分子运动活性受到抑制或加速，在动态力学谱图中都可以加以体现。如材料的交联或致密，使大分子链柔性或某些运动单元活性降低，使 T_g 转变移向高温；断链使单元活性增加，使 T_g 转变移向低温，次级转变峰高上升；发生化学变化时，就会有新的峰产生。所以动态力学方法也是一种快速择优选材的方法。

图 17-22 是六种不同聚合物进行光老化，比较它们的耐光性能得到的 $\tan\delta$-T 谱图。

图 17-22 中（a）可见，尼龙 6 在老化过程中，$\tan\delta$75℃ 峰逐渐变宽，最后分立为两个峰，说明尼龙 6 在光老化中既有分子链的断裂（部分峰移向低温），又有交联发生（部分峰移向高温），根据峰形变化，可以推断，尼龙 6 光老化是以分子断裂为主的变化，相对分子质量的下降使其性能下降。图（b）PET 在 24h 老化后，与未老化的性能没有多大变化，但 48h 老化后，低温内耗峰向高温移动，高温内耗峰向低温移动，必引起 PET 性能的变化。图（c）乙烯/丙烯酸共聚物在老化前后，内耗峰位置几乎没什么变化，说明该材料耐老化。图（d）PES 老化试样的试验在中途停止，是由于 PES 老化过程中出现微裂纹造成测试过程中断裂，试验无法进行。图（e）水基氨基甲酸脂树脂老化前后 $\tan\delta$-T 谱变化不大。图（f）UV-固化硫醇树脂老化前后，高温主转变峰向高温移动 40℃，可判定该树脂老化是继续交联使脆性增加。

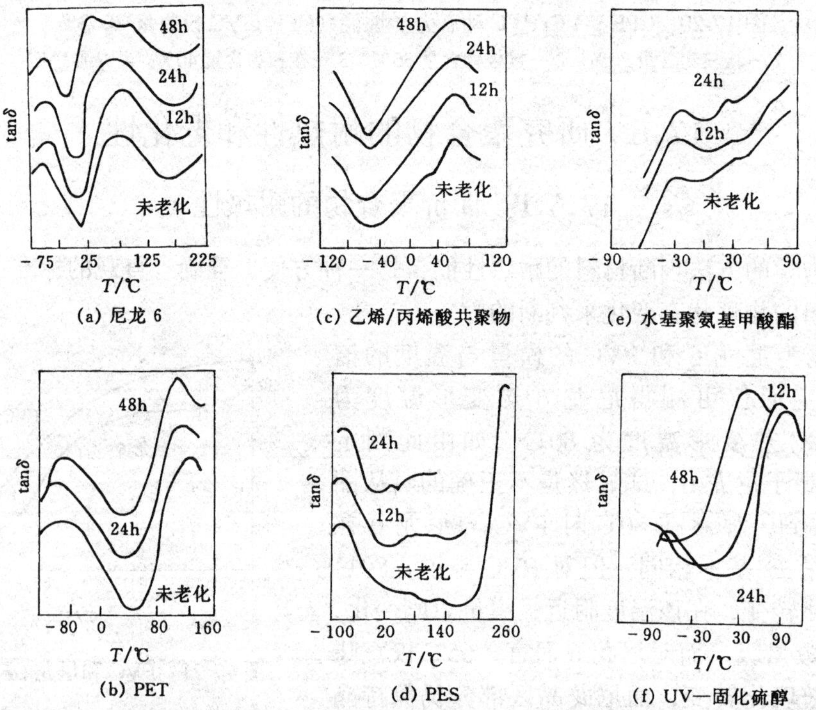

图 17-22 六种待选材料 $\tan\delta$-T 谱

从上述谱图分析，可得出结论，乙烯/丙烯酸共聚物和水基氨基甲酸树脂适合于作灯光系统的薄膜；尼龙 6 和 PET 比较易老化，只能短期使用，UV-固化硫醇树脂和 PES 根本不能选用。

17.7 研究聚合物的吸音或阻尼特性

金属片的内耗很小受到外力振动时会以声能的形式辐射到空气中，产生很响的声音。这种噪音是环保工作中要清除的一大公害。研究证明，在金属构件上喷涂聚合物阻尼材料，能有效地吸收能量并以热的形式将其耗散掉，使其振动振幅衰减，聚合物将能量转化成热的能力越大，这种衰减越快。如：沥青基胶粘隔温材料、聚氨酯基泡沫材料等是非常好的吸音材料。

研究指出，聚合物的声音性质与其玻璃化转变范围有关。应将聚合物系统设计成让其在能量耗散发生极大的玻璃化转变区内工作。所以在解决噪音问题的阻尼体系时，首先应选择与使用温度接近的具有适当的 T_g 值及转变范围的均聚物，然后通过聚合物共混、共聚、添加增塑剂或添加填料等途径获得较宽的 T_g 范围，以满足所期望的使用条件。

用动态力学谱仪研究不同聚合物阻尼特性与温度或频率的关系是十分有效的，因此它是帮助我们选择高阻尼特性聚合物非常有用的工具。

第5篇 高聚物流变性能

引言：高分子材料因具有各种优越性能，所以在各行各业中得到了越来越广泛的应用。绝大多数高聚物的成型加工都是在高聚物被熔融后进行的，例如挤出、注射、吹膜及涂覆压延等加工过程，都经历了高聚物首先被升温熔融，然后流经挤出机，注射流道等再成型。高聚物熔体在流动中都伴随着形变，所以聚合物材料熔融态时的流态性能直接影响其加工性能，从而最终影响着产品的外观及使用性能，例如在注射过程中由于充模不足而造成的产品缺陷即影响产品外观，更重要的是使产品强度降低，影响使用。

高分子熔体由于其链状的发展结构而具有独特的平衡和动态流动性——在流动中伴随着形变。高分子液体与小分子液体相比，最明显的区别是高分子具有粘弹性。高分子非牛顿粘弹性产生于其分子链松弛动力学的滞后性。正是因为高分子的本体粘弹性和本构性质直接支配聚合物的加工行为，所以高分子科学的一个中心任务就是要对高分子的流动行为取得根本的认识和了解。聚合物流变学测量即测定高分子材料流动和变形性质的技术。

第18章 旋转式流变仪

18.1 仪器结构及原理

旋转式流变仪具有不同的测量头系统，最常见的有三种形式：同轴圆筒、平行平板和锥板式测量头系统。旋转式流变仪一般的使用方式有两种：一种是控制输入应力，测定产生的剪切速率，这类仪器命名为“控制应力流变仪（CS)”，具体的工作方式就是先施加在转轴上一定的扭矩，然后测定样品为抵抗这个外加的扭矩而产生的剪切速率；另一种是控制输入剪切速率，测定产生的剪切应力，这类仪器命名为“控制速率流变仪（CR)”，其工作方式是试样以固定的速率转动，然后测定为维持这个速率所需要的外加扭矩值。现在有些新型的流变仪有能力以这两种方式工作。

18.1.1 同轴圆筒粘度计

聚合物试样被放置于内筒和外筒的缝隙之间，其中一个圆筒以恒定速率相对于另一个圆筒转动。通过一定的角速度 ω（度/s、弧度/s）来旋转内筒或外筒，使试样发生剪切。一般是外圆筒是固定的，便于用夹套控制温度；内圆筒由马达控制。

18.1.2 平行平板粘度计

与同轴圆筒式相类似，也是固定一个平板，另一个平板作相对转动，聚合物样品被放置在上下两个平行平板之间。

18.1.3 锥板粘度计（锥板流变仪）

锥板式流变仪可以用来测定许多粘性聚合物液体如聚合物熔体的粘度。聚合物熔体的粘度。聚合物熔体被放置在锥板和圆形平板之间的缝隙内。锥角 α 指的是锥体表面和水平板表面间的夹角。锥角 α 通常是很小的（$1^{\circ}\sim5^{\circ}$）。锥板流变仪也是固定一个板不动，另一个板在恒定的角速度（ω）下旋转。由于锥角很小，可以近似认为锥板间的液体中剪切速率处处相等。

常用的一种旋转粘度计就是配有可拆装的大小圆筒、不同直径的平行平板以及不同锥度角和直径的锥型板。而扭矩等数值的检测使用相应的传感器，在通过计算机根据不同的测试方法，代入不同的计算公式，得到样品的粘性和弹性数值。由于测量头的结构易于更换，可以根据样品的粘弹性选择适宜的测试方法。旋转式流变仪的优点是具有灵活多变的使用性能，既可以测定中等粘度的样品也可以测定粘度非常高的样品。但是旋转式流变仪一般都是在较低的剪切速率下测定，对于高剪切速率就应该使用毛细管流变仪，旋转流变仪不再适用。

一般水、饮料、涂料类材料常使用旋转流变仪。

三种不同的测量头的结构与使用范围见表 18-1。

表 18-1　　旋转粘度计测量头的类型

	同轴圆筒粘度计	平行平板粘度计	锥板粘度计
示意图	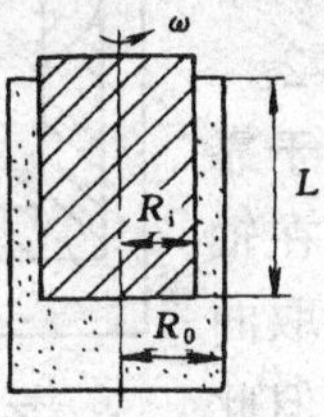	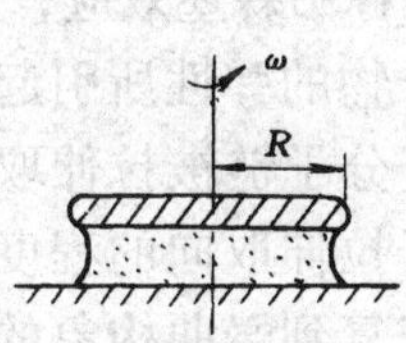	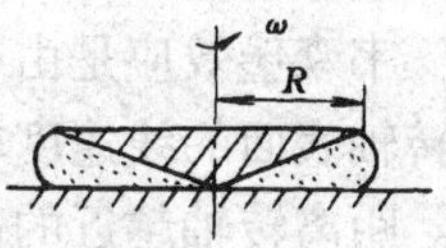
公式 M：转矩（g·m） $\dot{\gamma}$：剪切速率（s^{-1}） τ：剪切应力（Pa） ω：转子角速度	$\dot{\gamma}=\dfrac{R_0^2+R_i^2}{R_0^2-R_i^2}\cdot\omega$ $\tau=\dfrac{R_0^2+R_i^2}{4\pi l\cdot R_0^2\cdot R_i^2}\cdot M$	$\dot{\gamma}=\dfrac{R\cdot\omega}{D}$ $\tau=\dfrac{2M}{\pi R^3}$	$\dot{\gamma}=\dfrac{\omega}{\alpha}$ $\tau=\dfrac{3M}{2\pi R^3}$
使用范围	用于中等粘度的液体	用于测试高粘度样品及具有一定屈服值的样品	用于高剪切速率的实验

18.1.4 门尼粘度计

门尼粘度计也是一种常用的旋转式粘度计，它主要用于测定橡胶的流变性能。门尼粘度是在一定温度（通常为 100℃）和一定转子转速下，测定未硫化胶（生胶料）对转子转动的阻力。通常的表示方法为 $M_{t_1+t_2}^{100}$，例如 M_{3+4}^{100}，表示 100℃下预热 3min 转动 4min 的测定值。

门尼粘度计不属于精密的测试仪器，而且其测试范围有限，但由于其方便、快捷，在实际生产中得到了很广泛的应用。

18.2 应　　用

18.2.1 一种金属着色漆树脂原液粘度随温度的变化

磷化膜是钢铁制件经酸式磷酸盐水溶液处理而形成的保护膜，为装饰目的，需对磷化膜进行着色处理。水溶性丙烯酸树脂具有优异的耐候性、耐化学药品性、光泽、附着力和保色性，可望形成色彩饱满、韧性好、硬度高的着色磷化膜。这种树脂的粘度与使用的温度有关，利用圆筒型旋转流变仪测定其在不同温度下的粘度值，溶液温度使用超精级恒温水浴槽控制。得到的结果如图 18-1。

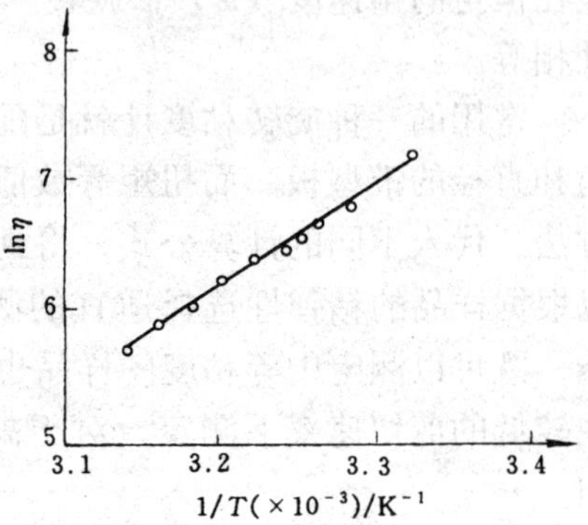

图 18-1 树脂原液粘度和温度的关系

18.2.2 法向应力差的测定

聚合物溶液与小分子溶液具有一个显著的区别，其现象为：如果用一转轴在液体中快速旋转，高聚物熔体或溶液与小分子液体的液面变化明显不同。小分子液体受到离心力的作用，中间部位液面下降，器壁处液面上升。高分子熔体或溶液受到向心力的作用，液面在转轴处是上升的，在转轴上形成相当厚的包轴层。高聚物熔体或溶液的这种包轴现象又称韦森堡效应，如图 18-2。

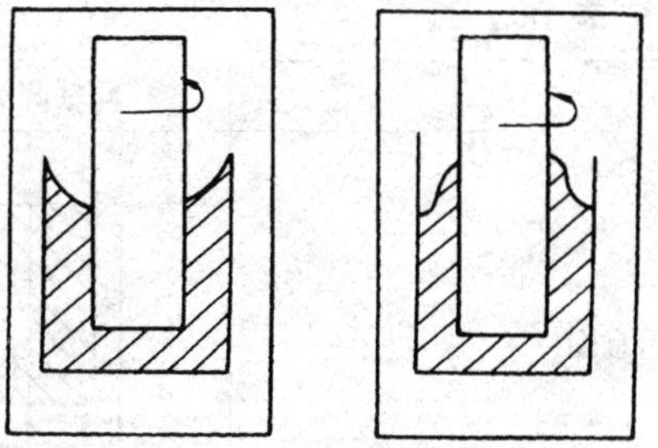

小分子液体　　高聚物溶液或熔体

图 18-2 聚合物的韦森堡效应

韦森堡效应是由于聚合物的弹性所引起的。由于靠近转轴表面的线速度较高，分子链被拉伸取向缠绕在轴上。距离转轴越近的高分子拉伸取向的程度越大。取向了的分子，其链段有自发恢复到蜷曲构象的倾向，但此弹性回复受到转轴的限制，使这部分弹性性能表现为一种包轴力，把熔体分子沿轴向上挤，形成包轴层。从受力的情况来看，就是切向和法向受力不同，形成了应力差。

利用锥板式流变仪可以测定法向应力差值，由锥板流变仪测定转矩 M 和轴向力 F，第一法向应力差 N_1 可以表示为：

$$N_1 = 2F/\pi R^2 \tag{18-1}$$

由于流线方向（切向）受张力，外缘的液体必然向内挤压，结果造成对锥板和平板表面的压力。中心处最高，沿半径递减，外缘处为零。总的轴向力 F 则为这一压力的总和。

第 19 章　毛细管粘度计

相当多的简单仪器和先进仪器属于这种粘度计。毛细管粘度计由于测定样品的粘性而不测定弹性。就毛细管粘度计的原理而言有两种不同的方式，一种是采用重力作驱动力，另一种是采取施加固定或可变的压力使流体流过毛细管。除此之外毛细管还可以有长短不同、毛细管的长径比不同的区别。

乌氏粘度计属于一种重力毛细管粘度计，这种乌式粘度计在前面“聚合物的相对分子质量及其相对分子质量分布”一篇中有所介绍，可以测得聚合物的特性粘度。一般测定粘度值较低的样品，而且是在较低的剪切速率下测定。

熔融指数仪属于一种固定压力型的毛细管流变仪，结构如图 19-1。这种毛细管粘度计相当简单，使用方便，价格比较低，主要用于对聚合物熔体粘度进行分档，在聚合物工业中的应用是很普遍的。但它的测试一般限制在聚乙烯或聚苯乙烯等加工特性比较简单的聚合物。对原料和化合物保持高水平质量控制和实验室研究中已经应用的不多。

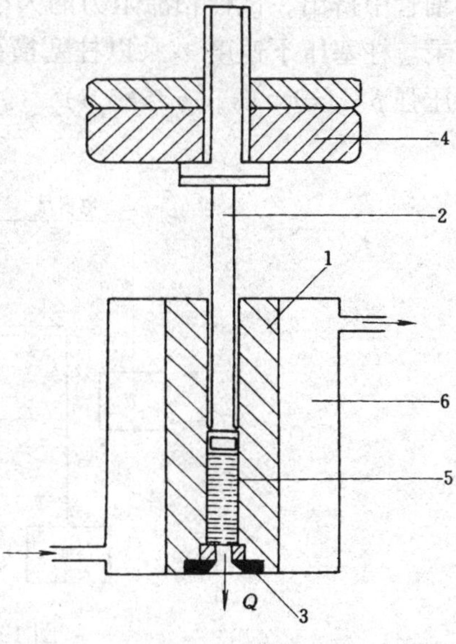

图 19-1　一种常见的熔融指数仪的结构

1—套筒　2—活塞　3—模具　4—加重物

5—聚合物样品　6—温度控制部分

将高聚物在柱状储料器中加热到一定温度，使之完全熔融，然后加上一定负荷，使高聚物从长度很短的毛细管（通常 L/D 为 10/1 或更小）中流出，这种毛细管不足以保证毛细管入口与出口之间稳态层流的边界条件。单位时间（一般以 10min 计）流出的高聚物重量 g 数即为高聚物的熔融指数，常用 MI 表示。

对于同一种高聚物，在相同的条件下，流出量越大，熔融指数就越大，说明其流动性越好。但对于不同的高聚物，由于测定时所规定的条件不同，因此，不能用熔融指数的大小来比较它们的流动性。

熔融指数测定仪通常用于非牛顿聚合物。熔融指数的表达方法是 $MI_{温度/负荷量}$，以高密度聚乙烯为例，在 190℃、2160g 荷重条件下测得的熔融指数可表示为 $MI_{190/2160}$。不同的加工条件对高聚物的熔融指数有不同的要求，一般来讲，注射成型要求树脂的熔融指数值要高一些，即流动性较好；挤出成型用的树脂，其熔融指数值较低为宜；吹塑成型使用的树脂，其熔融指数值应介于以上两者之间。

可变压力型的毛细管流变仪在实验室测试中及应用最广泛，这种流变仪设计精确，在测定高聚物熔体粘度时应用最广泛，与其他测定高聚物粘度的仪器相比，它的优点是可以在较宽的范围调节剪切速率和温度，得到十分接近于加工条件的流变学物理量，而且仪器结构简单，易于操作。除了测定粘度外，毛细管流变仪还可以用来观察高聚物的熔体弹性和不稳定流动现象。对高聚物熔体流动中产生的各种现象进行进一步深入的定量研究。毛细管流变仪的结构一般为柱塞式。通过在柱塞上施加一定的压力，使料筒中的高聚物熔体发生流动。下面主要介绍这种流变仪。

19.1 仪器结构组成及原理

以一种较为常见的可变压力型的毛细管流变仪（Instrall-3211 型毛细管流变）为例，介绍其基本的组成。一台可变压力型毛细管流变仪的结构如图 19-2，一般由以下几个主要部分组成。

（1）主体部分：毛细管、料筒、压杆（柱塞）、加热炉、测力传感器；

（2）温控装置：热电偶、温控仪表；

（3）机械传动：电机、齿轮箱、速度控制；

（4）记录：记录仪、计算机数据采集与处理。

试样装入料筒中，上加柱塞，试样恒温后，柱塞以恒速下降施加荷重于试样，使试样从毛细管中挤出，试样粘滞阻力的大小由施加的荷重反映，其荷重由测力传感器检测，并加以记录。柱塞压下速度 v 乘以柱塞横截面积 S 可得体积流速 Q，荷重 F 除以柱塞横截面积 S 得压强 p。（$Q=vs$，$p=F/S$）

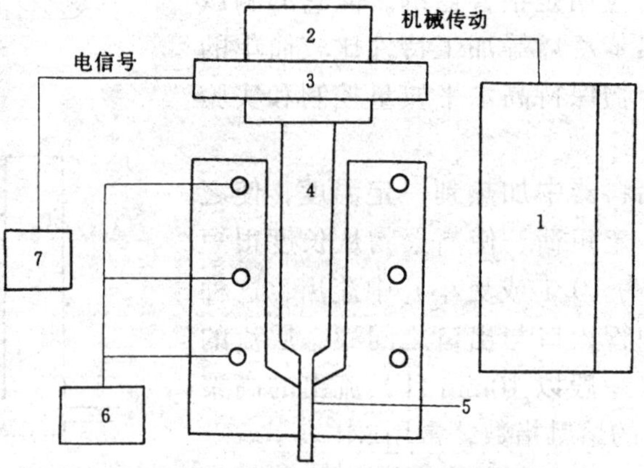

图 19-2 毛细管流变仪的结构组成

1—压杆速度控制系统 2—齿轮箱 3—测力传感器 4—压杆

5—毛细管 6—控温系统 7—记录仪及数据处理系统

高聚物的流动行为由粘度来表征。牛顿流体的粘度只与温度有关，高聚物多数不是牛顿流体，其粘度不仅与温度有关，还依赖于剪切速率，毛细管流变仪检测到的是不同柱塞下降速度 v（cm/min）时所施加的挤压载荷 F。

（1）牛顿流体剪切应力 $\tau_{牛}$ 与 F 的关系

$$\tau_{牛}=\frac{D}{\pi\cdot d_p^2\cdot L}\cdot F \tag{19-1}$$

（2）剪切速率 γ 与柱塞下降速度 v 关系

$$\dot{\gamma}_{牛}=\frac{2}{15}\cdot\frac{d_p^2}{D^3}\cdot v \tag{19-2}$$

（3）非牛顿指数 n

$$n=\frac{d\lg\tau_{牛}}{d\lg\gamma_{牛}}=\frac{\Delta\lg\tau_{牛}}{\Delta\lg\gamma_{牛}}=\frac{\lg\tau_{牛,i+1}-\lg\tau_{牛,i}}{\lg\gamma_{牛,i+1}-\lg\gamma_{牛,i}} \tag{19-3}$$

式中　$n=1$ 牛顿流体

$n>1$ 胀塑体 切力变稠

$n<1$ 假塑体 切力变稀

(4) 非牛顿切变速率 $\dot{\gamma}_{非牛}$

$$\dot{\gamma}_{非牛}=\frac{3n+1}{4n}\cdot\dot{\gamma}_{牛} \tag{19-4}$$

(5) 表观粘度 η_a

$$\eta_a=\frac{\tau_{牛}}{\dot{\gamma}_{非牛}} \tag{19-5}$$

式中　d_p ——柱塞直径 cm；

D ——毛细管直径 cm；

v ——柱塞下降速度 $cm\cdot min^{-1}$；

L ——毛细管长度 cm。

19.2 实验技术

19.2.1 样品要求

样品可以是固体的塑料、橡胶或纤维（粒料、粉料均可），样品要尽量小，大块的样品要弄成小颗粒，长的纤维要剪短，样品应容易填实，间隙中的空气易被排除。橡胶中不能加硫化剂，防止交联。

19.2.2 影响因素

(1) 每次装填的物料量要基本相同（通常为 12～15g）。加料要逐步少量加入，并且边加料边压实，以排除物料间的空气。并且填满后要进行预压，预压力为 10kg 左右。

(2) 装填结束后要进行预热。一般预热 10～15min 使物料受热均匀，减小料筒中间与边壁的温度差并达到所测试的温度；但预热时间不能过长，防止物料降解或交联。实验表明，预热时间不同其测试结果是不同的。

(3) 选择适宜长径比的毛细管。毛细管长径比的选择原则有两个。一是根据样品的粘度。二是尽量接近实际加工条件。一般来说从料筒经入口被挤入毛细管存在入口损失，因此必须进行入口校正。如果长径比大于 40 时可以忽略其入口损失。

(4) 清洗料筒。一般每进行一次测试都要清洗料筒，防止剩余物料在毛细管中固化或交联，产生阻力。一般使用聚乙烯 PE（易流动，熔点低）置换原来的测试样品。

(5) 避免自重影响，及时剪断已经挤出的高聚物。

19.3 毛细管流变仪的应用

19.3.1 流变性质与分子结构的关系——指导合成

由于聚合物流变性质与主链分子结构、相对分子质量、相对分子质量分布，支化及交联等均有密切关系，所以对合成加工性能优良的高聚物具有指导意义。

例如顺丁橡胶具有冷流性，在储存和运输中都有许多不便，如果提高长支链支化度和相对分子质量，即可改善顺丁橡胶的冷流性。

通过对不同相对分子质量分布的样品进行流变实验，结果发现，相对分子质量分布宽的样品，流动性好，如图 19-3，加工时包辊性好。这是因为宽分布的样品中小分子的部分起了内增塑的作用。

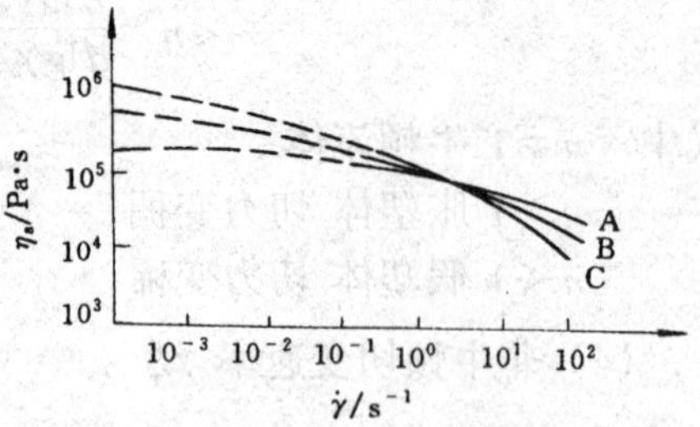

图 19-3 三种相对分子质量分布不同的聚丁二烯样品的流变曲线
相对分子质量分布：A<B<C

19.3.2 研究添加剂对原材料流变性能的影响

19.3.2.1 橡胶中主要添加剂——炭黑的性能及含量对橡胶性能的影响

众所周知，在橡胶中加入各种配合剂可以有效地改变胶料的性能。在橡胶的各种添加剂中，炭黑是必不可少的，而且添加量也较大。有些橡胶虽然具有自补强性（NR，CR），在未填充炭黑之前，其纯硫化胶的模量、耐磨性及抗剪切破坏性能也远不能适应在高负荷动态条件下使用（如轮胎、运输带等）。而对于一些通用合成橡胶（BR，SBR），未经炭黑补强实际就没有多大工业价值。

橡胶制品生产简易工艺流程：

生胶
炭黑及其他添加剂 } →塑炼→（炭黑胶料）→混炼→返炼→压延或注射

所以炭黑胶料的流动性在工艺上是很重要的，它影响着各步反应，从而最终决定制品性能。

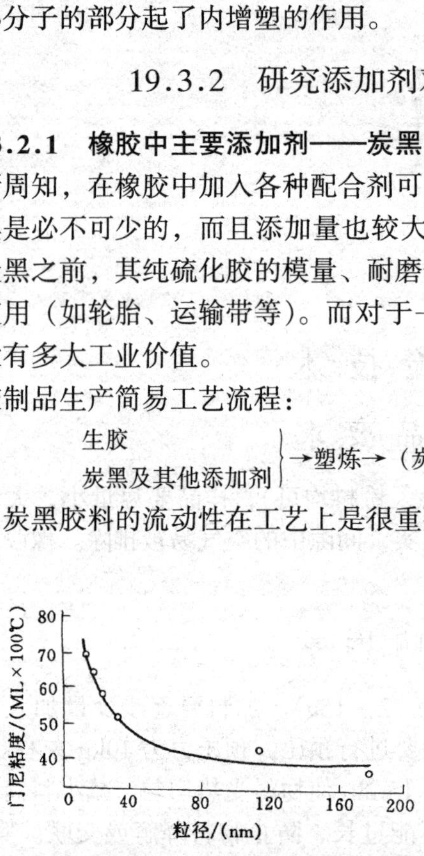

图 19-4 炭黑粒径对胶料流变性能的影响
注：HAF——高耐磨炉黑

从图 19-4 中可以看出，同种炭黑在用量相同的情况下，炭黑的粒径越小，体系的粘度就越大。产生这种实验现象的原因是炭黑粒子表面能吸附分子链形成缠结点，炭黑与胶料形成包容胶和网状结构，使流动困难，粘度增加；粘度越小，炭黑总的表面积越大，吸附的橡胶分子链越多，流动阻力越大。

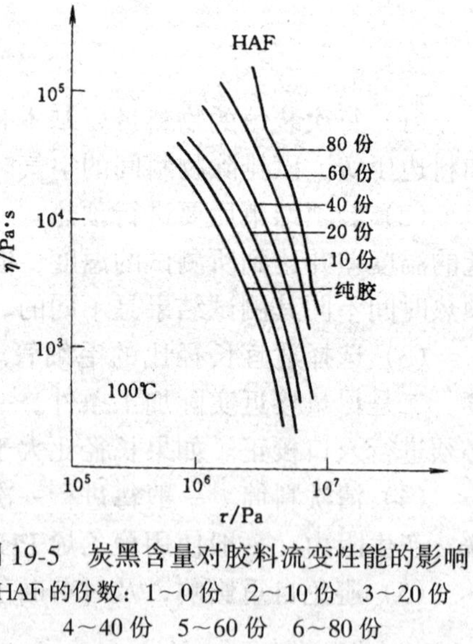

图 19-5 炭黑含量对胶料流变性能的影响
HAF 的份数：1～0 份 2～10 份 3～20 份 4～40 份 5～60 份 6～80 份

如图 19-5，从实验结果可以看出：炭黑分数增加，体系粘度随之上升，其原因也是由于炭黑粒子吸附的分子链数增多而使体系的流动阻力升高。

从上面两张图中还可以看出，随着剪切速率和剪切力的提高，炭黑胶料的粘度均成下降趋势，这是由于在高的剪切速率和剪切力的作用下，炭黑与胶料形成的网络结构被破坏，致使炭黑胶料粘度下降。

19.3.2.2 塑料中添加剂对材料加工性能和制品实验性能的影响

在塑料加工中最常用的一种添加剂就是碳酸钙。将碳酸钙填充到树脂中不仅可以大大节约树脂用量，而且能提高制品的刚性、热变形温度、耐蠕变性、尺寸稳定性及热收缩性能等。以碳酸钙填充聚丙烯的体系为例，说明碳酸钙对聚丙烯流变性能的影响。

从图 19-6 中可以看出：相同碳酸钙含量时，体系的表观粘度随剪切速率的增加而减小；而且在高的剪切速率下粘度降低得更为迅速，说明在高的剪切速率下体系的非牛顿性更为明显。

随着碳酸钙含量的增加。曲线向上移动，粘度增大。这是因为碳酸钙是不可形变的固体颗粒，其流动性能很差。碳酸钙的加入增加了体系的刚性，增大了流动阻力，导致体系粘度迅速上升。因此，填充塑料这一特点在成型加工中应特别引起注意，否则工艺条件选择不当可能因为粘度过高、压力过大而损坏设备，并引发事故。

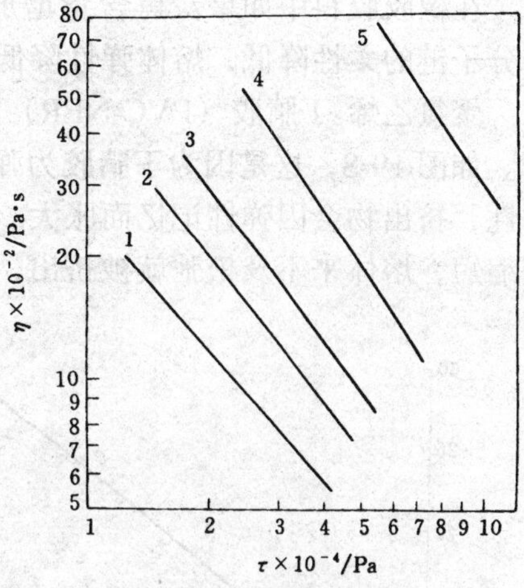

图 19-6 聚丙烯中添加不同份数的碳酸钙各组分的流变曲线

碳酸钙的份数：1～10 份 2～20 份 3～30 份 4～40 份 5～70 份

19.3.3 聚合物粘弹性的研究

高聚物的粘弹性除了前面介绍的韦森堡效应外，另外两种明显表现是：挤出胀大效应（Barus 效应）和熔体破裂效应（不稳定流动）。

19.3.3.1 挤出胀大效应（Barus 效应）

挤出胀大是高聚物粘弹性的一种表现。其表现是高聚物熔体在通过狭长流道从模口挤出后不保留直线型流动，而是发生膨胀，如图 19-7，一般认为由两方面因素引起。其一是高聚物熔体在外力作用下进入窄口模，在入口处流线收敛，在流动方向上产生速度梯度，因而高聚物分子受到拉伸力产生拉伸弹性形变。这部分形变一般在经过模孔的时间内还来不及完全松弛，那么到了出口之后，外力对分子链的作用解除，高分子链就会受到拉抻的伸展状态重新回缩为卷曲状态，发生出口膨胀。另一个原因是高聚物在模孔内流动时由于切应力的作用，表现出法向应力效应，法向应力差所产生的弹性形变在出口模后恢复，因而挤出物的直径胀大。当模孔长径比较小时，前一个原因是主要的；当模孔的长径比较大时，后一个原因是主要的。

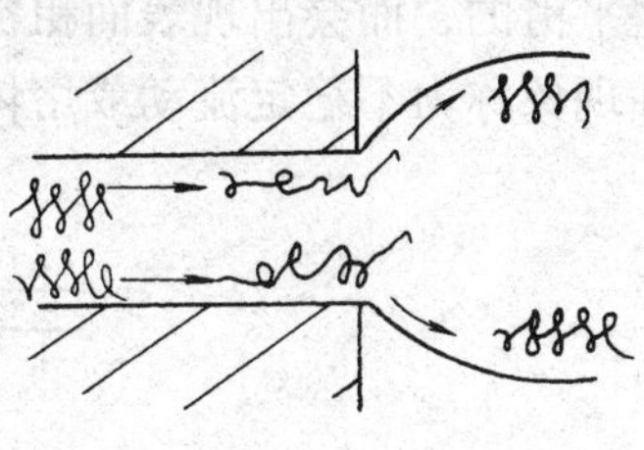

图 19-7 聚合物的挤出胀大现象

高分子熔体最突出的特征是分子链在分子水平上的缠结，所以分子链越长，弹性越好，挤出胀大效应就越明显。挤出胀大效应影响产品的尺寸稳定性及表面光滑状况。挤出胀大的程度可以用挤出胀大比 B 值来表示，B 值可以通过照相法或激光扫描法测定。

$$B=\frac{D_{\max}}{D_0}$$

式中 D_0 ——口模直径；

D_{max} ——出口膨胀处最大直径。

B 值的大小受很多因素影响。如填料的含量，填料的弹性性能，及其剪切速率、加工温度等许多因素都会影响 B 值的大小。

在橡胶胶料中如果炭黑含量增加，B 值会降低，这是因为炭黑吸附橡胶分子链，使橡胶分子链的柔性降低，熔体弹性降低。

聚氯乙烯-丁腈胶（PVC-NBR）的共混物在受到的剪切速率增大时，胀大比 B 值直线上升。如图 19-8，这是因为丁腈胶为弹性较好的橡胶，用它来改性 PVC 所得熔体具有较大的弹性，挤出物会因弹性记忆而胀大。当剪切速率增大时，作用在熔体上的频率增加，作用时间缩短，熔体来不及松弛就被挤出，所以 B 值增加。

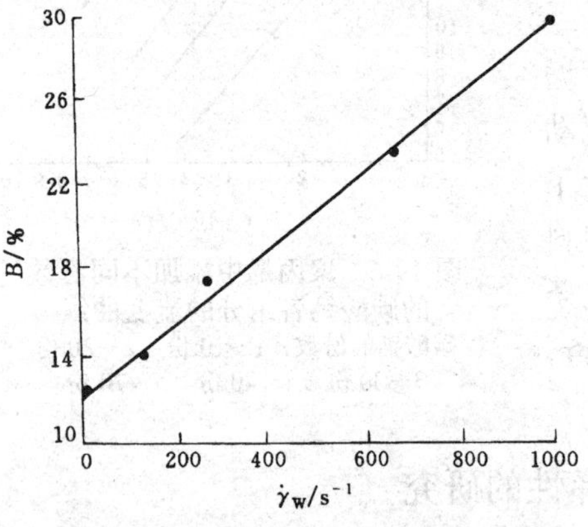

图 19-8　剪切速率对胀大比的影响

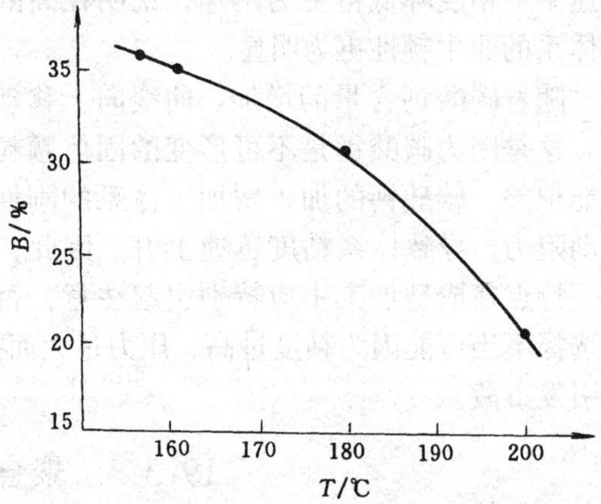

图 19-9　温度对胀大比的影响

图 19-9 是在 PVC-NBR 在不同温度下的挤出胀大比 B 值，可以看出 B 值随温度升高而减小，这是因为温度升高，熔体的松弛时间缩短，引起的弹性减小，所以 B 值减小。

研究挤出胀大比 B 值可以指导挤出机口型设计及流道设计。例如现在有些挤出机头设计成喇叭口型等，就是为了减少出口压力。

19.3.3.2　熔体破裂现象——不稳定流动

高聚物熔体在挤出时，如果剪切速率过大超过一个极限值时，从口模处理的挤出物不再是平滑的，而会出现表面粗糙、起伏不平、有螺纹状波纹、挤出物扭曲甚至为碎块状物，这种现象称为不稳定流动或熔体破裂，如图 19-10。

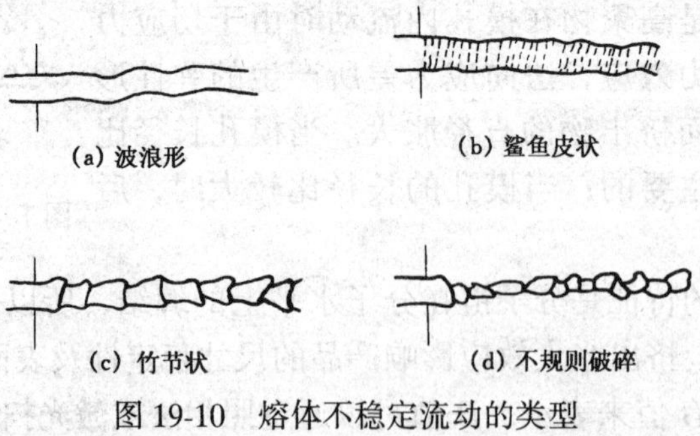

图 19-10　熔体不稳定流动的类型

高分子材料的不稳定流动会影响其加工行为，并导致产品外观缺陷及使用性能下降。有多种原因造成熔体的不稳定流动。其中一个主要的原因就是熔体的弹性。

对于小分子，液体运动的动能达到或超过克服粘滞阻力的流动能量时，则发生湍流；对于高分子熔体，粘度高，粘滞阻力大，在较高的剪切速率下，弹性形变增大，当弹性形变的储能达到或超过克服粘滞阻力的流动能量时，导致不稳定流动的发生。这种有弹性形变所储存的能量称为高能湍流。

以HDPE与LDPE为例，二者虽然为同一种材料，但由于结构上存在差异，导致其流变曲线并不相同，如图19-11。

LDPE的流变曲线为一条直线，没有不连续和转折，箭头所指处是破裂开始。

HDPE受到剪切时，当剪切应力达到A点后挤出物出现破裂现象。到达B点后剪切速率突然增到C点，如果这时增加压力则沿新曲线上升；如果此时减小应力，挤出速率不回到B点而是到D点。到D点后突然回到E点，如果应力固定在DC处，试样将发生振荡，挤出物为一节一节的。

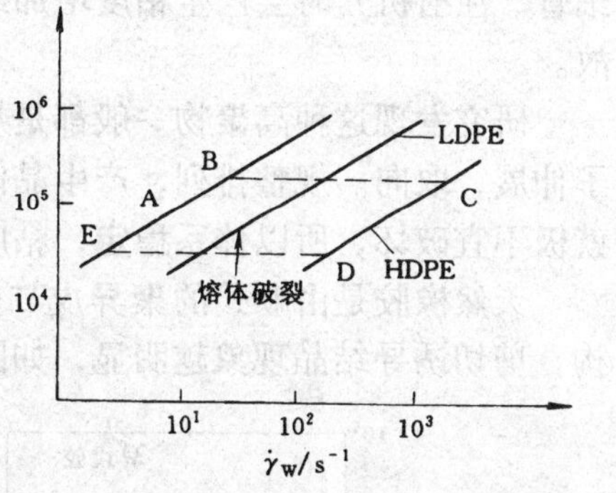

图19-11 LDPE与HDPE的流变曲线

分析实验产生的原因，LDPE为支化聚乙烯，弹性比线型的HDPE要小，所以发生不稳定流动的程度也比HDPE要小。

对于高分子熔体的不稳定流动，目前最新的研究已经切入到产生各种不稳定流动的动力学因素上的研究。

19.3.4 研究不同材料对温度的敏感性

不同的高分子材料，由于其结构不同，在升温过程中表现出来的流变性能也不相同，以以下五种材料为例，观察并对比其流变曲线：

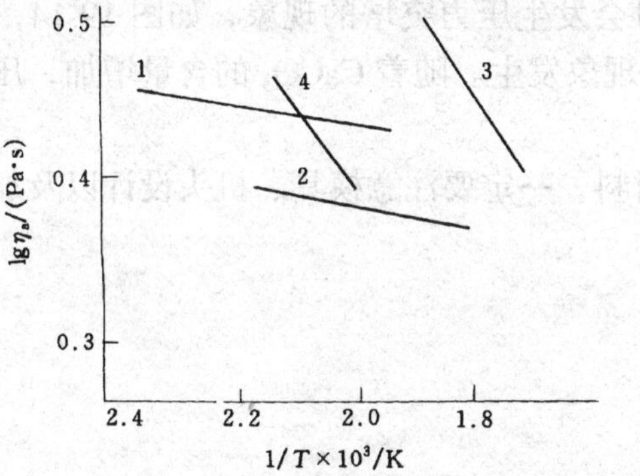

表观粘度与温度的关系

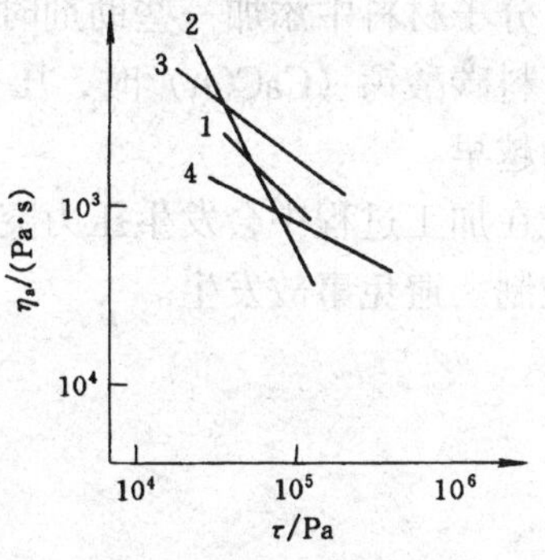

表观粘度与剪切应力的关系

图19-12 几种材料的流变曲线

1—聚乙烯（PE） 2—聚甲醛（POM） 3—聚碳酸酯（PC） 4—聚甲基丙烯酸甲酯（PMMA）

我们通常把随温度变化时粘度变化大的材料称为温敏性材料；把温度变化时粘度变化小的材料称为切敏性材料。对切敏性材料，显然只通过升温的方法是不合适的，既浪费能源，又没有达到提高加工性能的目的。所以在加工中不能只单纯提高温度，应通过改变剪切速率或改变配方等方法来改善加工性能。

高分子材料都是在熔融状态下加工的，所以首先应选择加工温度。加工的温度必须使物料完全熔融，流动性好，易于加工；但是温度又不能高于物料的分解温度。所以在对一种物料进行加工之前，首先应进行流变性能测试，观察物料在几个不同温度下的流变性能，以选择最适宜的加工温度。

19.3.5 剪切诱导结晶与压力突增现象

在生产中发现，有时有些高聚物在高剪切速率下，通过收敛型流道（如长径比较大的毛细管、注射机）时会产生粘度增加或压力突增现象，这在生产中是极危险的，易导致重大事故。

研究发现这种高聚物一般都是规整性较高，易结晶的高聚物，受到强剪切作用后，大分子伸展，取向。规整排列，产生晶体结构，即通常说的剪切诱导结晶。一旦形成晶体结构，就极不宜破坏，所以体系稳定，粘度上升，导致压力升高。

天然橡胶是由顺式的聚异戊二烯组成，顺式异戊二烯的含量越高，越容易产生晶体结构，剪切诱导结晶现象越明显，如图 19-13。

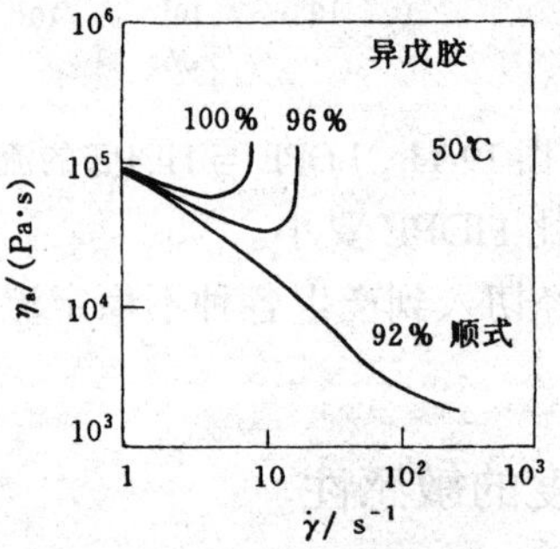

图 19-13　聚异戊橡胶顺式含量对流动曲线的影响

异戊胶的顺式含量：1—100%　2—95%　3—92%

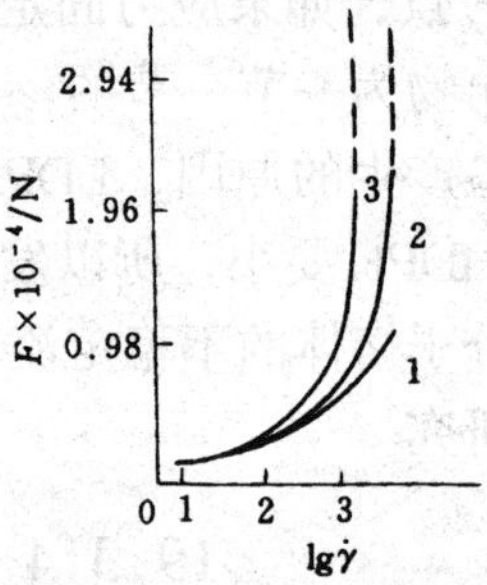

图 19-14　PP + $CaCO_3$ 中的压力突增现象

1—纯 PP（190℃）　2—纯 PP（188℃）

3—PP/$CaCO_3$ = 1∶1（200℃）

在高分子材料中添加一些助剂时，有时会发生压力突增的现象，如图 19-14，在聚丙烯中添加填料碳酸钙（$CaCO_3$）时，压力突增现象发生。随着 $CaCO_3$ 的含量增加，压力突增现象发生的越早。

对于在加工过程中会发生压力突增的材料，一定要注意模具、机头设计以及加工条件的选择和控制。避免事故发生。

第 20 章　相对流变仪——装有混合器测量头的转矩流变仪

前面主要叙述的是绝对流变仪。绝对流变仪测试的粘弹性数据与绝对的物理单位相关联：如力、长度和时间单位等。对绝对流变仪的仪器几何结构及测试程序都有很严格的要求，必须处于边界条件的限制之内，绝对流变仪的优点是客观地表征样品，试验结果与试验仪器以及生产厂家无关。

混合器测量头转矩流变仪等相对流变仪模拟真实过程的条件，而生产机器中装备有大小不同的混合器或挤出器。带有混合器测量头的转矩流变仪与旋转式流变仪有着本质性区别。扭矩流变仪使用缩小的内部混合器测量头，是大型生产用混合器的微缩复制品。

这种流变仪的设计目标是为造成高湍流、高剪切的效果，以便使聚合物熔体或橡胶混合物的多组分得以良好的混合，在此工艺条件下，被高度剪切的物料产生非线性的粘弹性响应。被测试的样品反抗混合的阻力与样品的粘度成正比。扭矩流变仪通过作用在转子上的反作用扭矩测得这种阻力。通常记录转矩随时间的变化谱图，称之为“流变图”。转矩流变仪在共聚物性能研究方面应用最为广泛。

转矩流变仪是一种多功能积木式双转矩测量仪。转矩流变仪使用的各种混合器测量头，是大型生产用混合器的微缩复制品。它可以模拟密炼、挤出等工艺过程。由于混合腔及转子的形状复杂，温度控制情况各不相同，因而只能用特定厂家生产的特定尺寸的混合器测量头对几种样品的试验结果作直接比较。测得的数据显然不是“绝对值”。

转矩流变仪也可以测量转矩与温度，转速与时间的关系。由于转矩的大小直接反映了物料的粘度和消耗功率的多少，就可以指导工艺条件的选择和进行配方设计。实践已经证明，转矩流变仪具有很大的使用价值和经济价值，大大减少了大规模生产设备的试验性运转次数，节省了大规模加工性能试验可能要消耗掉的成吨的物料。

20.1　仪器结构及原理

20.1.1　仪 器 结 构

转矩流变仪主要结构如图 20-1，由以下几个部分组成：

主体部分：电机、齿轮变速箱，转矩传感器

测量装置：密炼式混合测量头，螺杆挤出式测量头，测量显示记录

控温装置：热电偶、控温仪表

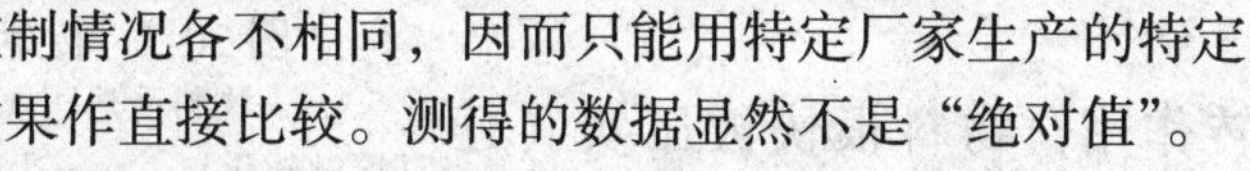

图 20-1　转矩流变仪结构示意图

如图 20-2 所示，转矩流变仪的结构为一个由热电偶控温的混合室及混合室内的转子，这两个转子平行对齐并相隔一段距离。转子的作用圈刚好相互切合。两个转子逆向转动，转速比为 3:2。橡胶工业使用的一些特殊混合器速度比为 8:7。通常左侧转子顺时针转动，右侧转子逆时针转动。为了使不同的物料都能取得最佳的混合效果，设计了多种转子的形状。

可以随时更换。

常见的有以下几种：

凸棱转子：中剪切，用于弹性体，塑料

西格玛（∑）转子：低剪切，用于粉末，液体

轧辊转子：高剪切，用于特殊性能材料

Banbury 转子：用于橡胶

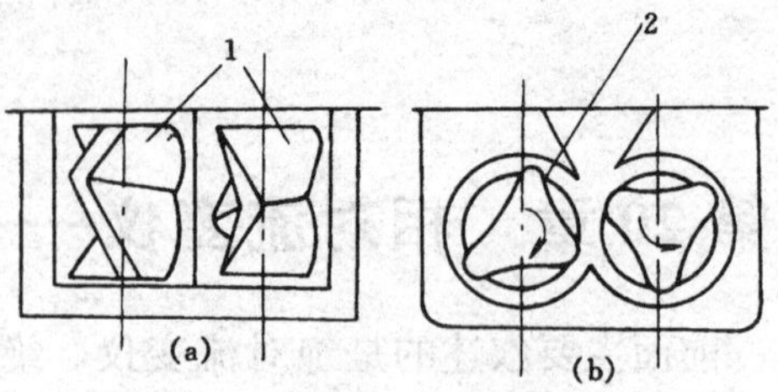

图 20-2 转矩流变仪中转子的类型

(a) 俯视图 (b) 正视图

1—转子 2—混炼室

20.1.2 转矩流变仪的原理

物料被加到混炼室中，受到转速不同，转速相反二个转子所施加的作用力，使物料在转子与室壁间进行混炼剪切，物料对转子凸棱施加反作用力，这个力由测力传感器测量，在经过机械分级的杠杆力臂转换成转矩值的单位克-米（g·m）读数。其转矩值的大小反应了物料粘度的大小。通过热电偶对转子温度的控制，可以得到不同温度下物料的粘度。作图得到转矩流变曲线，如图 20-3。

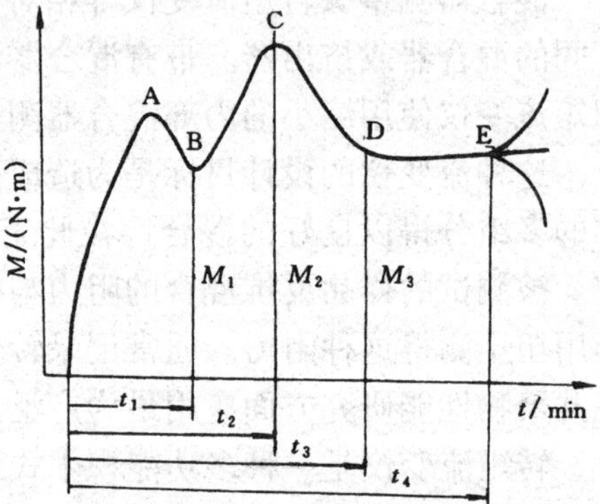

图 20-3 转矩与时间的关系图

t_1—物料受热压实时间 t_2—塑化时间（熔融软化） t_3—达到平衡转矩时间（物料动态热稳定） t_4—物料分解时间 M_1—最小转矩 M_2—最大转矩 M_3—平衡转矩

上图为一般物料的转矩流变曲线，但有些样品没有 AB 段，各段意义为：

OA：在给定温度和转速下，物料开始粘连，转矩上升到 A 点。

AB：受转子旋转作用，物料很快被压实（赶气），转矩下降到 B 点。(有的样品没有 AB 段)

BC：物料在热和剪切力的作用下，开始塑化（软化或熔融），物料即由粘连转向塑化，转矩上升至 C 点。

CD：物料在混合器中塑化，逐渐均匀。达到平衡，转矩下降到 D。

DE：维持恒定转矩，物料平衡阶段。(90s 以上)

E—：继续延长塑化时间，导致物料发生分解，交联，固化，使转矩上升或下降。

由转矩流变曲线获得的信息：

(1) 判断可加工性　由于转矩值的大小直接反映了物料的粘度和消耗的功率。可以看出此配方是否具有加工的可能性，若转矩太大，则在加工中需要消耗许多电力，或在更高的温度下，才能降低转矩，也需耗电，成本提高，这时应考虑改变配比，下调转矩。

(2) 加工时间（物料在成型之前的时间）

热塑性材料：要求 t_4 不能太短，否则还未成型就已分解，交联。

热固性材料：若 t_4 太长，效率低，需等很多时间才能固化，脱模，周期长；

若 t_4 太短，来不及出料已固化在螺杆或模具中。

(3) 加工温度　可以测定不同温度下的转矩流变曲线，得到 M-T 关系。

(4) 材料的热稳定性　研究分解时间的长短。

(5) 可将转矩换算成剪切应力、剪切速率或粘度，得到流变曲线。

20.2 实 验 技 术

20.2.1 试 样 制 备

试样可以是粒料、小块固体及粉料，也可以加入少量液体配合剂，如液体石蜡。加入试样的重量为60g左右。

20.2.2 影 响 因 素

（1）加料量　每次加入的样品重量要相同和适当。装入量是根据容积和物料的密度计算得到，一般的加入量为总容量的75%～85%。原因是有部分空间存在便于物料混炼均匀，转矩值易于稳定。另外，一般来讲随物料加入增多，其粘流阻力会增加。所以为便于对试样的测试结果进行比较，每次应称取相同重量的样品。

（2）转速　混炼室中两个转子转速的确定，一般以加工条件所需要的转速加以选择。有时也依照物料粘流阻力的大小、测试温度的高低、仪器灵敏度的大小等条件进行适当调整。其最终目的是使测试结果数据准确、清晰、重复性好。

（3）测试温度　测试温度要稳定才能保证测试结果的准确性，所以除了控温要求稳定外，还要对混炼室进行必要的空气冷却，防止物料与转子室壁摩擦升温造成的过热现象，影响测试结果。

（4）加料速度　物料加入混炼室时，应使用斜槽柱塞加料器，在尽可能短的时间内把物料压入混炼室内。其原因是如果物料进入时间长短不同，物料各部分受热、受剪切的时间就不同，造成结果波动，重复性差。

20.3 转矩流变仪的应用

用转矩流变仪可以用来选择加工性能优异的原材料，可判别材料的热稳定性；研究共混物的配比以及共混后两相的分布情况，制定工艺配方及工艺条件。

图 20-4　DTBP 的加入量对熔体流变性能的影响

DTBP的加入量（wt%）：a. 0　b. 0.01　c. 0.02　d. 0.04

20.3.1 研究添加剂对原料性能的改善

在聚烯烃的加工中，常常要加入相对分子质量调节剂。例如在聚丙烯的生产中，在后加工过程中，为了提高聚丙烯的流动性，降低能耗，也常加入相对分子质量调节剂。例如加入二叔丁基过氧化物（DTBP）后，DTBP 与高分子中的长分子链反应，使长链降解成为短链，聚丙烯的流动性得到改善。从图 20-4 可以看出，随着 DTBP 量的加大，熔融时间缩短，最终扭矩值变小，即树脂的粘度变小，流动性增加。

20.3.2 测试聚合物耐热及耐剪切稳定性

PVC 具有很多优点，成本低，物理性能好，因此用途广泛，但是 PVC 也存在不少的缺点，因为 PVC 中含有 C—Cl 弱键，使 PVC 稳定性下降，易脱出 HCl 而发生降解，其热稳定性较差，PVC 的塑化温度在 140～160℃，而其分解温度在 180℃，而且 PVC 粘度大，流动性差，与设备的金属表面摩擦力大，造成树脂在设备中停留时间长，在死角处易造成分解，这就给加工带来了不便，所以在 PVC 的加工中通常需要加入各种稳定剂（热稳定剂，光稳定剂等），以填充碳酸钙（$CaCO_3$）和红泥来比较两种稳定剂的效果。

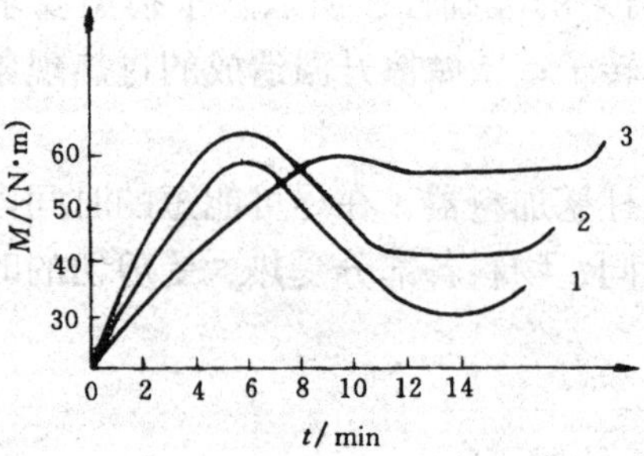

图 20-5 添加不同材料的 PVC 复合材料的转矩与时间关系

温度：190℃

1—PVC 2—PVC + $CaCO_3$ 3—PVC + 红泥

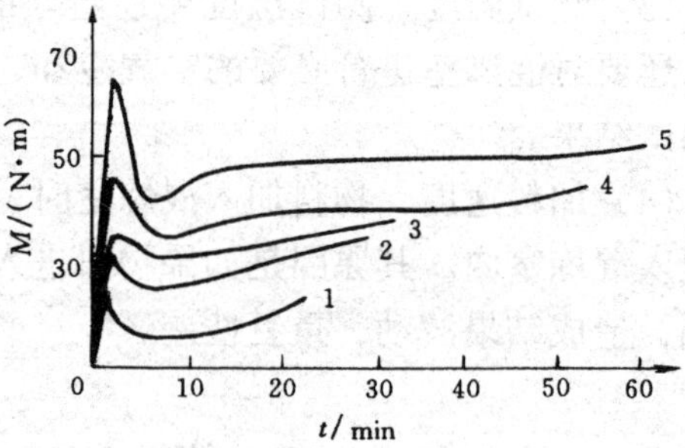

图 20-6 添加不同份数的红泥的 PVC 复合材料转矩与时间关系

温度：190℃ 红泥的份数：

1—30 2—60 3—80 4—100 5—120

从图 20-5 中看出，当添加等同份数的碳酸钙和红泥时，PVC 的稳定性均有所提高，但红泥的效果又要比碳酸钙明显的多。以不同份数的红泥（RM-2）填充 PVC，测试结果如图 20-6 表明，红泥含量越高，PVC 热稳定性越好。

注：红泥（RM-2）是铝土矿中提取 Al_2O_3 后的残渣，含有 Al_2O_3、Fe_2O_3、SiO_2 等。其中赤铁矿和硅酸盐对 HCl 有稳定作用，使 HCl 不宜放出，另外发现，红泥能吸收紫外光，所以同时还起到了光稳定剂的作用。由于红泥对 PVC 稳定性提高作用明显，成本又低，所以近年来应用越来越多。

20.3.3 增塑剂吸收情况的研究

聚合物加工中一般都需要添加一定量的增塑剂使产品达到使用要求的性能，以 PVC 为例，PVC 既可以制成薄膜、人造革等软制品，也可以制成管材、门窗等硬制品，一种原料可以有如此大的性能差别，这与增塑剂的添加量有直接关系。用做增塑剂的材料多是一些小分子的液态油性物质，如 DOP，DBP 等，可以用转矩流变仪观察增塑剂与原料的混合时间和混合效果。图 20-7 为一般原料中加入增塑剂后物料转矩的变化情况。

不同品种的增塑剂，被高聚物吸收的快慢程度是不同的。用转矩流变仪可以反应增塑剂的分散快慢、增塑剂与聚合物的相互作用等情况。从而为加工中选择增塑剂进行指导。

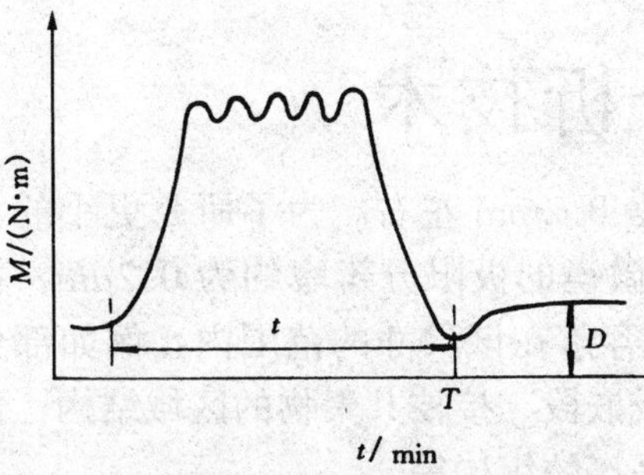

图 20-7　物料中加入增塑剂后转矩的变化情况
t—增塑剂的吸收时间（min）　D—松散度（g·m）
T—干点（转矩下降开始趋于平稳的时间）

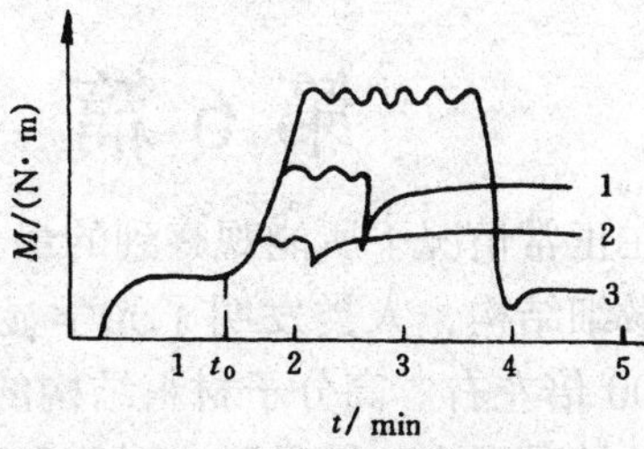

图 20-8　原料中加入三种增塑剂后不同的流变曲线
t_0：加入增塑剂的时间
1—DOP：邻苯二甲酸二辛酯　2—DBP：邻苯二甲酸二丁酯　3—DIOP：邻苯二甲酸二异辛酯

从图 20-8 中可以看出，加入的第三种增塑剂的分散速度最慢，但是达到平衡转矩时的转矩值是最低的。

20.3.4　生胶及混炼胶塑化性能的研究

天然橡胶的使用范围有限，必须在天然橡胶中加入其他添加剂制成的橡胶混合物才能满足一定的使用要求。然而天然橡胶相对分子质量很高，妨碍向其中混入其他添加剂，所以胶料在使用前都需要经过有效的塑化，如在开炼机或密炼中进行塑化，要达到塑化安全，必须保证有充足的塑化时间，也就是说在加工温度下，应有足够长的安全加工时间即可达到塑化效果好，又不会引起材料的焦烧或其他的化学变化。通常用一个经验值 λ 来表示塑化情况。如图 20-9，

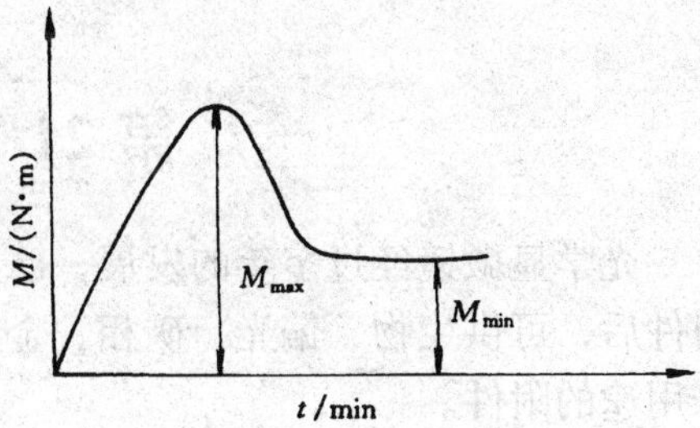

图 20-9　胶料塑化性能的研究

通常的经验值是：$\lambda=\dfrac{2\ (M_{max}-M_{min})}{(M_{max}+M_{min})}$

$\lambda=0.05\sim0.07$ 物料塑化状况较好；

λ 值过大表示物料脱辊打滑，物料不宜混匀；

λ 值过小表示物料粘辊，也不宜混匀。

第 6 篇　显微分析技术

肉眼在正常情况下所能观察到的最小物体的限度是 0.2mm 左右。为了研究更小的物体或物体的微细结构，人类发明了光学显微镜。光学显微镜的极限分辨率约为 0.2μm，相当于放大 1000 倍左右。高分子材料结构的研究的许多内容落在该尺寸的范围内，例如部分结晶高分子的结晶形态、结晶形成过程和取向等；共混或嵌段、接枝共聚物的区域结构；薄膜和纤维的双折射；复合材料的多相结构以及高分子液晶态的织构等。

为了得到分辨率更高的显微镜，必须采用波长更短的波。20 世纪 20 年代初，从理论上已证明电子作为光源可达到很高的极限分辨率。经过几十年来前人的不断努力，到 50 年代末，电镜的分辨率已达到 1nm。目前一台高性能的电镜，晶格分辨率是 0.14nm，点分辨率是 0.3nm，相当于最大放大倍数的 50～100 万倍。在高倍显微镜下可观察材料的内部组织状态，内部缺陷等，能直接观察结晶的晶格图像，甚至某些单个图像。实践表明，电镜是揭示微观世界的一把钥匙。

第 21 章　光学显微镜法

光学显微镜经过多年的发展，已成为精密复杂的仪器。一台基本的显微镜，安装上各种附件后，可供生物、偏光、矿相、金相、荧光、相差、干涉差等观察测定，同时还有大量特殊用途的附件。

高分子材料工业的迅速发展，应用范围日益广泛，其中结晶高聚物的结构—性能—加工之间的内在联系已成为高分子物理领域中一项重要的研究课题。结构是性能内在的本质，性能则是结构在一定条件下的表现。某些研究者认为最重要的结构参数是结晶度以及晶区和非晶区的取向度。偏光显微镜就是一种适用于研究球晶结构及取向度非常有用的仪器。高分子材料的共混改性可提高材料的性能，利用一般光学显微镜可以研究不同颜色高分子共混物相态结构是简便而直观的方法，而当共混物都是“透明体”，仅是折射率不同时，用普通显微镜，视场看起来是均匀的，无法分辨，采用相差显微镜就能观察到共混各相分布状态。

21.1　光学显微镜的结构原理

21.1.1　偏光显微镜结构及原理

偏光显微镜的基本构造是在普通光学显微镜上分别在试样台上各加一块偏振片，下偏振片叫起偏片，上偏振片叫检偏片。偏振片只允许某一特定方向振动的光通过，而其他方向振动的光都不能通过。这个特定方向为偏振片的振动方向。通常将两块偏振片的振动方向置于互相垂直的位置，这种显微镜就称为正交偏光显微镜（PM）。

高聚物在熔融态和无定形态时呈光学各向同性，即各方向折射率相同。只有一束与起偏片振动方向相同的光通过试样，而这束光完全不能通过检偏片，因而此时视野全暗。当聚合物存在晶态或有取向时，光学性质随方向而异，当光线通过它时，就会分解成振动平面互相垂直的两束光。它们的传播速度一般是不相等的，于是就产生两条折射率不同的光线，这种现象称为双折射。若晶体的振动方向与上下振片方向不一致，视野明亮，可以观察到结构形态。

进一步可以用数学表达这一关系。图 21-1 中用 P-P 代表起偏片的振动方向，用 A-A 代表起偏片的振动方向，如果它们与 P-P 不一致，设 N-N 与 P-P 的夹角为 α。光进入起偏片后透出的平面偏振光的振幅为 OB。光继续射到晶体上，由于 M-M、N-N 与 P-P 都不一致，因而将矢量分解到这两振动面上，N 方向和 M 方向的光矢量分别为 OD 和 OE。自晶体透出的平面偏光继续射到检偏片上，由于 A-A 与 M-M、N-N 也不一致，故再次将每一平面偏光一分为二。最后在 A-A 面上的光为方向相反，振幅相同的 OG、OF。最终透过检偏片的合成波为：

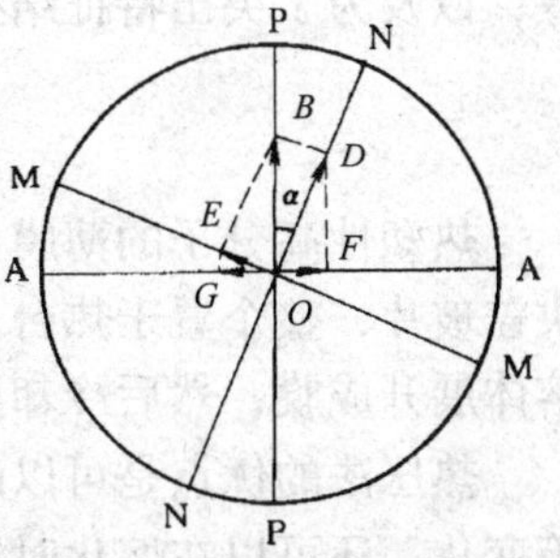

图 21-1　在偏光显微镜正交场中穿过晶体的光矢量分解

$$Y = OF - OG = OD\sin\alpha - OE\cos\alpha$$

由于这两束光速度不等，会存在相位差 δ。

$$OD = OB\cos\alpha = A\sin\omega t\cos\alpha$$

$$OE = OB\sin\alpha = A\sin(\omega t - \delta)\sin\alpha$$

所以 $Y = A\sin 2\alpha \cdot \sin\dfrac{\delta}{2} \cdot \cos\left(\omega t - \dfrac{\delta}{2}\right)$

光的强度与振幅的平方成正比，所以合成光的强度 I 为

$$I = A^2\sin^2 2\alpha \cdot \sin^2\frac{\delta}{2} \cdot \cos^2\left(\omega t - \frac{\delta}{2}\right)$$

21.1.2　相差显微镜的结构及原理

相差显微镜是在普通显微镜的基础上增设了两个部件，在光源和聚光镜间，即聚光镜平面上插入光栏，物镜后焦平面处插入相板。

相板是由光学玻璃制成的具有一定厚度和折射率的薄片，它由两部分组成，一是通过直射光部分，叫共轭面，通常为环状；另一是绕过衍射光的部分，叫补偿面，即是共轭面的外侧和内侧。利用相板可以改变直射光与衍射光的相位，同时吸收一定的直射光。

光栏即环状光栏，也是相差显微镜不可缺少的部件，光栏是由金属做成大小不同的环状孔形成的光阑，当聚光镜焦面上的光阑足够小时才能使直射光的像在物镜后焦面上聚为一点和衍射光分开。使用环形相板要与环形光阑相配合，以使环形光阑所造成的像与相板环形相一致。因此使用不同放大倍数的相差物镜时，要同时更换环形光阑的环径和环宽。

对于无色透明物体，宽度上的反射率差异和表面凹凸引起的折射率差异，用普通透射式显微镜是观察不到的，相差显微镜利用了光的波动性，将位相差转变成强度差即明暗之差，从而使相位差可直接观察。

理论上可导出相差显微镜的光程差分辨率能达到 1nm，所以相差显微镜能将共混物中折射率之差很微小的两组分转换成明和暗的图像。但由于样品厚度上的微小的差别也变得可见，因此必须注意样品表面和厚度不均匀性的影响。为了得到最大的反差，要求样品必须很薄（约 5μm）。

21.2 样品的制备技术

样品的制备是非常关键的一步，因为样品制备不好会丢失许多重要的结构信息，甚至造成假象而导致完全错误的解释。主要的制样方法有热压膜法、溶液浇铸制膜法、切片、打磨等，以及为了突出特征结构而进行的某些处理，如复型、崩裂和取向等。

21.2.1 热压制膜

热塑性高分子的薄膜显微样品可用下面方法制得。把少许聚合物放在载玻片上，盖上一块盖玻片，整个置于热台上加热至聚合物可以流动。用事先预热的砝码或用镊子轻轻施压使熔体展开成膜，然后冷却至室温。

热压法的优点是可以改变不同热处理条件（如熔融温度、时间和冷却介质）以观察结构等变化，还可以在熔化时测定颜料、填料或其他不熔添加物的性质、颗粒尺寸及分布等，此法快速简便，但也有缺点，例如降解等。

21.2.2 溶液浇铸制膜

用适当的溶剂将试样溶解,将干净的玻片插入溶液后迅速取出,或滴数滴溶液于玻片上,干燥后即得薄膜。干燥方法可以是空气中自然干燥,或在干燥器中利用干燥剂或真空干燥。但为了减少表面张力效应产生的内应力而导致形变和结构变化,应先放在有溶剂蒸汽的密闭容器中缓慢均匀地干燥,最后再置于真空中彻底除去剩余溶剂。膜厚度由溶液浓度控制。

溶液浇铸膜的优点是结构均匀，膜厚度易于控制；缺点是费时颇多，对某些高分子不易找到适当的溶剂。

21.2.3 切片

切片首先要选用适当的切片机。比如对韧性的高分子或大面积切片应使用滑板型切片机，对较易切的高分子用旋转型切片机即可。通常使用钢刀，刀刃为碳化钨更好。

21.2.4 打磨

大多数热固性高分子和高填充的高分子材料都不能用前述方法制样，必须采用金属学和矿物学中经典的制样方法即打磨。较硬的高分子可用金刚砂打磨，软的可用 Al_2O_3 或 Fe_2O_3（制成砂轮或砂布）打磨。首先将一个面打磨出来，然后用 502 胶将这个面粘到载玻片上，再打磨另一面。如果遇到样品有空洞，必须先用环氧树脂填上。如复合材料含有软的组分，最好冷冻后打磨以免软的部分变形。成功的打磨技术可以得到 15μm 甚至更薄的样片。

21.3 光学显微镜在高分子结构研究中的应用

21.3.1 偏光显微镜的应用

21.3.1.1 高分子结晶中球晶的观察

（1）球晶的形态

球晶由从中心往外辐射排列的晶片组成。各晶片中半径方向与切线方向的折射率差是一样的，即 δ 是常数。因而决定光强的是 α，当 $\alpha=0°$、$90°$、$180°$和 $270°$时，$\sin 2\alpha$ 为零，这几个角度没有光通过。当 $\alpha=45°$的奇数倍时，$\sin 2\alpha$ 有极大值，因而视野最亮。于是，球晶在正交偏光下呈现特有的马尔他（Malfese）消光十字图像（图 21-2）。如果由晶片组成的微纤从中心往外生长时出现了周期性扭转，则产生了零双折射的环〔图21-2(c)〕。球晶只有在

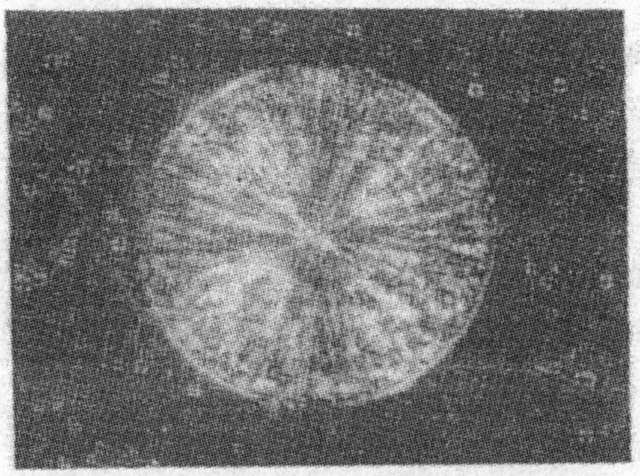

(a)

(b)

(c)

图 21-2 典型球晶的正交偏光显微照片

(a) 聚丙烯的单个球晶（720x）

(b) 截顶的聚丙烯球晶（55x）

(c) 具有消光环的截顶聚乙烯球晶（720x）

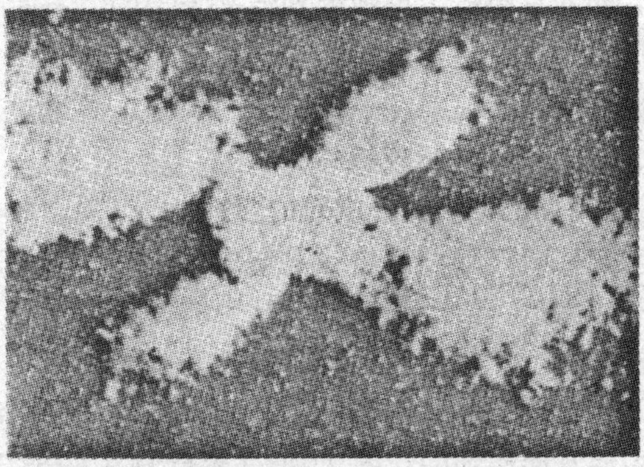

图 21-3　高分子薄膜中的假球晶（410x）

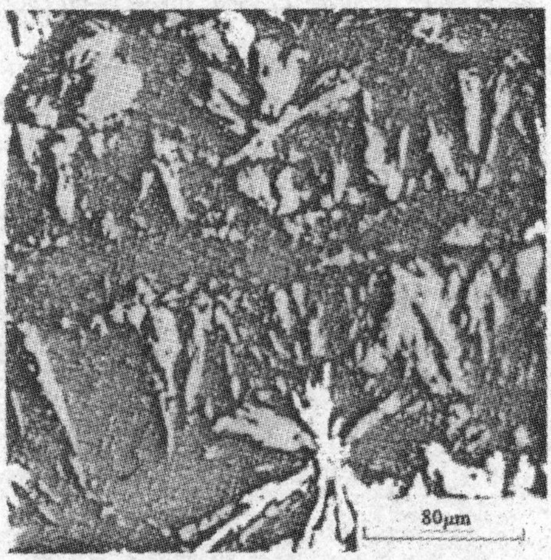

图 21-4　以污染物纤维成核的聚丙烯正交偏光（281x）

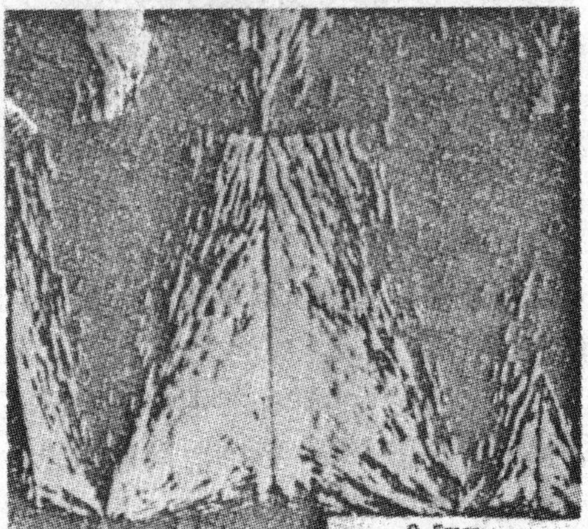

图 21-5　聚丙烯的表面成核正交偏光（51x）

孤立的情况下才是圆形的〔图 21-2（a)〕，而一般情况观察到的球晶是多边形的，这是由于球晶生长到一定阶段必然要互相碰撞截顶［图 21-2（b）和（c)]。

并非所有的球晶都能在偏光显微镜下观察到，聚 4-甲基-1-戊烯就是一个特例。由于其分子中原子排列结构恰巧使晶片为光学各向同性，从而其球晶没有双折射而观察不到。另一方面在显微镜下可观察到消光十字的，有时可能只是一种假象而并没有球晶，杂质有时会在材料中造成辐射状的局部应力分布，而引起双折射（图 21-3)，这种应力造成的图形边界模糊，因双折射存在一个变化的梯度，可通过观察边界来识别。

（2）球晶的成核

球晶的形态与晶核的产生方式有关。如果从预先存在的非均相核开始生长，由于是同时生长，最终球晶是边缘笔直的多边形；若为均相核，即分子的相关涨落产生的分子链局部有序体为核，由于核是相继产生的，所以球晶边界呈双曲线形。两类成核方式可能混合存在。从照片上球晶边界情况可以推断成核类型。

杂质、添加剂或样品表面都能给高分子结晶提供晶种。这种各向异性晶核是显微镜观察中经常能遇到的。图 21-4 是聚合物中一根织物的纤维引起的成核。这样的成核是局部的，易于识别。图 21-5 是表面成核的例子。

聚丙烯和尼龙常有意添加商品成核剂，以减少球晶尺寸，提高材料的性能。颜料则是非故意成核的例子。在颜料分散不均匀时，它的成核对结晶结构的影响是不重要的。低剪切速率的加工过程（如压铸或旋转成型）中颜料与高分子混合得不好，会出现图 21-6 那样的结果，产品的力学性质较差。

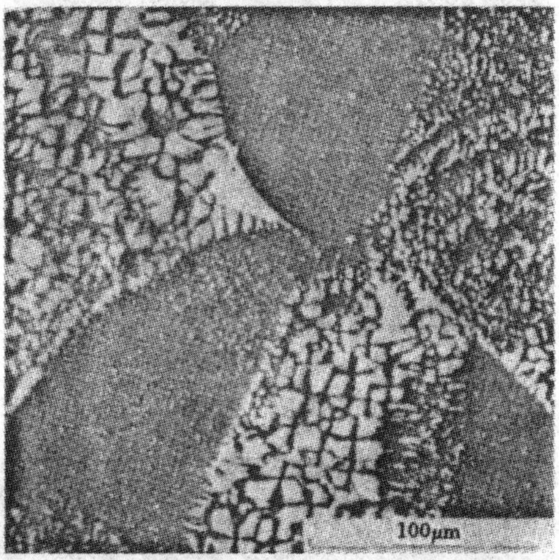

图 21-6　颜料与聚乙烯的不均匀混合
正交偏光（290x）

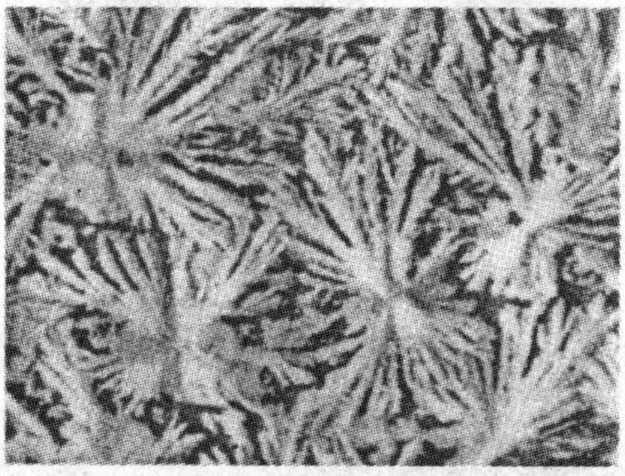

图 21-7　从熔体缓慢冷却的聚丙烯球晶
正交偏光（137x）

（3）球晶的生长

球晶最初的形状是稻草束状，然后向四周呈树枝状生长，这种树枝形的微纤在图 21-7 中看得很清楚。

在一定温度下，球晶的生长是等速的，用偏光显微镜可以进行等温结晶动力学的研究，方法是测定球晶平均半径随时间的关系。例如聚丙烯在 140℃ 下等温结晶（图 21-8)，测得线生长速率为 0.5μm/min。

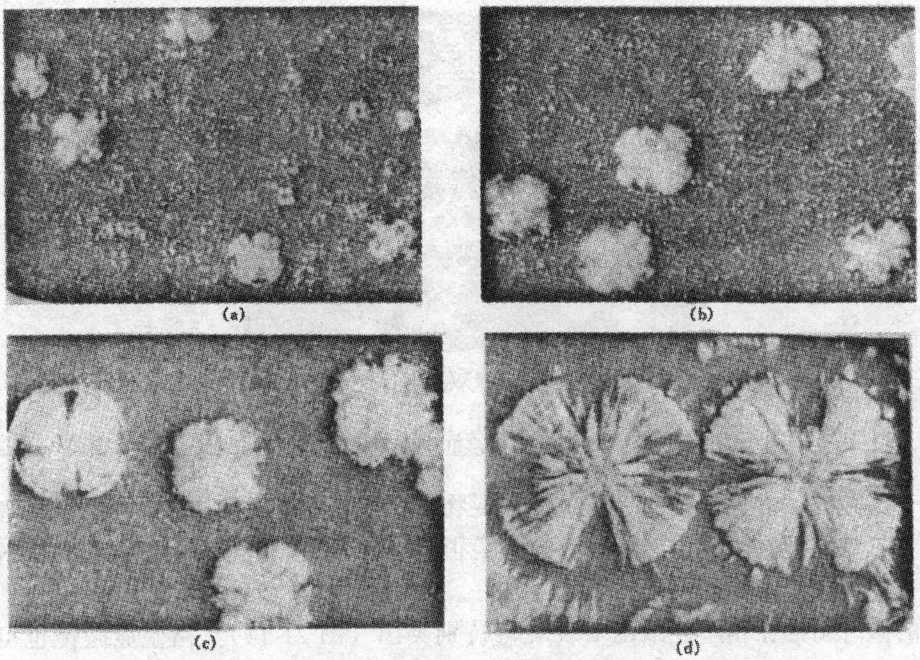

图 21-8　聚丙烯在 140℃下结晶不同时间后淬火样品的正交偏光显微照片（137x）
(a) 1h　(b) 2h　(c) 3h　(d) 7h

21.3.1.2　共聚物、共混物和复合材料的多相结构

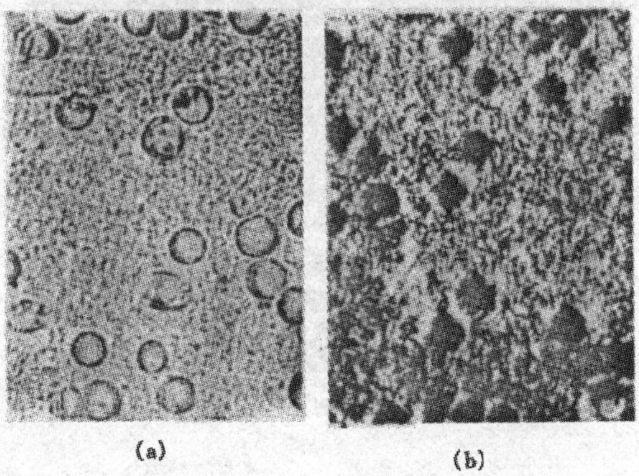

图 21-9　玻纤增强尼龙断面的打磨样片的显微照片（350x）
(a) 透射非偏光　(b) 正交偏光

共聚物、共混物和复合材料中，如果有一相能结晶，用偏光显微镜来研究其多相结构是很方便的。例如，经打磨法制备的玻纤增强尼龙，在透射式无偏光或正交偏光下都能观察到玻纤的结构（图 21-9）。图中玻纤是圆形的，说明它们是沿流动方向取向，因为取样平面垂直于流动方向。在偏光照片里〔图 21-9（b)〕，玻纤由于各向同性而呈黑色，分布在聚合物的双折射背景中。

嵌段共聚物能产生微观相分离，但由于分散相尺寸过小，不能直接观察，用偏光显微镜可以通过形状双折射间接地研究其微区结构。图 21-10 是 SBS 连续相中板状或棒状微区产生形状双折射，而形成的边界有些模糊的亮斑。微区是板状或棒状，可以通过测定双折射区是负单轴或正单轴来判断。对板状结构，光轴垂直于板的平面；对于棒状结构，光轴沿棒的轴。

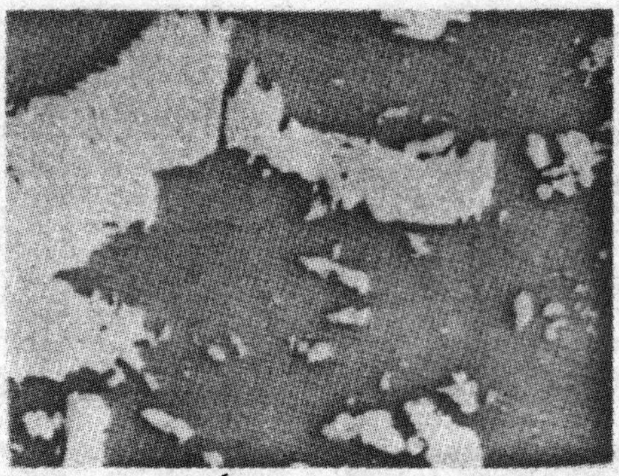
图 21-10　SBS 的形状双折射正交偏光(390x)

21.3.2　相差显微镜的应用

高分子共混物，尤其是透明体组成的共混物，如聚丙烯与乙丙橡胶共混，聚甲基丙烯酸甲酯与聚苯乙烯共混物等，可以用相差显微镜很清晰、方便地观察到各相结构和两相分布状况，一般每相分布越均匀其物理机械性能越好。

球晶的微纤结构在相差显微镜中表现得特别突出（图 21-11）。相差显微镜也可用于观察在溶液中生长的高分子单晶，单晶往往在偏光显微镜下看不到。但相差显微镜有一个不可避免的缺点，即物体图像的边界有晕环，它的存在会干扰对未知物图像的解释。

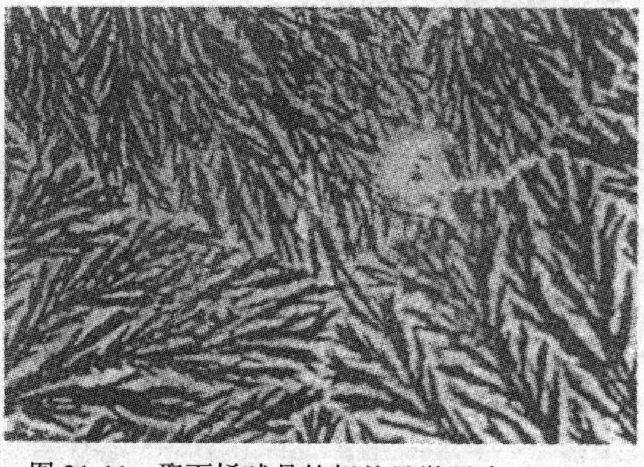
图 21-11　聚丙烯球晶的相差显微照片（775x）

第 22 章　电子显微镜法

22.1　基 本 原 理

一束电子射到试样上，电子与物质相互作用，当电子的运动方向被改变时，称为散射。但当电子只改变运动方向而电子的能量不发生变化时，称为弹性散射。如果电子的运动方向和能量同时发生变化，称为非弹性散射。

电子与试样相互作用可以得到如图 22-1 所示的各种信息。

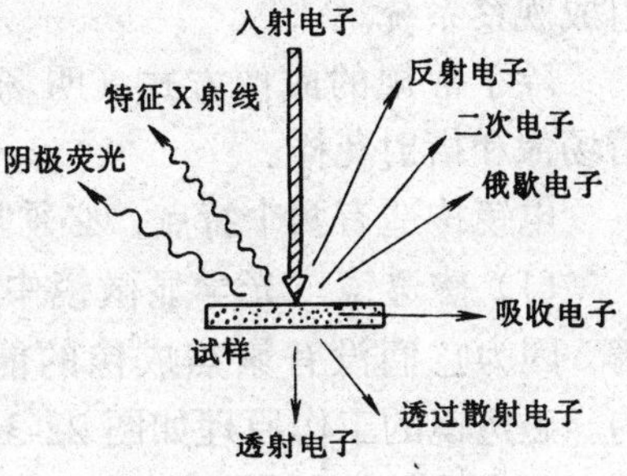

图 22-1　电子与样品相互作用所产生的信息

(1) 透射电子　直接透射电子，以及弹性或非弹性散射的透射电子用于透射电镜（TEM）的成像和衍射。

(2) 背景散射电子　入射电子穿透到离核很近的地方被反射，而没有能量损失；反射角的大小取决于离核的距离和原来的能量，因而实际上任何方向都有散射，即形成背景散射。它能量较高基本上不受电场的作用而呈直线运动进入检测器。散射强度的大小取决于原子的原子序数和试样表面形貌。

(3) 二次电子　如果入射电子撞击样品表面原子的外层电子，把它激发出来，就形成低能量的二次电子，在电场的作用下它可呈曲线运动，翻越障碍进入检测器，因而使表面凹凸的各个部分都能清晰成像。二次电子的强度主要与样品表面形貌有关。二次电子和背景散射电子共同用于扫描电镜（SEM）的成像。当探针很细，分辨高时，基本收集的是二次电子而背景电子很少，称为二次电子成像（SEI）。

(4) 特征 X 射线　如果入射电子把样品表面原子的内层电子撞出，被激发的空穴由高能级电子填充时，能量以电磁辐射的形式放出，就产生特征 X 射线，可用于元素分析。

(5) 俄歇（Auger）电子　如果入射电子把外层电子打进内层，原子被激发了，为释放能量而电离出次外层电子，叫俄歇电子。主要用于轻元素和超轻元素（除 H 和 He）的分析，称为俄歇电子能谱仪。

(6) 阴极荧光　如果入射电子使试样的原子内电子发生电离，高能级的电子向低能级跃迁时发出的光波长较长（在可见光或紫外区），称为阴极荧光，可用作光谱分析，但它通常非常微弱。

本章只介绍透射电镜和扫描电镜

22.1.1　透射电镜（TEM）基本原理

22.1.1.1　构造和成像原理

透射电镜基本构造与光学显微镜相似，主要由光源、物镜和投影镜三部分组成，只不过用电子束代替光束，用磁透镜代替玻璃透镜（图 22-2）。

光源由电子枪和一或两个聚光镜组成，其作用是得到具有确定能量的高亮度的聚焦电子束。

电镜的成像光路上除了物镜和投影镜外，还增加了中间镜，即组成了一个三级放大成像系统。物镜和投影镜的放大倍数一般为100，中间镜的放大倍数可调，为0～20。中间镜的物平面与物镜的像平面重合，在此平面装有一可变的光阑，称为选区光阑，（见图22-2（c））。投影镜的物平面与中间镜的像平面重合，荧光屏处在投影镜的像平面上。荧光屏、光学观察放大镜及照相机等组成观察系统。

除了常规的成像方式（明场像）外，还可以观察到暗场像和衍射花样。

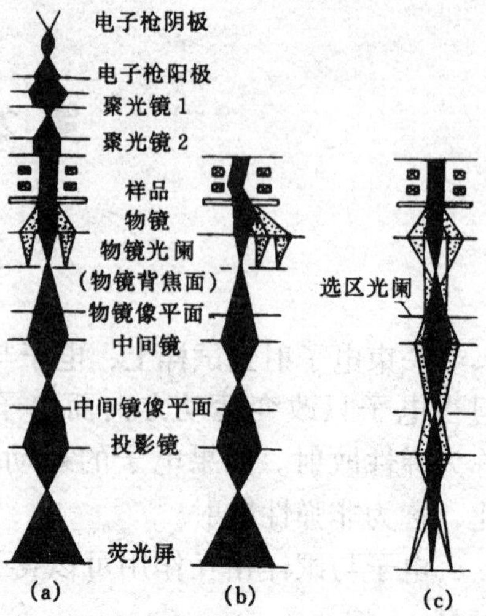

图22-2 TEM的原理图

（a）常规的明场像（b）暗场像

（c）电子衍射

电镜构造有两个特点，必须加以说明。

（1）磁透镜 光学显微镜中的玻璃透镜不能用于电镜，因为它们没有聚焦成像的能力，而且是“不透明”的。磁透镜的工作原理如图22-3所示。电流通过线圈时出现磁力线和南北极。由于电子带电，会与磁力线相互作用，而使电子束在线圈的下方聚焦。只要改变线圈的励磁电流，就可以使电镜的放大倍数连续变化。为了使磁场更集中，在线圈内部也包有软铁制成的包铁，称为极靴化。带极靴的磁透镜磁场被集中在上、下极靴间的小空间内，磁场强度进一步提高。

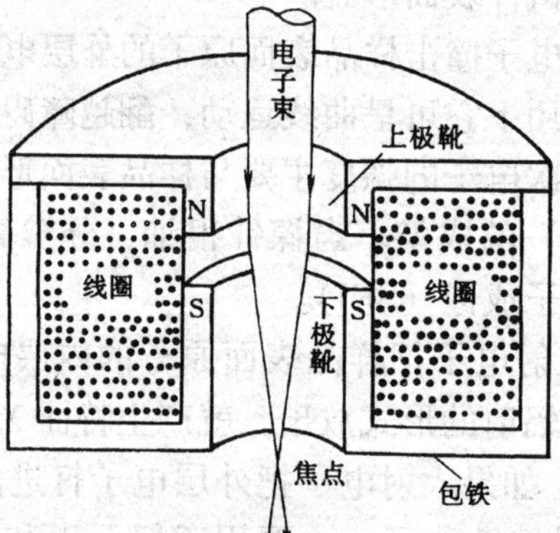

图22-3 磁透镜的工作原理图

（2）因为空气会使电子强烈地散射，所以凡有电子运行的部分都要求处于高真空，要达到1.33×10^{-4}Pa或更高。

22.1.1.2 电镜三要素

电镜图像的分辨率、放大倍数和衬度称为电镜的三大要素。只有了解它们，才能知道如何获得一幅高质量的图像。

（1）分辨率 点光源经过理想透镜（无像差）成像后，不能得到一个完整的点像，而是得到明暗相同的同心圆斑，称Airy盘（如图22-4）。形成Airy盘的原因是光通过透镜光阑时受到衍射造成的，如果没有光阑，光也会受到透镜边缘的衍射。

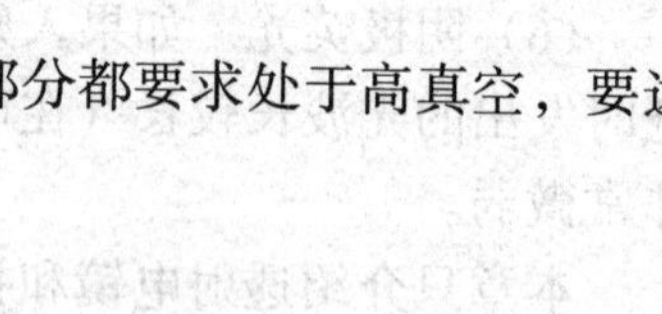

图22-4 点源成像示意图

Airy 盘的直径通常以第一级暗环的半径 r 表示，由物理光学可以得到：

$$r=\frac{0.61\lambda}{n\sin\alpha}$$

式中 λ——光在真空中的波长；

n——透镜和物体间介质折射率；

α——半孔径角。

当物体为两个并排的点源时，在像平面上得到两个相互重叠的 Airy 盘。两个盘能互相分辨的标准是：两个盘的中心距离等于第一级暗环的半径 r，即一个盘的中心正好落在另一个盘的一级暗环上。这个标准是人为的，最早有 Airy 提出，因而称为 Airy 准则。据此准则，两个点源能被分辨的距离亦即分辨率 δ 为：

$$\delta=\frac{0.61\lambda}{n\sin\alpha}$$

可见孔径越大，分辨率越高。这是因为孔径角越大，收集的信息就越多，得到的图像就越少受衍射的影响，越接近点像。

另一方面，波长越短，分辨率越高。而电子波长取决于加速电压，服从下式：

$$\lambda=\ (1.5/V)^{1/2}$$

式中 V—电子加速电压

如果能设计大孔径角的磁透镜，在 100kV 时，分辨率可达 0.005nm。而实际 TEM 只能达到 0.1～0.2nm，这是由于透镜的固有像差造成的。

提高加速电压可以提高分辨率现已有 300kV 以上的商品高压（或超高压）电镜。高压不仅提高了分辨率，而且允许样品有较大的厚度，推迟了样品受电子束损伤的时间，因而对高分子的研究很有用。但高加速电压意味着大的物镜，500kV 时物镜直径 45～50cm。对高分子材料的研究所适合的加速电压，最好在 250kV 左右。

(2) 放大倍数　电镜最大的放大倍数等于肉眼分辨率（约 0.2mm）除以电镜的分辨率 0.2nm，因而在 10^6 数量级上。

(3) 衬度　在分析 TEM 图像时，亮和暗的差别（即衬度，又称反差）到底与样品的什么特性有关，这点对解释图像非常重要。

高分子电镜图像的衬度主要是吸收衬度，取决于样品各处参与成像的电子数目的差别。电子数目越多，散射越厉害，透射电子就越少，从而图像就越暗。另外，样品厚度、原子序数、密度对衬度也有影响，一般有下列关系。

a. 样品越厚，图像越暗；

b. 原子序数越大，图像越暗；

c. 密度越大，图像越暗。

其中，密度的影响最重要，因为高分子的组成中原子序数差别不大，所以样品排列紧密程度的差别是其反差的主要来源。

此外，对结晶高分子还存在衍射衬度，即由于结晶衍射线被物镜光阑挡住不参与成像而形成的反差。

22.1.2　扫描电镜（SEM）基本原理

扫描电镜的最大特点是焦深大，图像富有立体感，特别适合于表面形貌的研究。它的放大倍数范围广，从十几倍到2万倍，几乎覆盖了光学显微镜和TEM的范围。它制样简单，样品的电子损伤小，这些方面优于TEM，所以SEM成为高分子材料常用的重要剖析手段。

22.1.2.1 构造和成像原理

SEM与TEM有很大区别。在原理上，SEM不是用透射电子成像，而是用二次电子加背景散射电子成像。在仪器构造上，除了光源、真空系统相似外，检测系统完全不同。图22-5是SEM的原理图。

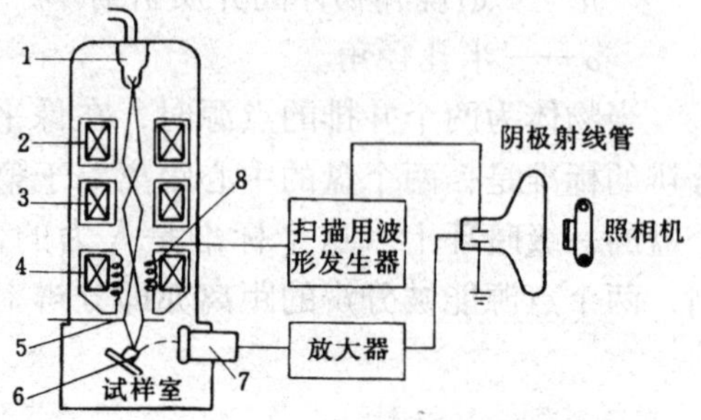

图22-5 扫描电镜的原理图

1—电子枪 2—第一聚光镜 3—第二聚光镜 4—物镜 5—物镜光栅 6—试样 7—检测器 8—扫描线圈

电子枪射出的电子束经聚光镜汇聚，再经物镜聚焦成一束很细的电子束（称为电子探针或一次电子）。在聚光镜与物镜之间有一组扫描线圈，控制电子探针在试样表面的微小区域上扫描，引起一系列二次电子和背景电子发射。这些二次电子和背景电子被探测器依次接收，经视频放大器放大后输入显像管（CRT）。由于显像管的偏转线圈和镜筒中的扫描线圈的扫描电流由同一个扫描发生器严格控制同步，所以在显像管的屏幕上就可以得到与样品表面形貌相应的图像。

22.1.2.2 电镜三要素及焦深

（1）分辨率 SEM的分辨率主要受到电子束直径的限制，这里电子束直径指的是聚焦后扫描在样品上的照射点的尺寸。对同样晶距的二个颗粒，电子束直径越小，越能得到好的分辨效果。但电子束直径越小，信噪比越小。

（2）放大倍数 SEM的放大倍数与屏幕分辨率有关。

$$放大倍数=\frac{屏幕的分辨率}{电子束直径}$$

SEM用的显像管与普通电视用的一样，以尺寸20cm×20cm为例，为了保证在肉眼分辨率以上（这里以极限分辨率0.1mm计），至少要扫描2000行，使屏幕分辨率在0.1mm。这样，SEM的最大放大倍数为2万左右。

（3）衬度 衬度包括表面形貌衬度和原子序数衬度。表面形貌衬度主要是样品表面的凹凸（称为表面地理）决定的。一般情况下，入射电子能从试样表面下约5nm厚的薄层激发出二次电子，加速电压大时会激发出更深层内的二次电子，从而面下薄层内的结构可能会反映出来，并叠加在表面形貌信息上。

原子序数衬度指扫描电子束入射试样时产生的背景电子、吸收电子、X射线，对微区内原子序数的差异相当敏感，而二次电子不敏感。高分子中各组分之间的平均原子序数差别不大，所以只有一些特殊的高分子多相体系才能利用这种衬度成像。

（4）焦深 SEM的焦深是较好光学显微镜的300～600倍。焦深大意味着能使不平整性大的表面上下都能聚焦。焦深公式如下：

$$\Delta F=\pm d/2\alpha$$

式中 ΔF—焦深；

d—电子束直径；

2α—物镜的孔径角。

22.2 样品制备技术

22.2.1 电镜样品的基本要求

一个电镜样品首先必须满足以下三个要求：

(1) 因为电镜都在高真空中运行，只能直接测定固体样品。对于样品中所含水分及易挥发物质应预先除去，否则会引起样品爆裂并降低真空度。

(2) 样品必须清洁，因为高倍放大时，一颗尘埃也会放大成乒乓球那么大。

(3) 样品要有好的抗电子束强度，但高分子材料往往不耐电子损伤，允许的观察时间较短（几分钟甚至几秒钟），所以观察时应避免在一个区域持续太久。

22.2.2 SEM 的一般制样方法

通常将样品（包括模塑制品、薄膜、纤维、粒料等）直接用双面胶粘纸贴在铝样品座上即可。为了使样品和铝座之间能导电，胶纸只能粘住样品与铝座之间面积的一半左右。用银粉或碳粉调成的胶，粘接效果会更好，粘接时除了粘接面外，胶应延长一些，直至覆盖样品表面的一小部分，以使样品表面的电荷能迅速导走。

因为高分子材料绝大多数是绝缘体，在电镜观察时表面会积累电荷，使画面异常。改进的方法是在表面上镀金属膜，这对大多数高分子材料是不可缺少的一步。对高分子样品可用较低的加速电压（1～5kV），并尽可能在低频观察，以减少电荷积累。

22.2.3 TEM 的一般制样方法

供透射电镜观察的样品既小又薄，可观察的最大尺度不超过 1mm 左右。在常用的 50～100kV 加速电压下，样品厚度一般应小于 100nm，较厚的样品会产生严重的非弹性散射，因色差而影响图像质量，过薄的样品没有足够的衬度也不行。样品是载在金属网上使用的，当样品比金属网眼小时还必须有透明支持膜。

22.2.3.1 铜网

金属网的材质一般用铜，因而称铜网，根据化学性等特殊需要也可用 Ni、Au、Be 等网，铜网很小，直径只有 2～3mm，厚度为 20～100μm 的圆形薄板。网眼是可选的，形状有方形、长方、六方或圆形，孔径从 50 目～400 目(即 2～16 孔/mm)不等。长方形的孔适合于连续片的观察。

22.2.3.2 支持膜

纤维、薄膜、切片等可直接安放在铜网上，对于很小的切片、颗粒、高分子单晶、乳胶粒等细小的材料就不能直接安放，而必须有支持膜支撑。对支持膜有以下要求：

(1) 在电镜分辨率范围内，或在所观察结构范围内，不显现支持膜本身的结构，即电子透明性好。

(2) 能经受电子轰击，有较高的热稳定性和化学稳定性；

(3) 制作和使用简便。

支持膜主要有四类，即塑料膜、碳膜、碳补强塑料膜、多孔支持膜。

22.2.3.3 样品在支持膜上的分散方法

如果要观察高分子稀溶液、乳液和悬浮液等中的颗粒样品的形状、大小与分布，制样的关键是要使颗粒有良好的分散性，且不要太稀疏。具体的方法可以用涂布法、喷雾法、包埋法等。

22.3 电子显微镜在高分子结构研究中的应用

电镜在高分子材料结构研究的许多领域都有重要的应用，但主要是在结晶结构和形态以及多相高分子体系的多相结构的研究。现以实例介绍如下：

22.3.1 结晶性高分子

22.3.1.1 单晶

单晶的发现是电镜在高分子研究方面的一个重大成就。1957 年，英国的 Keller、美国的 Till 和德国 Fischer 分别独立发表了聚乙烯单晶的电镀照片。除观察到厚度约 10nm 的菱形片状单晶外，他们还进行了电子衍射实验，得到非常清晰的规则的电子衍射花样，证明在单晶内，分子链的取向与片状单晶的表面相垂直，根据电镜实验结果，Keller 提出了折叠链结构模型。

图 22-6 是典型的聚乙烯单晶的 TEM 照片，制样方法如下。首先配制聚乙烯的 0.05% 二甲苯稀溶液，在 83℃下缓慢结晶。然后滴一滴此结晶悬浮液于有碳支持膜的铜网上，投影以增加衬度。

图 22-6 聚乙烯单晶的 TEM 照片（13500x）左下角为聚乙烯单晶的电子衍射照片

22.3.1.2 球晶

从溶液或从熔融冷却结晶时可以得到球晶，球晶是高分子最常见的一种聚集态形式，在偏光显微镜下可以看到球晶的二维生长情况。图 22-7 是聚氧化乙烯从氯仿溶液铸膜得到的球晶偏光显微镜的照片，可以清楚的看出 MaHese 十字和球晶互相排挤截顶的情况。图 22-8 为聚乙烯球晶，可以看出它有周期性的同心消光环。更进一步研究球晶结构时，要利用电镜这个工具。

图 22-7　PEC 球晶

图 22-8　PE 球晶

由电镜的复型象可以说明，消光环是由于球晶中的片晶周期性地扭曲造成的，用微束 X 光进行研究也证实了这一点。图 22-9 是聚乙烯球晶的表面复型电镜像，可以看到晶片的扭曲情况。

聚对苯二甲酸乙二醇酯对四氧化锇的选择吸收，是染色技术用于半结晶高分子电镜研究的一个典型例子。将未取向的聚酯切片熔融后，在 235℃ 结晶 2～3h，接着浸入 4% OsO_4 溶液中染色 7 天。结果球晶中的非结晶部分的电子密度增强，在 TEM 照片中显示黑色，如图 22-10 所示。

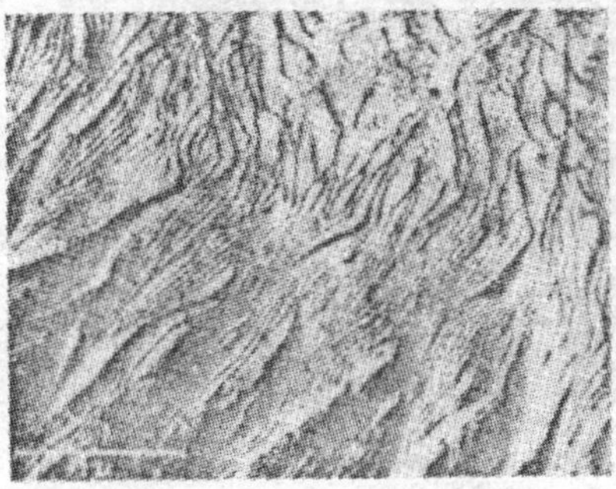

图 22-9　PE 球晶表面

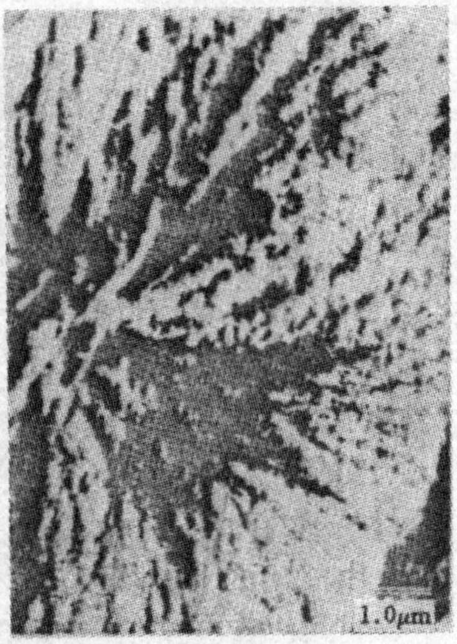

图 22-10　聚酯超薄切片中的 TEM 照片（6500x）

22.3.2　多相高分子体系

电镜常用来观察共聚、共混、填充、增强等高分子多相体系的相结构。

22.3.2.1　共混物

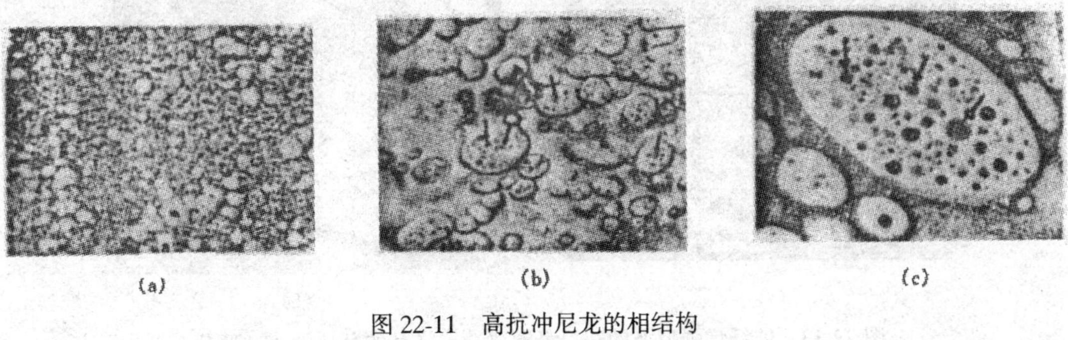

图 22-11　高抗冲尼龙的相结构

(a)相差显微镜照片(450x)　(b)TEM 照片(5140x)　(c)TEM 照片(5790x)　TEM 切片样品都经 R_uO_4 蒸气染色

用橡胶增韧塑料，改善塑料的抗冲击性能，是高分子共混改性中最有成效的一种方法。用乙丙三元共聚的弹性体与尼龙共混可得到高抗冲尼龙，该共混物的冷冻切片的相差显微镜和 TEM 照片示于图 22-11。由于该样品的橡胶组成比较大，因而分散相的颗粒很多〔图 22-11 (a)〕，直径也大（超过了 2μm)。TEM 还揭示各相相内的细节，图中箭头所示的黑点是在弹性体相内所包藏的尼龙。

22.3.2.2 嵌段共聚物

聚苯乙烯-氧化乙烯、SBS 等二元或三元嵌段共聚物经 OsO_4 染色后，能看到球状、棒状和层状三类不同的相结构（取决于组成比），这是电镜应用于高分子研究的最成功的例子之一。

将聚苯乙烯-丁二烯〔16.1%（质量）的丁二烯〕二嵌段共聚物的超薄切片用 OsO_4 染色，能得到排列非常规则的球状分散相点阵，成为一种体心立方晶格（图 22-12)。

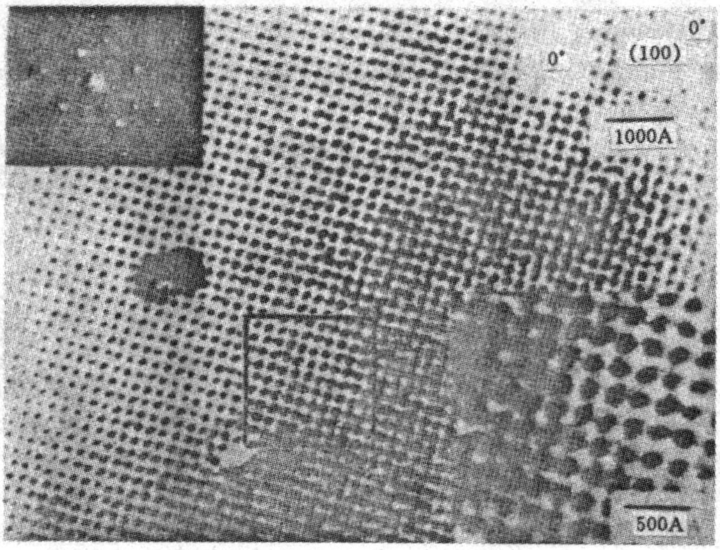

图 22-12　聚苯乙烯-丁二烯嵌段共聚物的 TEM 照片（85000x）

右下角为画方框的局部的放大照片（170000x）　左上角为相应的电子衍射照片

22.3.2.3 复合材料

电镜对复合材料的研究大部分集中在玻纤增强材料方面。

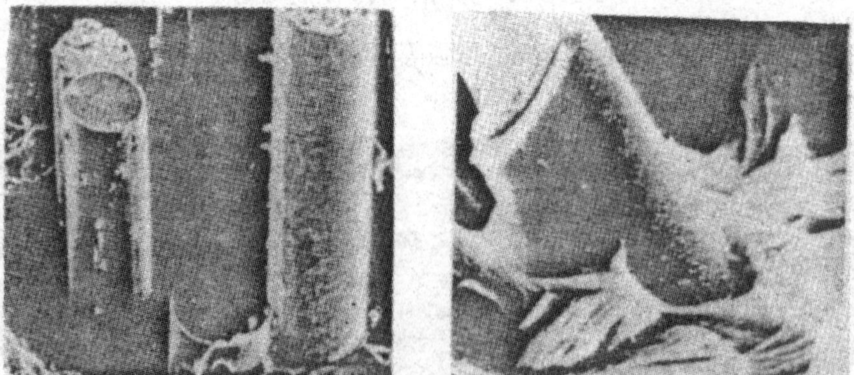

(a)　　　　(b)

图 22-13　玻纤增强尼龙的缺口悬臂梁冲击样品的断口的 SEI 照片

(a) 800x　(b) 1600x

从玻纤表面的洁净程度可以判断玻纤与基体高分子间的粘接好坏。图 22-13a 中玻纤表面比较洁净，说明粘接较差；而 b 中玻纤与高分子有较多粘连，因而力学性能较好。

22.3.3 粘 合 剂

电镜是研究粘合剂的重要手段之一，可研究共混型粘合剂的分散状态，材料表面的凹凸情况及粘接性能等。图 22-14 是一种胶带的 SEM 的研究实例。试验是先将两片胶带对粘，再剥离开，然后作电镜观察。从图上可见未粘接的高分子胶质为球状，一旦粘接可被拉出很长的丝。因此电镜可用来研究粘合剂的粘接性能。

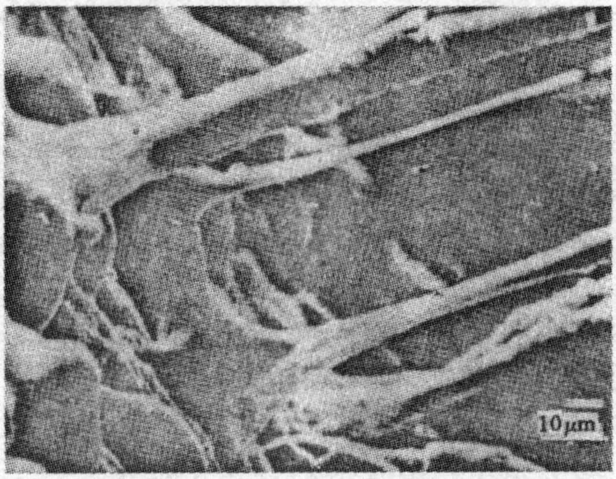

图 22-14 胶带上粘合层形态的 SEM 照片（400x）

22.3.4 动态和其他特殊实验

随着扫描电镜的普遍应用，最近生产的电镜一般都提供动态观察和特殊需要的各种样品，如：集成电路观测台、样品加热台、样品冷却台、样品多用测角台等。这样就可以研究试样拉伸形变过程的动态变化，以及加热冷却等的形态变化。

图 22-15 是无纺布拉伸前后的不同形态。

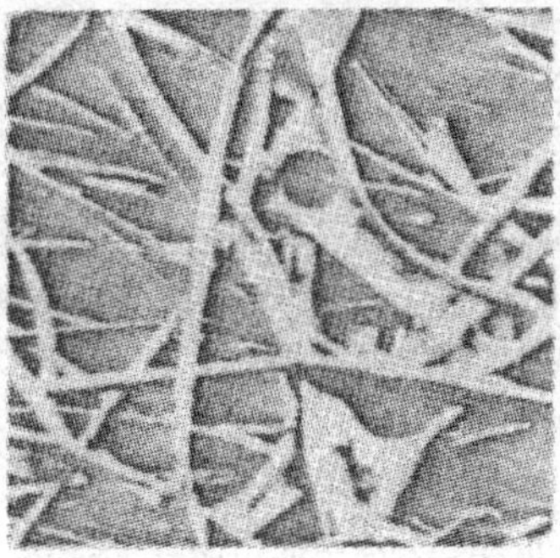

(a)

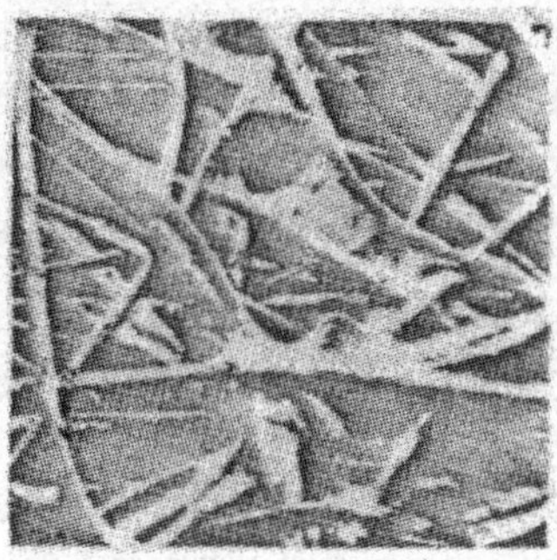

(b)

图 22-15 不织布中纤维的粘接形态

(a) 拉伸前 (b) 拉伸 13%后的组织形态

主要参考文献

[1] 吴人洁. 现代分析技术—在高聚物中的应用. 上海：上海科学技术出版社，1985. 8

[2] 沈德言．红外光谱法在高分子研究中的应用．北京：北京科学出版社，1982
[3] 薛其．高分子结构研究中的光谱方法．北京：北京高等教育出版社，1995
[4] 董炎明．高分子材料实用剖析技术．北京：中国石化出版社，1997
[5] 汪昆华，罗传秋，周啸．聚合物近代仪器方法．北京：清华大学出版社，1991
[6] 吴瑾光．近代傅里叶变换红外光谱技术及应用．北京科学技术文献出版社，1994
[7] R J Bell．Introductory Furier Trunsform Spectroscopy．Academic，1972
[8] J Schaefer．The Carbon-13 NMR Analysis of Synthefic High Polymer．Topics in C-13 NMR Spectroscopy．Vol．l．George Levy：Ed．1974
[9] H Tadoxoro．Structure of Crytalline Polymers．John Wiley d Sons．New York：1979．37
[10] R P W Scott．现代液相色谱．李玲颖等译．天津：南开大学出版社，1992．2
[11] 何天白，胡汉杰．海外高分子科学的新进展．北京：化学工业出版社，1997．9
[12] 张洪敏，侯元雪．活性聚合．北京：中国石化出版社，1998．1
[13] 金关泰．高分子化学的理论和应用进展．北京：中国石化出版社，1995．3
[14] Chu B．Laser Light Scattering．New York：Academic Press，1991
[15] Sun S F．Physical chemistry of Macromolecules．New York：Jone Wiley d Sons Press，1994
[16] Derossi D，Kajiwara K，Osada Y，etal．Polymer Gels．New York：Plenum，1991
[17] 陈镜泓，李传儒．热分析及其应用．北京：科学出版社，1985
[18] 高家武等．高分子材料热分析曲线集．北京：科学出版社，1990
[19] 楚士晋．炸药热分析．北京：科学出版社，1994
[20] 刘振海．热分析导论．北京：化工出版社，1991
[21] 于伯龄，姜胶东．实用热分析．北京：纺织工业出版社，1990
[22] 钱宝功等．高聚物的转变与松弛．北京：科学出版社，1986
[23] [日] 神户博太郎．热分析．北京：化工出版社，1981
[24] Perkin-Elmer Corporation．Thermal Analysis Newsletter No 9．1970
[25] Mackenzie R C Ed．D：fferential Thermal Analysis．Academic Press，London：1970，Vol 1－2
[26] R E Farritor and L C Tao．Thermochim Acta．1970（1）：297
[27] I．M．沃德著．固体高聚物的力学性能．北京：科学出版社，1980
[28] L．E．尼尔生著．高聚物力学性能．冯之榴等译．上海：上海科技出版社，1966
[29] L．E．尼尔生著．高分子和复合材料的力学性能．北京：轻工业出版社，1981
[30] B．E．瑞德，G．D．丹恩著．聚合物和复合材料的动态性能测试．过梅丽，刘士昕译．上海：上海科学技术文献出版社，1986
[31] T．穆腊亚马著．聚合物材料的动态力学分析．谌福特译．北京：轻工出版社，1988
[32] 朱玉俊．弹性体的力学改性——填充补强及共混．北京：北京科学技术出版社，1992．7
[33] 周彦豪．聚合物加工流变学基础．西安：西安交通大学出版社，1988．9
[34] 金日光，华幼卿．高分子物理．北京：化学工业出版社，1991
[35] 道奈 J B，沃埃特 A 著．炭黑．王梦蛟译．北京：化学工业出版社，1982
[36] Gebhard Schramm 著．实用流变学测量．李晓晖译．北京：石油工业出版社，1998．6
[37] Jan F Rabek．Experimental Methods in Polymer Chemistry-Physical Principles and Applications．1980
[38] Doi M，Edwards S F．The Theory of Pollymer Dynamics．Oxford：Clarendon Press，1986
[39] 张权．聚合物显微学．北京：化学工业出版社，1993
[40] 曾汉民，罗胜陶．工程塑料应用．1982．No 2．9
[41] 显微分析技术资料汇编．北京：科学出版社，1978
[42] C W Oatley．The Scanning Electron Microscopy．Part I．The Instrument Cambidge University Press，1972